中国自主基础软件
技术与应用丛书

"十四五"时期国家重点出版物出版专项规划项目

信息技术基础
Windows+WPS Office

余明辉 赫亮 孟宪刚◎编著

U0390174

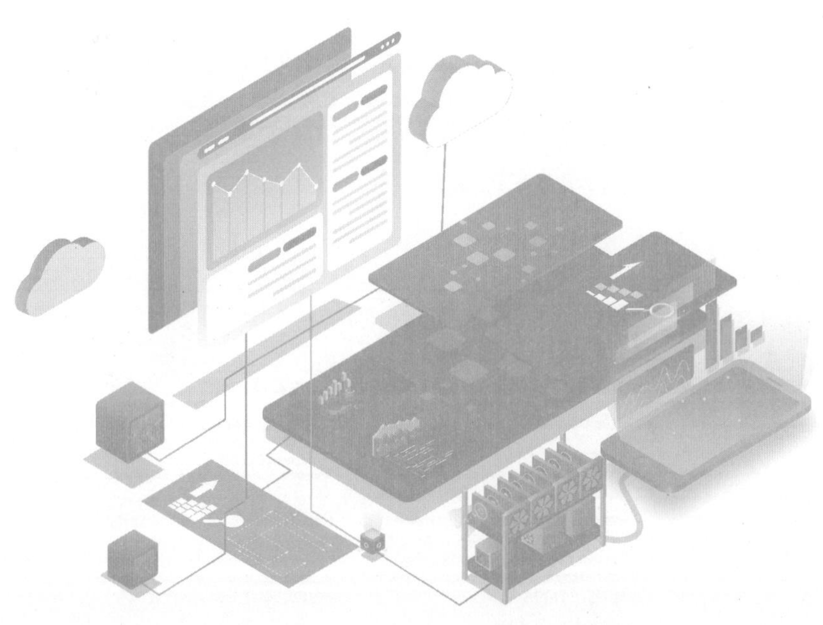

人民邮电出版社
北京

图书在版编目（CIP）数据

信息技术基础 : Windows+WPS Office / 余明辉, 赫亮, 孟宪刚编著. -- 北京 : 人民邮电出版社, 2024.12
（中国自主基础软件技术与应用丛书）
ISBN 978-7-115-64154-0

Ⅰ. ①信… Ⅱ. ①余… ②赫… ③孟… Ⅲ. ①Windows操作系统②办公自动化—应用软件 Ⅳ. ①TP316.7②TP317.1

中国国家版本馆CIP数据核字(2024)第070137号

内 容 提 要

本书基于 Windows 操作系统和 WPS Office 办公软件，系统地介绍计算机基础知识及基本操作。全书共 8 个单元，以多个项目为载体展开内容的讲解，主要内容包括信息技术基础知识、使用 Windows 系统管理计算机，WPS 的文档、表格、演示文稿，网络应用、信息检索、新一代信息技术、信息素养与安全防护等。

本书参考全国计算机等级考试一级计算机基础、高等职业教育专科信息技术课程标准（2021 版）、金山办公技能认证（Kingsoft Office Specialist，KOS）考试大纲，着重训练学生在计算机应用中的操作能力，并提高学生的文化素养。

本书适合作为职业院校计算机应用基础课程的教材或参考书，也可作为 KOS 考试或计算机等级考试（一级）的参考书。

◆ 编　　著　余明辉　赫　亮　孟宪刚
责任编辑　赵祥妮
责任印制　陈　犇
◆ 人民邮电出版社出版发行　　北京市丰台区成寿寺路 11 号
邮编　100164　　电子邮件　315@ptpress.com.cn
网址　https://www.ptpress.com.cn
涿州市京南印刷厂印刷
◆ 开本：787×1092　1/16
印张：16.75　　2024 年 12 月第 1 版
字数：329 千字　　2024 年 12 月河北第 1 次印刷

定价：59.90 元

读者服务热线：(010)81055410　印装质量热线：(010)81055316
反盗版热线：(010)81055315
广告经营许可证：京东市监广登字 20170147 号

前言

PREFACE

近年来，以移动互联网、大数据、云计算、人工智能、区块链、元宇宙等为代表的数字技术迅猛发展，并被广泛应用到社会生产和社会生活之中。数字经济的发展改变着职业结构和人才的知识技能结构，推动教育的数字化转型，加强培养学生的数字素养成为世界各国教育改革的重要趋势。

2022 年 9 月召开的联合国教育变革峰会发布《确保和提高全民公共数字化学习质量行动倡议》，呼吁世界各国充分利用数字技术优势赋能教与学。

在我国，由中央网信办、教育部、工业和信息化部、人力资源与社会保障部在 2022 年联合印发的《2022 年提升全民数字素养与技能工作要点》，也把“基础教育精品课程”资源建设作为提升全民数字素养与技能的主要指标之一。

本书以数字素养的养成和数字技能的提升为主线，具有以下特点。

- 内容和结构严格按照教育部发布的《高等职业教育专科信息技术课程标准（2021 年版）》设计，并体现了近一年来信息技术最新的发展，如 GPT 大语言模型和生成式人工智能等内容。
- 校企双元开发。本书中的办公软件部分基于优秀的国产办公软件 WPS Office 进行编写，并采用金山公司的 WPS 365 教育版作为操作环境，技能点和案例的设计参考了金山公司发布的“金山办公技能认证标准”，并由珠海金山办公软件股份有限公司审阅，从而更加贴近办公软件在企业中的实际应用场景。
- 将新一代信息技术与实际案例相结合。为了增强职业院校学生实操能力，除给出操作系统和 WPS Office 实操案例之外，本书在单元 7 中还为每项技术都提供了实际可操作的案例，如使用 Power BI 对共享单车数据进行处理与分析、申请和登录云主机、使用监督学习判断电影类型等，从而帮助学生加强对新的信息技术的理解。
- 书证融通，深化职业素养培养。本书在贯彻信息技术课程标准的同时，兼顾全国计算机等级考试、金山办公技能认证等，力求做到能力培养和考级考证相结合。

本书提供以下资源。

- 案例素材、效果文件、配套视频，将知识点运用到实际操作中，可在异步社区中本书的详细信息页面下载。
- PPT 与教学安排，满足教学需求，可在异步社区中本书的详细信息页面下载。

本书中的办公软件部分基于 WPS 365 教育版编写，题库练习及正式考试均需使用该版本，但软件的主要操作同样适用于 WPS 365、WPS Office 2019 等软件。

由于软件更新较快，读者下载的软件版本中部分界面与本书中的界面可能有所不同，可通过在软件中操作、网络检索等方式解决遇到的问题。

在写作本书的过程中，作者得到了金山办公软件公司万斌和向蓉的大力帮助，在此表示诚挚的谢意！

信息技术基础教程涉及的面极为广泛，同时技术发展日新月异，由于作者水平和经验所限，书中难免存在不足与纰漏，请广大读者提出宝贵意见和建议！

作者

CONTENTS
目录

单元1

信息技术与计算机

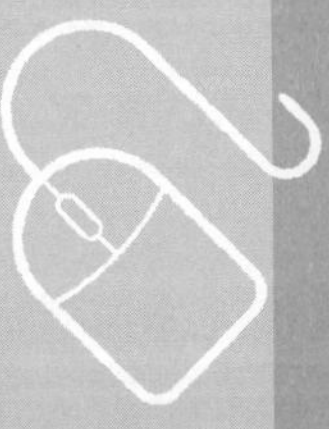

计算机是一种能自动、高速地进行信息处理的机器，是20世纪人类最伟大、最卓越的科学技术发明之一。随着计算机技术的发展，目前计算机已广泛应用于现代科学技术、国防、工业、农业、企业管理、办公自动化和日常生活中的各个领域，并对人类社会产生了巨大而深刻的影响。

在数字时代，掌握一定的计算机基础知识和核心应用能力是必不可少的。同时，我们还需要时刻关注科学技术的发展趋势，并重视对新技术的学习。本单元讲述了信息技术的发展历程、计算机处理信息的机制和计算机系统的基本知识。

知识目标

- 了解计算机的发展与应用；
- 掌握不同进制数之间转换的方法；
- 了解信息的存储单位；
- 了解信息的编码规则；
- 了解计算机系统的构成。

素养目标

- 了解信息技术对人类社会的影响及其在我国进入新时代的过程中起到的作用；
- 了解国产计算机在近年所取得的突破。

项目1.1 了解信息技术及其发展

1.1.1 信息技术的概念及现代信息技术的发展历程

1. 信息技术的概念

信息技术（Information Technology，IT）是用于管理和处理信息的各种技术的总称。一般来说，信息技术是指在信息的获取、传递、存储、处理和应用等过程中所采用的技术和方法，主要包括传感技术、计算机技术、智能技术、网络与通信技术、控制技术。

2. 现代信息技术的发展历程

现代信息技术的发展历程可以说是电子计算机（本书简称计算机）的发展过程，自1946年第一台计算机在美国诞生后，现代信息技术便进入了飞速发展的阶段。按照计算机所采用的电子器件的不同，可将现代信息技术的发展历程划分为表1-1所示的4个阶段。

表 1-1 现代信息技术的发展历程

发展阶段	电子元器件	编程语言 / 软件	应用领域
第一代（1946—1957 年）	电子管	机器语言、汇编语言	科学计算
第二代（1958—1964 年）	晶体管	高级语言、监控程序	科学计算数据处理和过程控制
第三代（1965—1970 年）	中、小规模集成电路	多种高级语言、完善的操作系统	科学计算、系统设计
第四代（1971 年至今）	大规模、超大规模集成电路	数据库管理系统、网络操作系统等	人工智能、数据通信及社会的各个领域

1.1.2 信息技术在中国的发展历程

信息技术在中国的应用和发展是从 20 世纪 50 年代中后期开始的，大概可以分为以下几个阶段。

1. 国产计算机的诞生

1956 年，中国筹建了国内第一个计算机技术研究所——中国科学院计算技术研究所，重点研究开发国际先进机型的兼容机、研制汉字信息处理系统、发展微型计算机。20 世纪 70 年代末，中国研制出了 256 位和 1024 位射极耦合逻辑（Emitter-Coupled Logic，ECL）高速随机存储器，技术达到国际同期的先进水平。

20 世纪 80 年代，随着中央处理器（Central Processing Unit，CPU）的价格不断下降、运算速度不断提高，美国 IBM 公司推出了个人计算机（Personal Computer，PC），计算机开始进入寻常百姓家。中国及时把握住这一发展趋势，开始自主研制 IBM PC 兼容机。1983 年，“银河-I ”巨型计算机研制成功，运算速度高达每秒 1 亿次，这是中国高速计算机研制的一个重要里程碑。1985 年，与 IBM PC 兼容的长城 0520CH 微型计算机研制成功。1987 年和 1988 年，国产 PC 长城 286 和长城 386 分别被正式推出。

2. 高性能计算机的研发

1992 年至 1997 年，国防科技大学陆续研制出“银河 - II ”和“银河 - III”通用并行巨型计算机（其中国家气象中心参与了“银河 - II ”的研制）。2000 年，中国自行研制成功技术指标和性能均达到国际先进水平的高性能计算机“神威 I”，成为世界上继美国和日本之后第三个具备研制高性能计算机能力的国家。

2002 年，中国推出了国内第一台完全实现自主知识产权的计算机服务器“龙腾”，这标志着中国计算机事业迈上了一个新的台阶。

3. 计算机技术强国的奠定

2009 年，“天河一号”计算机问世，中国一跃成为继美国之后世界上第二个成功研制出千万亿次（指浮点运算速度）超级计算机的国家。2010 年 10 月，“天河一号”完成升级，超越了美国的“美洲豹”超级计算机，成为世界上运算速度最快的超级计算机。

2013 年，“天河二号”（如图 1-1 所示）在广州问世，中国超级计算机的运算速度达到了每秒亿亿次级，为 120 多家用户提供了 300 多项典型应用计算。2015 年 5 月，科学家在“天河二号”上成功进行了 3 万亿粒子数的中微子和暗物质的宇宙学数值模拟，揭示了宇宙大爆炸 1600 万年之后至今约 138 亿年的漫长的宇宙演化进程。

图 1–1 “天河二号”超级计算机

4. 信息技术的多元化发展

近年来，中国信息技术产业蓬勃发展，各行各业深入推进数字化、网络化、智能化融合发展，云计算、大数据、人工智能、物联网、5G 等新一代信息技术不断加速突破和应用，推动数字经济日新月异向前发展，实现了智能家居、智能医疗、智能教育、智能交通、智能城市等，并正向万物互联的世界迈进。

1.1.3 信息技术的应用领域

计算机以其运算速度快、精度高、能记忆、会判断、自动化等特点，经过短短几十年的发展，已经渗透到人类社会的各个方面，从国民经济各部门到生产和办公领域，从家庭生活到消费娱乐，到处都可见计算机的应用成果。在现代生活中，计算机的应用无处不在。总的来说，计算机的主要应用领域如下。

- 科学计算：一些无法用人工完成的大量且复杂的数值计算，使用计算机可以快速而准确地完成。
- 数据处理：信息处理，是计算机应用最广泛的领域之一。
- 自动控制：由计算机加上感应检测设备及模数转换器实现。自动控制系统目前被广泛用于操作复杂的钢铁行业、石油化行业和医药行业等的生产过程。自动控制在国防和航空航天领域中也起着决定性的作用，如无人机、导弹、人造卫星和宇宙飞船等的控制。
- 计算机辅助设计和辅助教学：计算机辅助设计（Computer-Aided Design，CAD）是指由计算机及其图形设备辅助人们完成各类工程设计工作，目前 CAD 技术已应用于飞机设计、船舶设计、建筑设计、机械设计和大规模集成电路设计等领域；计算机辅助教学（Computer-Assisted Instruction，CAI）是指用计算机来辅助人们完成教学计划或模拟某个实验过程，CAI 不仅能够减轻教师的负担，还能激发学生的学习兴趣。
- 人工智能：计算机应用的一个热门领域，在医疗诊断、定理证明、语言翻译、机器人研制、内容生成等方面已取得显著的成效。
- 多媒体技术：把文本、动画、图形、图像、音频、视频等媒体信息综合起来处理的一种技术。

- 计算机网络：现代计算机技术与通信技术高度发展和密切结合的产物。它利用通信设备和线路将地理位置不同、功能独立的多个计算机系统连接起来，以功能完善的网络软件实现网络中的资源共享和信息传递。

项目1.2 计算机信息的处理

计算机的主要功能是信息处理。计算机除了能处理数值数据，还能处理字符、图像、图形、声音等非数值信息对应的非数值数据。要使计算机能处理信息，首先必须将各类信息转换成由二进制的数码 0 和 1 组合表示的代码。在计算机内部，各种信息都必须经过二进制编码才能被传输、存储和处理。因此，要了解计算机的工作原理，就必须了解和掌握信息编码的概念与处理技术。

所谓编码，就是将少量的基本符号按照一定的规则组合，来表示大量、多样、复杂的信息。基本符号的种类和这些符号的组合规则是信息编码的两大要素。典型的编码例子有用 26 个英文字母表示英文词汇，用 10 个阿拉伯数字表示数值等。计算机广泛采用由 0 和 1 两个基本符号组合而成的二进制编码方式。

1.2.1 认识二进制数

1. 数制

数制是记数的法则，指用一组固定的符号和统一的规则来表示数值的方法。数制有多种形式，我们最熟悉的是十进制，而计算机中使用更多的是二进制、八进制和十六进制等数制。

数制中的 3 个术语如下。

- 数码：用一组记数符号来表示一种数制的数值，这些记数符号被称为“数码”。
- 基数：数制所允许使用的数码个数。
- 位权（权值）：某数制中每一位所对应的单位值。位权 = 基数^{i}，^{i}为数码所在位的编号，从小数点向左依次为 0, 1, 2, 3 等，自小数点向右依次为 –1, –2, –3 等。

十进制有 10 个数码 0 ～ 9，进位规则是逢 10 进 1，基数为 10。依照这个规则，二进制的数码为 0 和 1，进位规则是逢 2 进 1，基数为 2。

部分十进制数与二进制数的对照表如表 1-2 所示。

表 1–2 部分十进制数与二进制数的对照表

十进制数	0	1	2	3	4	5	6	7	8	9
二进制数	0	1	10	11	100	101	110	111	1000	1001

2. 计算机为什么要使用二进制数

（1）实现容易

二进制只有两个数码：0 和 1。而很多电子器件和信号有两种稳定的物理状态，所以容易用二进制来表示。例如，晶体管的导通和截止、脉冲信号的有和无等，都可以用二进制的 1 和

0 表示。

（2）运算规则简单

例如，1 位二进制数的加法运算和 1 位二进制数的乘法运算规则为

0+0=0；0×0=0

0+1=1+0=1；0×1=1×0=0

1+1=10（逢 2 向高位进 1）；1×1=1

而减法和除法是加法和乘法的逆运算。

根据上述规则，很容易实现二进制数的四则运算。

（3）能方便使用逻辑代数

二进制的 0 和 1 分别与逻辑代数的“假”和“真”相对应，所以二进制的算术运算和逻辑运算可共用一个运算器，且二进制数易于进行逻辑运算。逻辑运算与算术运算的主要区别在于，逻辑运算是按位进行的，没有进位和借位。

（4）存储和传输可靠

电子元器件对应的两种状态（导通与截止）是一种质的区别，而不是量的区别，识别起来较容易。用 0 和 1 表示电子元器件的两种稳定状态，工作可靠，抗干扰性强，便于存储，不易出错。

1.2.2 数制之间的转换

虽然计算机采用二进制，但二进制数的数位较多，不便书写和记忆，因此我们平时常用的是十六进制、十进制和八进制。

八进制有 8 个基本数码，即 0、1、2、3、4、5、6、7，进位规则是逢 8 进 1。

十六进制有 16 个基本数码，即 0、1、2、3、4、5、6、7、8、9、A、B、C、D、E、F，进位规则是逢 16 进 1。

下面介绍各数制之间的转换方法。

1. 非十进制数转换成十进制数

转换方法：按位权展开求和，示例如下。

（1）二进制数转换成十进制数

例：$(1100.11)_2=1\times2^3+1\times2^2+0\times2^1+0\times2^0+1\times2^{-1}+1\times2^{-2}=8+4+0+0+0.5+0.25=(12.75)_{10}$

（2）八进制数转换成十进制数

例：$(154)_8=1\times8^2+5\times8^1+4\times8^0=64+40+4=(108)_{10}$

（3）十六进制数转换成十进制数

例：$(6C)_{16}=6\times16^1+12\times16^0=96+12=(108)_{10}$

2. 十进制数转换成非十进制数

转换方法：整数部分采用除基数取余法（倒着写），小数部分采用乘基数取整法（即用小数部分乘基数，将得到的整数部分记录下来，再用剩下的小数部分继续乘基数，保留并记录整数部分，直到小数部分为 0 或得到足够精度的数）。下面通过例子给予说明。

（1）十进制数转换成二进制数

例：$(100.345)_{10}=(1100100.01011)_2$

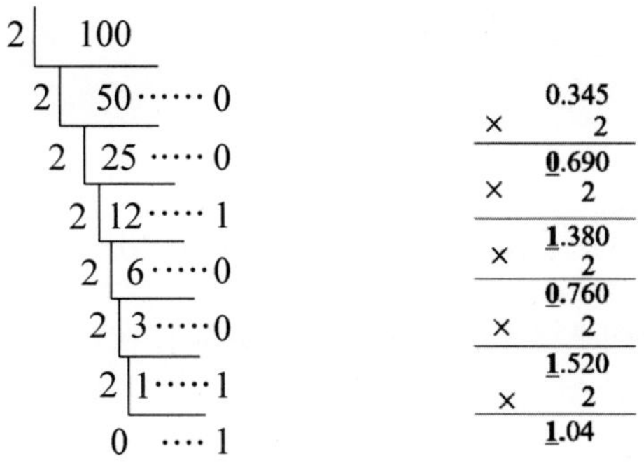

```
2 | 100
  2 | 50 …… 0
    2 | 25 …… 0
      2 | 12 …… 1
        2 | 6 …… 0
          2 | 3 …… 0
            2 | 1 …… 1
                0 …… 1
```

```
    0.345
×       2
---------
    0.690
×       2
---------
    1.380
×       2
---------
    0.760
×       2
---------
    1.520
×       2
---------
    1.04
```

（2）十进制数转换成八进制数、十六进制数

例：$(100)_{10}=(144)_8=(64)_{16}$

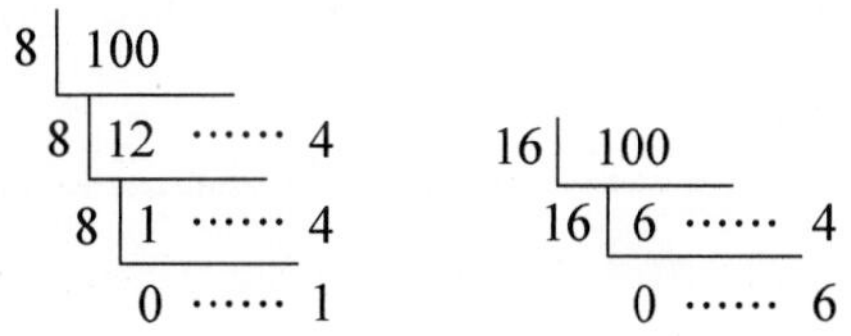

```
8 | 100
  8 | 12 …… 4
    8 | 1 …… 4
        0 …… 1
```

```
16 | 100
   16 | 6 …… 4
        0 …… 6
```

1.2.3 数据的单位

在计算机中，数据的单位有位和字节等。

- 位（bit）：构成计算机信息的最小单位，每一位用 0 或 1 来表示，如二进制数 10011101 是由 8 个数位组成的。
- 字节（byte）：计算机中数据的最小存储单元，常用 B 表示。计算机中由 8 位二进制数组成 1 字节，1 字节可存放一个半角英文字符的编码，2 字节可存放一个汉字的编码。

计算机中的数据计量单位之间的换算关系如下。

1B=8bit

1KB=1024B

1MB=1024KB

1GB=1024MB

1TB=1024GB

1PB=1024TB

1.2.4 常见的信息编码

计算机中的信息是指二进制数所表达的具体内容。在计算机中，数据以二进制数的形式存在，同样，文字、声音、图像等信息也都以二进制数的形式存在，但是人们习惯使用十进制数，因此就出现了一些转换码，可以对二进制数和十进制数进行转换。

1. 数字编码

数字编码是用二进制数码按照一定规律来描述十进制数的一种编码，其中最常见的是 8421

码，或称 BCD（Binary Coded Decimal，二进制编码的十进制）码。它利用 4 位二进制数进行编码，从高至低的位权分别为 2^3、2^2、2^1、2^0，即 8、4、2、1，用来表示一位十进制数。表 1-3 列出了十进制数码与 BCD 码的对应关系。

表 1–3 十进制数码与 BCD 码的对应关系

十进制数码	0	1	2	3	4	5	6	7	8	9
BCD 码	0000	0001	0010	0011	0100	0101	0110	0111	1000	1001

根据这种对应关系，我们可以将任何十进制数与 BCD 码进行转换。

例：$(52)_{10}=(01010010)_{BCD}$

$(1001010010000101)_{BCD}=(9485)_{10}$

2. 西文字符编码

计算机除处理数字外，还需要把符号、文字等用二进制数表示，这样的二进制数被称为字符编码。

计算机中常用的西文字符编码有两种：EBCDIC（Extended Binary Coded Decimal Interchange Code，扩充的二进制编码的十进制交换码）和 ASCII（American Standard Code for Information Interchange，美国信息交换标准码）。EBCDIC 是 IBM 公司为其大型计算机开发的 8 位字符编码，微型计算机则通常采用 ASCII。下面主要介绍 ASCII。

ASCII 是被国际标准化组织（International Standardization Organization，ISO）采纳的、计算机中普遍采用的一种字符编码。计算机中常用的基本字符包括十进制数码 0 ～ 9、大写英文字母 A ～ Z、小写英文字母 a ～ z，以及运算符号、标点符号、控制符等，它们都能被转换成二进制编码形式，以便被计算机识别。表 1-4 列出的就是 ASCII。

表 1–4 ASCII

低位	高位							
	0000	0001	0010	0011	0100	0101	0110	0111
0000	NUL	DLE	SP	0	@	P	‘	p
0001	SOH	DC1	!	1	A	Q	a	q
0010	STX	DC2	“	2	B	R	b	r
0011	ETX	DC3	#	3	C	S	c	s
0100	EOT	DC4	$	4	D	T	d	t
0101	ENQ	NAK	%	5	E	U	e	u
0110	ACK	SYN	&	6	F	V	f	v
0111	BEL	ETB	‘	7	G	W	g	w
1000	BS	CAN	(	8	H	X	h	x
1001	HT	EM	)	9	I	Y	i	y
1010	LF	SUB	*	:	J	Z	j	z

续表

低位	高位							
	0000	0001	0010	0011	0100	0101	0110	0111
1011	VT	ESC	+	;	K	[	k	{
1100	FF	FS	,	<	L	\	l	|
1101	CR	GS	–	=	M	]	m	}
1110	SO	RS	.	>	N	^	n	~
1111	SI	US	/	?	O	_	o	DEL

在 ASCII 中，每个字符都可以用二进制编码表示。例如，要确定字符 A 的 ASCII，可以从表 1-4 中查到字符 A 的高位是 0100，低位是 0001，将高位和低位拼起来就是 A 的 ASCII，即 01000001，十六进制形式记作 41H。在计算机中用 1 字节（8 位）来存储一个字符的 ASCII，其中低 7 位二进制数对应字符的编码，每字节的最高位一般置 0，在数据传输时该位可用作奇偶校验位。

3. 汉字的编码

汉字在计算机中也采用二进制的数字化信息编码。汉字的数量大，常用的汉字也有几千个，因此汉字编码比 ASCII 要复杂得多，只用 1 字节（8 位）来存储是不够的。目前的汉字编码方案有 2 字节、3 字节甚至 4 字节的。在汉字信息处理系统中，输入、内部处理、输出这 3 个过程对汉字的要求不同，所用代码也不尽相同，主要有用于汉字输入的输入码、机内处理和存储等的机内码、用于显示及打印的字形码。由于不同过程使用的代码不同，汉字信息处理系统在处理汉字时，要进行输入码、机内码、字形码等一系列的汉字代码转换，具体转换过程如图 1-2 所示。

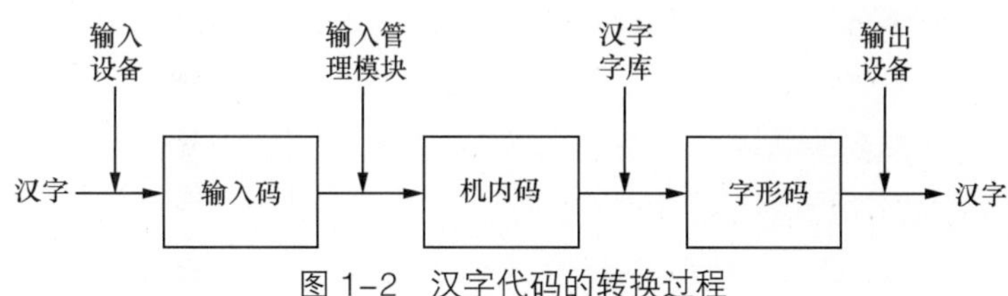

图 1-2 汉字代码的转换过程

（1）输入码（外码）

由于汉字的数量大，键盘上的键位无法与每个汉字一一对应。要解决汉字与键位的对应问题，就需要用到输入码。

输入码是指通过各种输入设备，以不同方式将汉字输入计算机所使用的代码。每一种输入码都与相应的输入编码规则有关。根据输入编码规则，输入码一般可分为数字码、音码、音形码等，例如五笔字型输入法就是一种典型的字形码输入法。

（2）机内码（内码）

机内码用以将输入时使用的多种输入码进行统一转换并存储，以方便机内的汉字处理。目前，机内码有几种不同的编码方式，如简体的 GB/T 2312—1980，繁体的 BIG5、GB/T 13000—2010、

Unicode 等。

GB/T 2312—1980 是由中国国家标准总局在 1980 年发布，1981 年 5 月 1 日开始实施的国家标准汉字编码集，即《信息交换用汉字编码字符集　基本集》，基本集中共有 7445 个字符符号，其中，非汉字符号 682 个，汉字符号 6763 个（包含一级汉字 3755 个，二级汉字 3008 个）。

（3）字形码（输出码）

汉字的字形码是表示汉字字形信息的编码，它与汉字内码一一对应。每个汉字的字形码是预先存放在计算机内的，字形码的集合被称为字库。当输出汉字时，计算机根据内码，在字库中查到其字形码，得知其字形信息，然后就可以显示或打印输出了。

描述汉字字形的方法主要有点阵字模法和轮廓字模法两种。点阵字模法用黑白点阵列来表现字形，该方法简单，但放大后会出现锯齿现象。轮廓字模法则采用数学方法来描述汉字笔画的轮廓，如中文 Windows 系统采用的 TrueType 字库；运用这种方法的优点是字形精度高，缺点是输出前要经过复杂的数学运算处理。

案例1-1 使用Windows系统自带的计算器进行不同数制的转换

常用进制数的转换通过手工计算是比较烦琐的。而使用 Windows 系统自带的计算器组件，可以方便地将十进制数转换为二进制数、八进制数和十六进制数，或者将二进制数转换为十进制数、八进制数和十六进制数。

步骤1 单击 Windows 10 桌面左下角的“开始”按钮，在弹出的菜单中选择“计算器”。

步骤2 在“计算器”窗口中，单击左上角的≡按钮，在菜单中选择“程序员”，如图 1-3 所示。

步骤3 默认的输入状态为十进制（DEC）数，这里输入 65，可以看到，已经自动显示出了对应的二进制（BIN）数 01000001、八进制（OCT）数 101、十六进制（HEX）数 41，如图 1-4 所示。

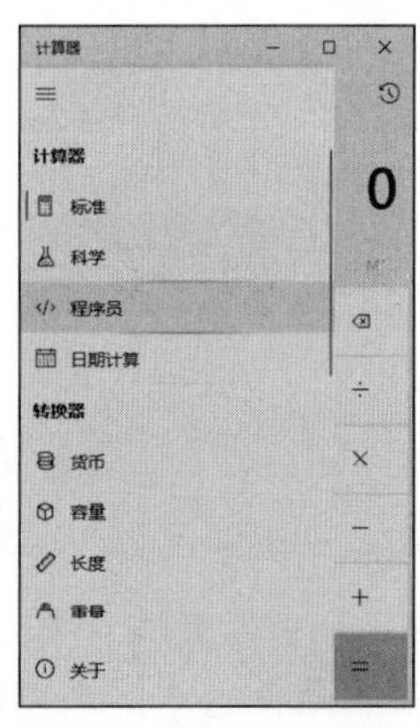

图 1-3　选择“程序员”

图 1-4　将十进制数转换为其他进制数

步骤4 单击进制列表中的 BIN，切换到二进制数输入状态，输入 1101101，可以看到，已经自动显示出了对应的八进制数 155、十进制数 109、十六进制数 6D，如图 1-5 所示。

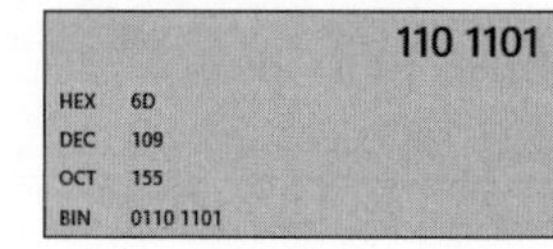

图 1-5　将二进制数转换为其他进制数

项目1.3 认识计算机系统

1.3.1 计算机系统的构成

一个完整的计算机系统由硬件（hardware）系统和软件（software）系统两大部分组成，如图 1-6 所示。

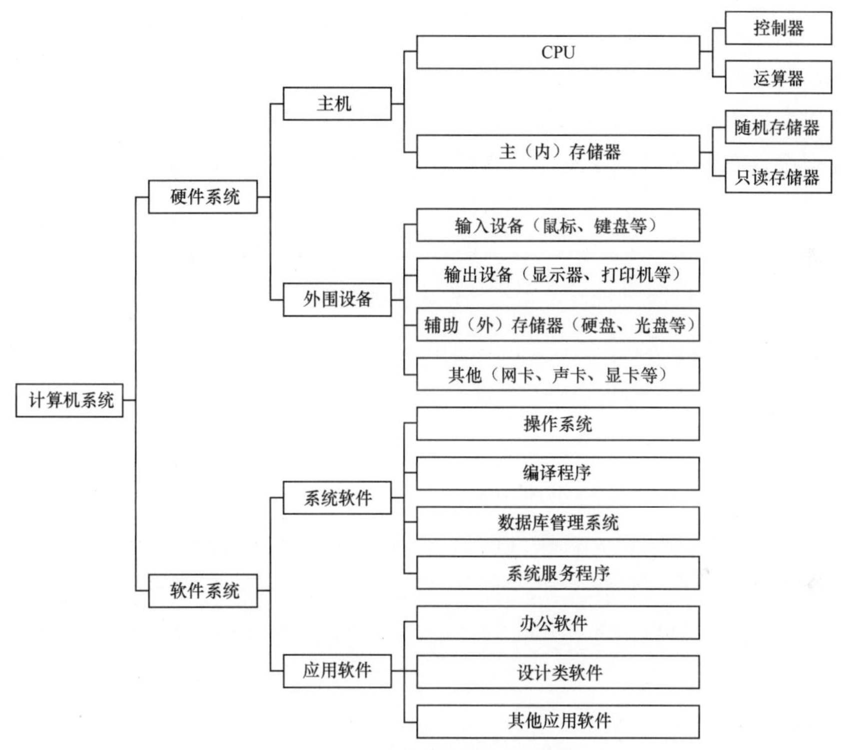

图 1-6 计算机系统的组成

硬件系统通常是指组成计算机的所有物理设备，简单地说就是看得见、摸得着的东西，包括计算机的输入设备、输出设备、存储器、CPU 等。

软件系统是运行在硬件设备上的程序、数据及相关文档的总称。软件以文件的形式存放在软盘、硬盘、光盘等存储器上，一般包括程序文件和数据文件两类。按照功能，软件系统通常分为系统软件和应用软件两类。通常我们把未安装任何软件的计算机称为“裸机”。

1.3.2 计算机硬件系统

1. CPU

CPU 主要由运算器和控制器两大功能部件组成，它是计算机系统的核心。CPU 和内存储器构成了计算机的主机。

CPU 的主要功能是按照程序给出的指令序列解释指令的功能、执行指令，完成对数据的加工处理。计算机的所有操作（如数据处理、键盘的输入、显示器的显示、打印机的打印、结果的计算等）都是在 CPU 的控制下进行的。CPU 的外观如图 1-7 所示。

图 1-7 CPU

（1）运算器

运算器主要完成各种算术运算和逻辑操作，是对信息进行处理和运算的部件，它主要由算术逻辑部件（Arithmetic and Logic Unit，ALU）和寄存器组成。算术逻辑部件主要完成二进制数的加、减、乘、除等算术运算，以及与、或、非等逻辑运算和各种移位操作。寄存器一般包括累加器、数据寄存器、状态寄存器等，数据寄存器主要用来保存参加运算的操作数和运算结果，状态寄存器用来记录每次运算结果的状态，即结果是 0 还是非 0，是正还是负等。

（2）控制器

控制器是整个计算机的“神经中枢”，用来协调和指挥整个计算机系统的操作，它本身不具有运算功能，而是通过读取各种指令，并对其进行翻译、分析，而后转换成控制信号，指挥各部件协同工作。它主要由指令寄存器、指令译码器、程序计数器、时序产生器等组成。

2. 存储器

存储器（memory）是计算机系统中的记忆设备，用来存放程序和数据。计算机中的全部信息（包括输入的原始数据、计算机程序、中间运行结果和最终运行结果等）都保存在存储器中。它根据控制器指定的位置存入和取出信息。有了存储器，计算机才有记忆功能，才能正常工作。按照在计算机中的作用，存储器可以分为主存储器、辅助存储器和高速缓冲存储器。

（1）主存储器

主存储器又称内存储器，简称主存（内存），用于存放当前正在执行的数据和指令。主存储器与 CPU 直接连接，并与 CPU 直接进行信息交换。与外存储器相比，其数据传输速度快，容量小，价格相对较高。

主存储器的主要技术指标有存取时间、存储容量和数据传输速度。存取时间是指从存储器中读出一个数据或将一个数据写入存储器的时间。存取时间通常以纳秒（ns）为单位。存储容量是指存储器中可存储的数据总量，一般以字节（B）为单位。数据传输速度是指单位时间内存取的数据总量，一般以位 / 秒（bit/s）或字节 / 秒（B/s）为单位。

按照读写方式，主存储器可分为随机存储器（Random Access Memory，RAM）和只读存储器（Read-Only Memory，ROM）两类。

RAM 用于存放当前运算所需要的程序和指令，或作为各种程序运行所需的工作区等。工作区用于存放程序运行过程中产生的中间结果、中间状态、最终结果等。断电后，RAM 中的存储内容将自动消失，且不可恢复。

RAM 又可分为动态 RAM（Dynamic Random Access Memory，DRAM）和静态 RAM（Static Random Access Memory，SRAM）。DRAM 主要用作大容量主存储器，特点是集成度高；SRAM 主要用作高速缓冲存储器，特点是存取速度快。

内存条是将多个 RAM 集成电路（Integrated Circuit，IC）集成在一起的一小块板卡，并插在计算机中的内存插槽上。目前市场上常见的内存条为 8GB、16GB、32GB 等容量的。内存条如图 1-8 所示。

图 1–8　内存条

ROM 是一种对一次性写入的内容只能读出、不能重新改写的存储器，其信息通常是在脱机情况下写入的。ROM 所存信息稳定，其最大的特点是在断电后所存信息不会消失，因而常用来存放固定的程序和数据，例如监控程序、操作系统专用模块等。

（2）辅助存储器

辅助存储器又称外存储器，简称外存。与主存储器相比，辅助存储器的特点是存储容量大、价格低、可以永久地脱机保存信息，但存取速度慢。它不直接与 CPU 交换信息，而是和主存储器成批交换信息。辅助存储器在断电的情况下可长期保存信息，因此又被称为永久性存储器。

硬盘是一种将可移动磁头、盘片组固定在全密闭驱动器舱中的磁盘存储器，具有存储容量大、存取速度快、存储信息可长期保存等特点。在计算机系统中，硬盘常用于存放操作系统、各种程序和数据。硬盘的外观如图 1-9 所示。

图 1–9　机械硬盘（左）和固态硬盘（右）

目前，硬盘有固态硬盘（Solid State Disk，SSD）、机械硬盘（Hard Disk Drive，HDD）、混合硬盘（Hybrid Hard Disk，HHD）3 种。SSD 采用闪存颗粒来存储，而 HDD 则采用磁性存储技术来存储，HHD 是把磁性硬盘和闪存集成到一起的一种硬盘。

光盘是用激光记录和读取信息的存储器，需要使用光盘驱动器来读写。按功能光盘可分为只读光盘（CD-ROM）、一次性写入光盘（CD-R）、可擦除光盘（CD-RW）等。光盘和光盘驱动器如图 1-10 所示。

图 1–10　光盘（左）和光盘驱动器（右）

光盘的最大特点是存储容量大、可靠性高。此外，光盘的优势还在于它具有存取速度快、保存与管理方便等特点。光盘主要分为 CD、DVD、蓝光光盘等类型，其中 CD 的存储容量可以达到 700MB，DVD 的存储容量可以达到 4.7GB，而蓝光光盘的存储容量更是可以达到 25GB。

U 盘是一种新型存储器，全称 USB 闪存盘（USB Flash Disk）。它是一种使用 USB 接口、无须物理驱动器的微型大容量移动存储产品，通过 USB 接口与计算机连接，实现即插即用。U 盘的外观如图 1-11 所示。

U盘的优点包括小巧、便于携带、存储容量大、价格便宜、性能可靠等。另外，U 盘还具有防潮、防磁、耐高低温等特性，安全可靠性很高。U 盘性能稳定，可反复擦写 1 万次以上，数据至少可保存 10 年。

图 1-11 U 盘

（3）高速缓存

高速缓存是为了解决 CPU 和主存储器之间速度不匹配的问题而采用的一个重要部件，是介于 CPU 和主存储器之间的小容量存储器。从功能上看，它是主存储器的缓冲存储器，由高速的 SRAM 组成，但存取速度比主存储器快。高速缓存能快速地向 CPU 提供指令和数据，从而加快程序的执行速度。

3. 输入设备

输入设备（input device）是指向计算机输入数据和指令的设备，用于把原始数据和处理这些数据的指令输入计算机，是人或其他设备与计算机进行交互的一种装置，是计算机与用户或其他设备之间通信的桥梁。常用的输入设备有键盘、鼠标器、手写输入板、语音输入装置、摄像头、扫描仪等。其中，键盘和鼠标器是基本的输入设备，外观如图 1-12 所示。

（1）键盘

图 1-12 键盘（左）和鼠标器（右）

键盘（keyboard）是最常用也是最主要的输入设备。通过键盘，用户可以将英文字母、数字、标点符号等输入计算机，从而向计算机发出命令。键盘接口分为 XT 接口、AT 接口、PS/2 接口、USB 接口等，PC 系列使用的键盘有 83 键、84 键、101 键、102 键和 104 键等。

（2）鼠标器

鼠标器（mouse）简称鼠标，是一种将位移信号转换为电脉冲信号，再通过程序的处理和转换来控制屏幕上光标（或鼠标指针）的移动的硬件设备。目前广泛使用的光电鼠标用光电传感器取代了传统机械鼠标的滚球。

4. 输出设备

输出设备（output device）是计算机硬件系统的终端设备，用于接收计算机数据的输出显示、打印、输出声音和控制外围设备等操作，用于把各种计算结果的数据或其他信息以数字、字符、图像、声音等形式表示出来。常用的输出设备有显示器（display device）、打印机（printer）、绘图仪、音箱、耳机等。

（1）显示器

显示器是计算机必备的输出设备之一，常用的可以分为阴极射线管（Cathode-Ray Tube，CRT）显示器、液晶显示器（Liquid Crystal Display，LCD）、等离子显示器（Plasma Display Panel，PDP）、发光二极管（Light Emitting Diode，LED）显示器、有机发光二极管（Organic Light Emitting Diode，

OLED）显示器等。显示器的外观如图 1-13 所示。

图 1-13 显示器

CRT 纯平显示器具有可视角度大、无坏点、色彩还原度高、色度均匀、多分辨率模式可调节、响应时间极短且价格便宜等优点。

LCD 具有辐射小、耗电少、体积小、图像还原精确、字符显示清晰锐利等优点。

PDP 比 LCD 体积更小、质量更轻，而且具有无 X 射线辐射、显示亮度高、色彩还原性好、灰度丰富、对迅速变化的画面响应速度快等优点。

LED 显示器具有耗电少、使用寿命长、成本低、亮度高、故障少、可视角度大、可视距离远等优点。

OLED 显示器具有主动发光、可视角度大、响应速度快、图像稳定、亮度高、色彩丰富、分辨率高等优点。

（2）打印机

打印机是计算机的输出设备之一，用于将计算机的处理结果打印在相关介质上。

打印机的种类很多，按打印器件对纸是否有击打动作，分为击打式打印机和非击打式打印机。

衡量打印机好坏的指标有 3 项——打印机分辨率、打印速度和噪声。其中，打印机分辨率一般是指最高分辨率，分辨率越高，打印质量就越高。一般针式打印机的分辨率是 180 ～ 360dpi（dpi 指点 / 英寸），喷墨打印机的分辨率是 720 ～ 4800dpi，激光打印机的分辨率为 300 ～ 2400dpi。

常见的打印机如图 1-14 所示。

图 1-14 针式打印机（左）、喷墨打印机（中）、激光打印机（右）

针式打印机（stylus printer）也称击打式打印机，其基本工作原理类似于复写纸的使用原理。针式打印机中的打印头是由排列成一直行的多支金属撞针组成的。指定的撞针在到达某个位置时，便会由电磁铁控制而弹射出来，在色带上击打一下，让墨点印在纸上成为其中一个色点，再配合多个撞针的排列样式，便能在纸上打印出文字和图形。针式打印机可以实现多联纸一次性快速打印（如发票及多联单据打印），可以实现超厚打印（如存折及证书打印），耗材（色带）成本低，但工作噪声大，体积大，打印精度不如喷墨打印机和激光打印机。

喷墨打印机（inkjet printer）利用大量的喷嘴，将墨点喷射到纸张上，从而形成文字和图像。喷墨打印机喷嘴的数量较多，且墨点细小，因此能够实现比针式打印机更细致、混合更多种色彩的打印效果。喷墨打印机的价格居中，打印品质也较好，较低的一次性购买成本可获得彩色照片级输出的效果，但作为耗材的墨盒成本较高，且长时间不用容易堵头。

激光打印机（laser printer）是一种利用墨粉附着在纸上而成像的打印机，其工作原理主要是借助硒鼓来控制激光束的通和断，当纸张在硒鼓间卷动时，上下起伏的激光束会在硒鼓表面产生带电荷的图像区，此时打印机内部的墨粉会受到电荷的吸引而附着在纸上，从而形成文字和图形。因为墨粉属于固体，而激光束有不受环境影响的特性，所以激光打印机可以在任何纸张上打印且打印品可长年保持清晰细致的效果。激光打印机打印速度快，其高端产品可以满足高负荷的图文输出；中低端产品的彩色打印效果不如喷墨打印机的打印效果，可使用的打印介质较少。

5. 其他硬件设备

除上述硬件外，计算机硬件系统中的其他硬件设备还包括组成计算机系统的扩展接口设备及其必备部件。

（1）主板（motherboard）

主板在整个计算机系统里扮演着非常重要的角色，计算机的其他部件和外围设备都必须以主板作为运行平台，才能进行数据交换等工作。可以说，主板是整个计算机的中枢，计算机的其他部件及外围设备只有通过它才能与 CPU 连接在一起进行通信，并由 CPU 发出相应的操作指令，从而执行相应的操作。因此主板是把 CPU、存储器、输入 / 输出设备连接起来的纽带。

主板上包含 CPU 插座、内存插槽、芯片组、基本输入 / 输出系统（Basic Input/Output System，BIOS）芯片、供电电路、各种接口插座、各种散热器等部件，它们决定了主板的类型和性能。主板外观如图 1-15 所示。

图 1–15 主板

（2）机箱

机箱的主要作用是放置和固定各个部件，起到承载和保护的作用。此外，机箱还具有屏蔽电磁辐射的重要作用。

从外观看，机箱包括外壳、各种开关、键盘和鼠标接口、USB 扩展接口、显示器和网络接口、指示灯等。另外，机箱的内部还包括各种支架。机箱外观及机箱上的各种接口等如图 1-16 所示。

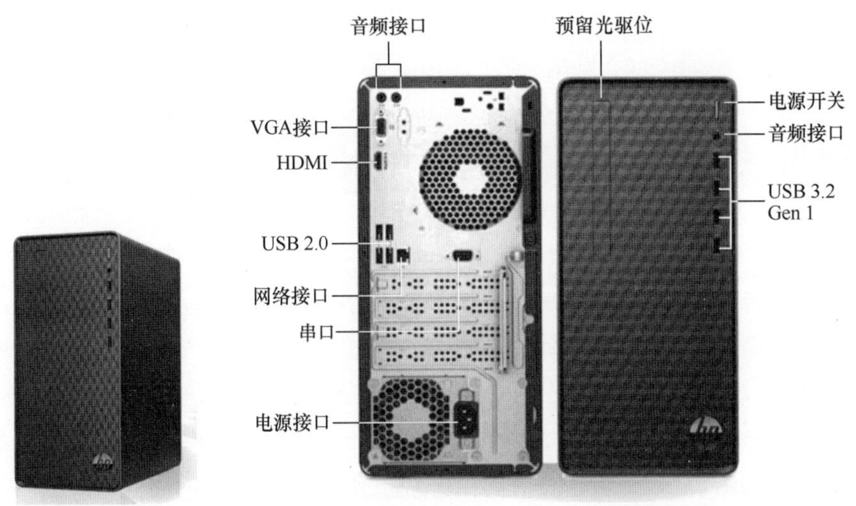

图 1-16 机箱外观（左）及机箱上的各种接口等（右）

（3）电源

电源是把 220V 交流电转换成直流电并专门为计算机部件（如主板、驱动器、显卡等）供电的设备，其外观如图 1-17 所示。电源是计算机的重要组成部分。目前 PC 电源大多是开关型电源。

图 1-17 台式计算机电源（左）和笔记本计算机电源（右）

（4）显卡

显卡是计算机的基本配置之一，其外观如图 1-18 所示。显卡主要承担输出显示图形的任务，对于从事专业图形设计的人来说非常重要。显示芯片是显卡的主要处理单元。显示芯片供应商主要有超威半导体（AMD）有限公司和英伟达（NVIDIA）公司等。

显卡按独立性可以分为集成显卡和独立显卡两种。

图 1-18 显卡外观

集成显卡是将显示芯片、显存及相关电路都集成在主板上并与其融为一体的显卡。与独立显卡相比，集成显卡的显示效果与处理能力较弱，无法实现硬件升级，但可以通过互补金属氧化物半导体（Complementary Metal Oxide Semiconductor，CMOS）调节频率或刷入新 BIOS 文件来实现软件升级，从而挖掘显示芯片的潜能。

集成显卡的优点是功耗低、发热量小，部分集成显卡的性能甚至可以媲美入门级的独立显卡。

独立显卡是指将显示芯片、显存及相关电路单独做在同一块电路板上，以自成一体的板卡形式存在，它需占用主板的扩展插槽，如 ISA（Industrial Standard Architecture，工业标准结构）插槽、PCI（Peripheral Component Interconnect，周边元件扩展接口）插槽、AGP（Accelerated Graphics Port，加速图形端口）插槽和 PCI-E（Peripheral Component Interconnect Express，高速串行计算机扩展总线标准）插槽。

独立显卡的优点是单独安装有显存，一般不占用系统内存，在技术上也较集成显卡先进得多，容易进行硬件升级。独立显卡的缺点是功耗大，发热量也较大，用户需额外花费购买显卡的资金。

1.3.3 计算机软件系统

软件是用户与硬件之间的接口界面，是计算机系统必不可少的组成部分，用户主要是通过软件与计算机进行交流的。计算机软件系统分为系统软件和应用软件两类。

1. 系统软件

系统软件是指控制和协调计算机及外围设备，支持应用软件开发和运行的软件，是无须用户干预的各种程序的集合。系统软件主要如下。

- 操作系统（Operating System，OS）：最基本、最重要的系统软件。它负责管理计算机系统的全部软件资源和硬件资源，合理地组织计算机各部分协调工作，为用户提供操作和编程界面。在 PC 上最常使用的操作系统有 Windows、Linux 等，在手机等移动设备上最常使用 Android、iOS 等。
- 编译程序：将高级语言程序变换成与之等价的汇编语言程序或机器代码程序的软件。
- 数据库管理系统（Database Management System，DBMS）：一种为管理数据库而设计的大型计算机软件管理系统，能够有效地进行数据的存储、处理和共享。具有代表性的数据库管理系统有 Oracle、Microsoft SQL Server、Access、MySQL、PostgreSQL 等。

2. 应用软件

应用软件是用于实现用户的特定领域、特定问题的应用需求而非解决计算机本身问题的软件，包括文字处理软件、表格处理软件、绘图软件、财务软件、过程控制软件等。

案例1-2 选购适合工作用的笔记本计算机

在本案例中，小文要选购自己步入职场后的第一台笔记本计算机，她的需求如下：

- 经常需要接收一些较大的文档并进行编辑和处理；
- 经常要出差，必须方便携带；
- 预算在 5000 元以内。

经过考虑，小文决定购买惠普品牌的计算机，请你帮助她在惠普官方商城上查找适合她的产品。

步骤1 打开任意浏览器，搜索“中国惠普官方商城”，如图 1-19 所示，在打开的惠普官方商城中，选择“笔记本及平板”→“商用笔记本电脑”。

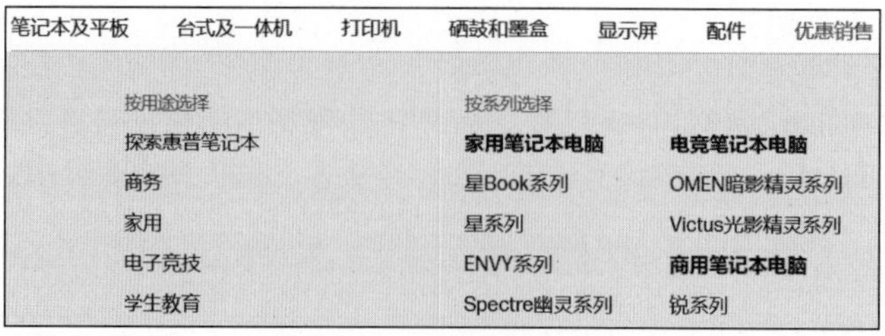

图 1-19 惠普官方商城

步骤2 在左侧筛选栏的“处理器类型”区域，勾选“英特尔酷睿™ i5”和“AMD 锐龙 5”

复选框；因为小文经常出差，所以在“屏幕尺寸”区域应勾选“14 英寸”[1 英寸（in）=2.54 厘米] 复选框，这个尺寸的笔记本计算机方便外出携带；因为经常要接收和处理一些较大的文档，所以应在“标准内存”区域勾选“32GB”复选框。此时可以看到在右侧已经出现了符合要求的计算机型号。因为经常要处理一些较大的文档，所以可以选择硬盘为 1TB 的“惠普（HP）战 66 六代 14 英寸轻薄笔记本电脑”，当前价格为 4999 元，如图 1-20 所示。

提示

AMD锐龙处理器（CPU）的类型包括锐龙3、锐龙5、锐龙7和锐龙9等，英特尔酷睿处理器系列包括酷睿™i3、酷睿™i5、酷睿™i7等，其中锐龙5和酷睿™i5是价格比较适中且在工作中常用的处理器类型。

提示

PC等电子产品升级换代很快，价格也经常会有很大的波动，读者要根据当时的产品情况、自身的预算和实际的需求来进行选购，避免盲目攀比或受到不实广告的误导。

图 1-20　选择笔记本计算机的配置

拓展阅读

超级计算机被誉为计算机界“皇冠上的明珠”。在信息时代，超级计算机是衡量一个国家算力的重要指标之一，因此超级计算机成为各国竞相角逐的高新技术制高点。虽然我国的超级计算机的研发起步较晚，但我国从零起步，打破西方封锁，一步步发展成为超级计算机强国。

气候预测被公认为世界上最复杂的工作之一，需要大量的计算，而这正是超级计算机的强项。从 2018 年起，每年国家气候中心都会利用国家超级计算无锡中心的“神威·太湖之光”来预测 6 月到 8 月的汛期气候。如果用普通的笔记本计算机做气候预测，可能几周，甚至一个月的时间都完成不了，但是如果用超级计算机，那么只要短短几小时就可以预报出未来一周的天气。通过超级计算机，研究人员不仅可以预测我国的气象信息，还可以预测全球的气象信息。超级计算机在我国的防灾减灾和可持续发展领域发挥着越来越大的作用。

单元2

使用 Windows 系统管理计算机

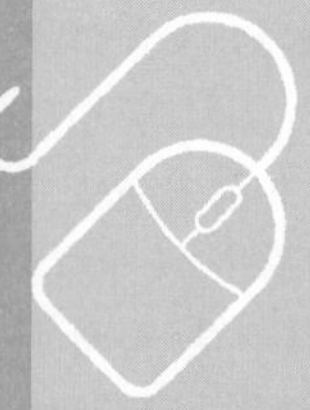

操作系统是计算机运行的基础，管理着计算机系统全部的硬件资源和软件资源，因此在学习计算机知识的时候，要先学习操作系统的使用和设置方法，然后在此基础上学习各种应用程序的使用。只有牢固掌握了操作系统的知识，才能更好地运用和管理各种计算机资源。

知识目标

- 了解常用操作系统；
- 掌握 Windows 10 启动和退出的方法；
- 掌握 Windows 10 文件和文件夹管理的方法；
- 掌握 Windows 10 硬件和软件资源配置的方法。

素养目标

- 了解国产操作系统的特点和优势；
- 理解绿色可持续发展理念在日常计算机应用中的体现。

项目2.1　操作系统概述

操作系统是管理计算机硬件与软件资源的计算机软件，需要处理如管理与配置内存、决定系统资源供需的优先次序、控制输入设备与输出设备、操作网络与管理文件系统等基本事务，以及确保给用户提供一个功能强大、方便使用的计算机系统。

2.1.1　认识常用操作系统

1. Windows 系统

Windows 系统是应用最广泛的计算机操作系统，是一个为 PC 和服务器用户设计的操作系统，有时也被称为“视窗操作系统”。从 Windows 3.x 版开始，Windows 经历了 Windows 95、Windows 98、Windows 2000、Windows XP、Windows 7 和 Windows 10 等版本，在撰写本书时最新的版本是 Windows 11。

2. Linux 系统

Linux 系统是 1991 年推出的一个多用户、多任务的操作系统。它与 UNIX 系统完全兼容。Linux 系统最初是由芬兰赫尔辛基大学计算机系学生林纳斯 · 托瓦尔兹（Linus Torvalds）在 UNIX 系统的基础上开发的一个操作系统的内核程序。Linux 系统的设计是为了能在英特尔微处理器上更有效地运用，随后以 GNU（一个操作系统）通用公共许可协议发布，成为自由软件 UNIX 的变种。它最大的特点是，它是一个开放源码的操作系统，其内核源码可以自由传播。

3. macOS 和 iOS

macOS 是由苹果公司开发的运行于 Macintosh 系列计算机上的操作系统，也是首个在商用领域获得成功的图形用户界面操作系统。iOS 是由苹果公司开发的移动操作系统。苹果公司于 2007 年 1 月 9 日的 Macworld 大会上发布了这个系统，它最初是给 iPhone 设计的，后来陆续用到 iPod touch、iPad 上。iOS 与 mac OS 一样，属于类 UNIX 的商业操作系统。

4. Android 系统

Android 系统是一种以 Linux 系统为基础的开放源码操作系统，主要用于便携设备。它最初由安迪 · 鲁宾（Andy Rubin）开发，主要支持手机功能。2005 年 Google 收购了安迪 · 鲁宾的公司，并组建开放手持设备联盟，对 Android 进行开发改良，逐渐将其扩展到平板计算机及其他领域。2011 年第一季度，Android 在全球的市场份额首次超过塞班系统，跃居全球第一。

5. 统信操作系统

统信操作系统（UOS）是 2019 年由中国电子信息产业集团、武汉深之度科技有限公司、诚迈科技（南京）股份有限公司、广东中兴新支点技术有限公司在内的多家中国操作系统核心企业自愿发起并共同打造的基于 Linux 系统的操作系统。

统信操作系统分为专业版、教育版和家庭版，它的特点是统一发布渠道、应用商店、用户界面、内核、文档及开发接口，并采用开源社区的方式吸引上下游产业链的共同支持。其应用商店收录了办公、生活、娱乐方面的常用应用软件，并能跨平台支持 Windows 常规应用、Android 应用，用户可以在应用商店中搜索并一键安装。

在硬件方面，除主流的 x86 架构外，统信操作系统还支持国产的华为海思、飞腾、兆芯、龙芯、海光及申威 CPU。

在外围设备管理方面，统信操作系统可以方便地适配打印机、扫描仪、高拍仪、指纹仪、扫码枪等外围设备，提供原生驱动支持、Windows 驱动转换、智能驱动匹配等方案，保障用户可以便捷使用外围设备。

在安全防护方面，统信操作系统内置安全中心，为系统提供安全防护、安全检测、网络访问权限管理、外接存储设备管理、账户安全管理等一站式管理服务，且支持多因子认证框架，极大地提高用户账户的安全性。

在运维管理方面，统信操作系统可以提供智能的安装器、快捷的备份还原工具，以及设备管理器、系统监视器、日志收集工具等工具，提高运维效率。

6. 鸿蒙操作系统

鸿蒙操作系统（Harmony OS）是华为公司于 2019 年 8 月 9 日在华为开发者大会上正式发布的一款“面向未来”的操作系统，也是一款基于微内核的面向全场景的分布式操作系统，可适配手机、平板计算机、电视、智能汽车、可穿戴设备等终端设备。

2.1.2 Windows 10的启动/退出与界面

Windows 10 是微软公司继 Windows 8 之后推出的新一代操作系统。与其他版本的操作系统相比，Windows 10 具有很多新特性，并且可完美适配平板计算机。

1. Windows 10 新特性

Windows 10 结合了 Windows 7 和 Windows 8 这两个操作系统的优点，更符合用户的操作体验。下面介绍 Windows 10 的新特性。

Windows 10 重新使用了“开始”按钮，但采用全新的“开始”按钮，在菜单右侧增加了现代风格的区域，将传统风格和现代风格有机地结合在一起，兼顾了老版本系统用户的使用习惯。

在 Windows 10 中，增加了个人智能助理——Cortana（小娜），它不仅可以记录并了解用户的使用习惯，帮助用户在计算机上查找资料、管理日历、跟踪程序包、查找文件，还可以跟用户聊天、推送用户关注的资讯等。另外，Windows 10 还提供了一种新的上网方式——Microsoft Edge，它是一款新推出的 Windows 浏览器，使用它，用户可以更方便地浏览网页、阅读、分享、做笔记等，并可以在地址栏中输入搜索内容，快速进行搜索浏览。

此外，Windows 10 还增加了许多新功能。例如：增加了云存储 OneDrive，用户可以将文件保存在网盘中，方便地在不同的计算机或手机中访问；增加了通知中心，可以查看各应用推送的信息；增加了 Task View（任务视图），可以创建多个传统桌面环境；增加了平板模式、手机助手等。

2. Windows 10 的启动和退出

Windows 10 安装完成后，只有正确关闭计算机，即退出操作系统，才能保证软件资源不被破坏或丢失。下面介绍 Windows 10 启动和退出的方法。

（1）启动

打开设备电源开关，系统会首先运行 BIOS 中的自检程序，如果检测硬件没有问题，则会进入操作系统的启动过程，计算机将显示 Windows 10 的欢迎界面，并进入 Windows 10。

（2）退出

在关闭计算机时，用户要按正确的方式退出 Windows 10，而不能直接关闭计算机的电源开关来瞬时停止计算机的运行，否则就会造成部分应用程序的数据丢失，导致辅助存储器里的数据遭受破坏，严重时会导致系统崩溃。

关闭计算机的正确操作步骤如下。

① 关闭所有正在运行的应用程序及其使用的文件。

② 单击“开始”按钮，选择“电源”→“关机”选项。

提示

除了关机之外，用户还可以选择“电源”→“重启”选项，重新启动计算机；一般在计算机遇到某些故障或者进行了某些配置之后，才需要选择这个选项。此外，当用户较长时间不需要使用计算机但又不希望关机的时候，可以选择“电源”→“睡眠”选项，这样计算机会进入一种“假”关机状态，屏幕也不再显示，但当再次按下电源开关后，会立即恢复到睡眠之前的状态。

3. Windows 10 的桌面

Windows 10 启动完成后，就进入 Windows 10 的桌面，桌面是用户和计算机进行交流的窗口。Windows 10 的桌面由桌面背景、桌面图标、“开始”按钮、任务栏等组成，如图 2-1 所示。

图 2-1 Windows 10 桌面

（1）桌面图标

默认情况下，Windows 10 桌面上只有一个系统图标“回收站”。为方便操作，在桌面上还可以放置或新建其他应用程序、文件、文件夹的图标及它们的快捷方式图标。

（2）“开始”按钮

“开始”按钮位于桌面的左下角。单击“开始”按钮或按⊞键，即可访问计算机中的大部分系统程序和应用程序。

（3）任务栏

桌面底部的长条区域被称为“任务栏”，显示系统正在运行的程序、打开的窗口和当前系统时间等内容，主要由搜索框、任务视图、快捷访问栏、系统图标显示区等组成。

4. 认识 Windows 10 中的窗口

窗口是 Windows 10 最重要的组成部分，当用户打开程序、文件或者文件夹时，都会在屏幕上出现一个窗口。在 Windows 10 中，几乎所有的操作都是在窗口中实现的。因此，了解窗口的基本知识和操作方法是非常重要的。

在 Windows 10 中，虽然各个窗口的内容各不相同，但所有的窗口都有一些共同点。一方面，窗口始终在桌面上；另一方面，大多数窗口具有相同的基本组成部分。下面以“文件资源管理器”窗口为例，介绍 Windows 10 窗口的组成。

文件资源管理器是 Windows 10 的主要操作界面，采用图形设计方式，易于操作和浏览，对系统中各种信息的浏览和处理都是在文件资源管理器中进行的。

在 Windows 10 中，单击“开始”按钮，选择“Windows 系统”→“文件资源管理器”，即可开启“文件资源管理器”窗口。此外，用户也可以直接单击任务栏上的“文件资源管理器”按钮，或者右击“开始”按钮，并在弹出的快捷菜单中选择“文件资源管理器”选项，将其打开。

（1）窗口的组成

窗口一般由标题栏、控制按钮区、搜索框、地址栏、功能区、导航栏（或导航窗格）、状态栏和工作区组成，如图 2-2 所示。

（2）标题栏和控制按钮区

标题栏位于窗口顶部，用来显示应用程序名、文件名等。在标题栏的最右边是控制按钮区，有 3 个窗口控制按钮，分别为“最小化”“最大化”“关闭”按钮。

（3）地址栏

地址栏用于显示文件和文件夹所在的路径，通过它还可以访问 Internet 中的资源。

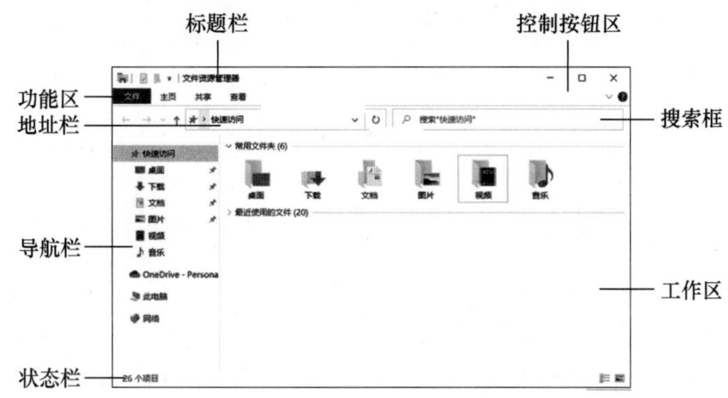

图 2-2 Windows 10 窗口

（4）搜索框

将要查找的目标名称输入搜索框，然后按“Enter”键即可搜索。窗口中搜索框的功能和桌面任务栏中搜索框的功能相似，只不过在此处只能搜索当前窗口范围内的目标。另外，还可以添加搜索筛选器，以便更精确、更快速地搜索到所需要的内容。

（5）功能区

用户可以单击窗口最右侧的下拉按钮展开功能区。另外，单击各个标签，展开各个选项卡，也可显示相应的功能区。在文件资源管理器的功能区中，包含“主页”“共享”和“查看”等标签。例如，单击“主页”标签，在展开的“主页”选项卡中，包含对文件或文件夹的新建、打开和选择等操作或功能；在“共享”选项卡中，包含对文件的发送和共享等操作或功能；在“查看”选项卡中，包含窗格、布局、当前视图和显示 / 隐藏等操作或功能。

除上述主要的标签外，当用户双击左侧导航栏中的“此电脑”图标，在该窗口的功能区中还会出现“计算机”标签。当文件夹包含图片文件时，就会出现“图片工具”标签；当文件夹包含音乐文件时，就会出现“音乐工具”标签。

（6）导航栏

导航栏位于工作区的左侧区域。在 Windows 10 中，导航栏一般包括“快速访问”“此电脑”“网络”等部分。单击上面的↑按钮不仅可以打开列表，还可以打开相应的窗口，方便用户随时准确地查找相应的内容。

（7）工作区

工作区位于窗口的右侧，是整个窗口中最大的矩形区域，用于显示窗口中的操作对象和操作结果。当窗口中显示的内容太多而无法在一屏显示出来时，单击窗口右侧的垂直滚动条两端的上箭头按钮和下箭头按钮，或者拖动滚动条，都可以使窗口中的内容垂直滚动显示。

（8）状态栏

状态栏位于窗口的最下方，显示当前窗口的相关信息和被选中对象的状态信息。

5. 对 Windows 10 窗口的操作

（1）移动窗口

将鼠标指针放在窗口的标题栏上，按住鼠标左键进行拖曳，可以移动窗口到屏幕任意位置。

（2）关闭窗口

当某个窗口不再使用时，需要将其关闭，以节省系统资源。单击控制按钮区的“关闭”按钮，或按 Alt+F4 组合键，即可关闭窗口。

（3）调整窗口大小

窗口在显示器中显示的大小是可以任意控制的，这可以方便用户对多个窗口进行操作。对窗口大小进行调整的方法主要有以下 4 种。

- 双击标题栏，改变窗口大小。
- 单击“最小化”按钮，将窗口隐藏到任务栏。
- 分别单击“还原”和“最大化”按钮，对窗口进行原始大小和全屏的切换显示。
- 在非全屏状态下，通过拖曳窗口的 4 个边界，调整窗口的高度和宽度。

（4）排列窗口

当打开的窗口过多时，用户可以通过设置窗口的显示形式对窗口进行排列。在任务栏的空白处右击，弹出的快捷菜单包含窗口的 3 种显示形式，即层叠窗口、堆叠窗口和并排显示窗口，用户可以根据需要选择其中任意一种窗口的显示形式，对桌面上的窗口进行排列。如果要对窗口进行平铺，可以使用 Ctrl+Alt+Delete 组合键开启任务管理器，在其中按住 Ctrl 键并单击，来选取需要平铺的窗口，然后右击，在弹出的快捷菜单中选择“纵向平铺”或“横向平铺”。

（5）切换窗口

在 Windows 10 环境下虽然可以同时打开多个窗口，但是当前活动窗口只能有一个，因此用户在操作的过程中经常需要在不同的窗口间切换。具体操作方法如下：先按 Alt+Tab 组合键，弹出窗口缩略图，在松开 Tab 键的同时按住 Alt 键不放，然后按 Tab 键逐一选择窗口缩略图，松开 Alt 键，即可打开相应的窗口。

案例2-1 自定义桌面背景、图标和任务栏

在本案例中，用户需要将 Windows 10 的桌面背景更换为其他图片，并在桌面上添加新的图标，再将任务栏设置为自动隐藏。

步骤1 在桌面空白处右击，在弹出的快捷菜单中选择“个性化”。

步骤2 在打开的“设置”窗口中，单击所要更换的图片，即可完成桌面背景的更换，如图 2-3 所示。

步骤3 在左侧导航栏中单击“主题”，在右侧单击“桌面图标设置”，如图 2-4 所示。

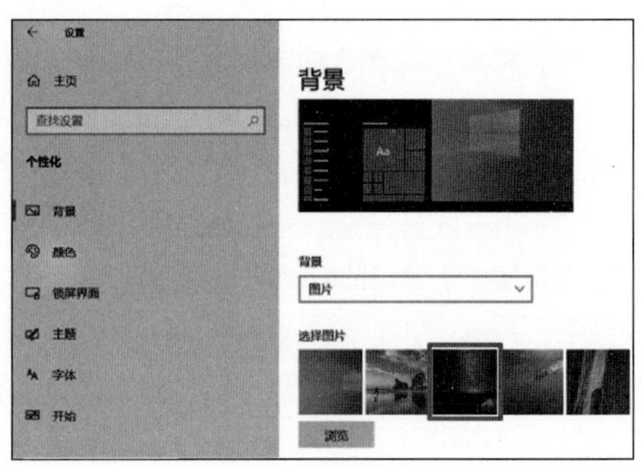

图 2-3 更换桌面背景

步骤4 在弹出的“桌面图标设置”对话框中，勾选“控制面板”复选框，单击“确定”按钮，即可将“控制面板”图标添加到桌面，如图 2-5 所示。

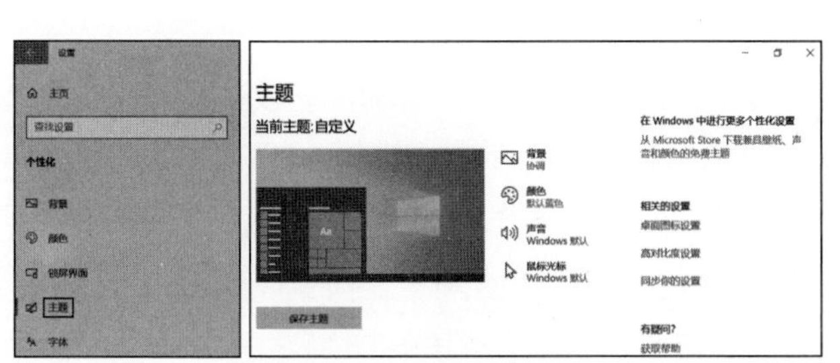

图 2-4 “主题”窗口

图 2-5 在桌面上添加图标

步骤5 在左侧导航栏中单击“任务栏”，在右侧将“在桌面模式下自动隐藏任务栏”设置为“开”，即可将任务栏设置为自动隐藏，如图 2-6 所示。

提示

隐藏任务栏后，只有将鼠标指针移动到屏幕的底部并停留一会儿，任务栏才会显示出来。

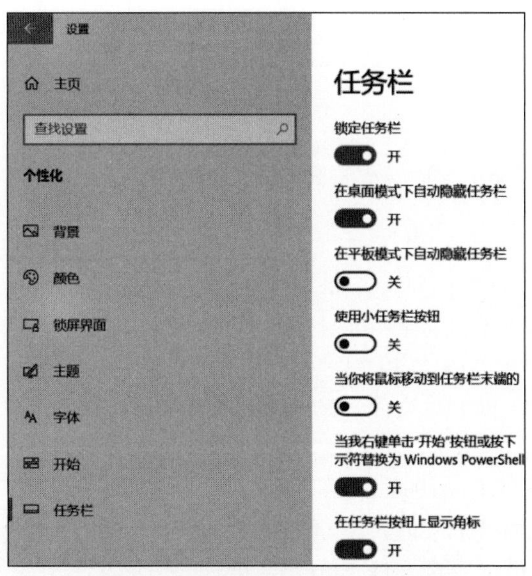

图 2-6 将任务栏设置为自动隐藏

项目2.2 管理Windows 10的文件和文件夹

文件和文件夹是 Windows 10 资源的重要组成部分，只有掌握好管理文件和文件夹的操作，才能更好地运用 Windows 10 完成工作和学习。

2.2.1 文件和文件夹的概念

文件是 Windows 存取磁盘信息的基本单位，一个文件是磁盘上存储信息的一个集合，可以是文字、图片、影片和应用程序等。文件夹是磁盘上组织程序和文档的一种容器，其中既可包含文件，也可包含文件夹（子文件夹），在屏幕上以一个文件夹的图标表示。磁盘中存储的文件通过文件夹进行分组存放，这使文件的查找和管理变得更加方便、高效。

1. 文件和文件夹的命名

文件和文件夹由其名称进行标识，每一个文件和文件夹都必须有名称才能存储在计算机的硬盘中，Windows 10 正是通过文件和文件夹的名称来对其进行管理的。

在 Windows 10 中，文件名由主文件名和扩展名两部分组成，其中主文件名是必须有的，扩展名可以省略。主文件名和扩展名之间用点号（.）隔开，如果文件名包含多个点号，则最右端的那个点号后面的部分就是扩展名。文件和文件夹的命名有以下特点。

- 文件和文件夹的名称可以使用汉字字符、26 个英文字母(大小写均可)、阿拉伯数字 0～9 和一些特殊字符，并支持长度不超过 255 个字符（含扩展名）的长文件名。
- 文件扩展名的长度一般不超过 3 个字符。
- 在命名文件和文件夹时不允许使用字符 \、/、:、*、?、“、<、>、|。
- 在命名文件和文件夹时不能使用文件名 Aux、Com2、Com3、Com4、Con、Lpt1、Lpt2、Prn、Nul，因为系统已经对这些文件名进行了定义。
- 在同一存储位置不能有文件名完全相同的文件或文件夹。

2. 文件类型

在操作系统中，文件扩展名用于标识文件的类型。在 Windows 10 中，不同类型的文件的扩展名不同，其图标样式也不同。常见的文件扩展名如表 2-1 所示。

表 2-1 常见的文件扩展名

扩展名		说明
文档文件	txt	通常只有纯文字，可用记事本、Notepad 打开
	doc、docx	微软的 Word 文档文件
	pdf	Adobe 的 PDF 文件，有的版本可以编辑，例如，使用 Adobe Acrobat 编辑
	xls、xlsx	微软的 Excel 电子表格文件
	ppt、pptx	微软的 PowerPoint 演示文件
	ofd	基于中国自主的版式文档国家标准的开放版式文档
音视频文件	mp3	MP3 格式音频文件，是最常用的一种音频文件
	wav	WAV 格式音频文件，是 16 位或 32 位格式的文件，便于在计算机上播放各种声音
	mp4	MP4 格式视频文件，是一种容器文件，能够存储音频、视频和字幕，常用于网络视频播放
	avi	AVI 格式视频文件，一般常用来存储视频流，广泛应用于较低清晰度的视频
	mov	QuickTime 视频文件，由苹果公司开发，支持多种视频编码方式和视频播放功能

续表

扩展名		说明
扩展名		说明
图像文件	jpg	JPG 是一种图像文件格式，专门用于压缩图像，广泛用于存储照片缩略图
	png	PNG 位图格式文件，是无损压缩的图像文件，图形效果较好，但文件较大，常用来存储网页图像
	gif	GIF 格式图像文件，包含一组非常小的动态图像，常用来存储网页图像和表情包类图像
	bmp	BMP 格式图像文件，是一种无损压缩、色彩丰富、清晰度高的图像文件，一般常用来存储图像素材
	psd	PSD 格式图像文件，PSD 格式是 Adobe 的专业图像处理软件 Photoshop 的文件存档格式，常用来存储专业的设计图像素材
压缩文件	zip	压缩文件，可使用 WinRAR 或 7-Zip 打开
	rar	压缩文件，RAR 格式是 WinRAR 软件默认支持的压缩文件格式
可执行文件	exe	可执行文件，用于在 Windows 系统中执行应用程序，可使用任意文本编辑软件打开
	apk	Android 安装文件，是 Android 系统中的应用安装文件

3. 文件路径

文件路径就是文件在磁盘上位置的表述，由一系列文件夹名和文件名组成，文件夹之间用斜杠“\”分隔。通过文件的路径可以确定文件在磁盘上的具体位置。

Windows 10 采用树形结构来管理和组织文件，将每个盘符作为一个文件夹，称为根文件夹。因此每个文件都应属于某个文件夹。

在表述一个文件的路径时，如果是从一个盘符或以“\”（表示当前的操作盘符）开始的，这种路径就被称为绝对路径；否则，就表示是从当前文件夹开始的（书面表述中，常以“..\”开头），这种路径则被称为相对路径。

案例2-2 检验OFD格式文件中的数字签章并将文件导出为PDF及图片格式

◆ 素材文档：电子回单.ofd。

◆ 结果文档：电子回单.pdf、电子回单.png。

在本案例中，用户需要使用 WPS Office 中的 OFD 模块检验 OFD 格式的数字签章是否有效，并将该文件导出为 PDF 格式及图片格式（PNG 格式）。

步骤1 通过双击打开素材文件夹中的文件“电子回单.ofd”（如果无法打开，可以右击该文件，在弹出的快捷菜单中选择“打开方式”→“WPS Office”），WPS Office 将自动调用其 OFD 模块，打开文档。

步骤2 切换到“签章”选项卡，单击“验章”按钮，如图 2-7 所示，在文档顶部会显示“受该签章保护的内容未被修改。”。

步骤3 单击该提示条右侧的“详情”，会弹出数字签章的具体信息，如图 2-8 所示，其中包含签章人、签章时间、印章名称和有效起止日期等信息。

步骤4 切换到“票据”选项卡，单击“导出为 PDF”。如图 2-9 所示，在弹出的“导出为 PDF”对话框中，设置导出的页面范围和输出路径，单击“导出”按钮。在看到“导出成功”提示对话框后，即表明已经成功完成格式的转换。

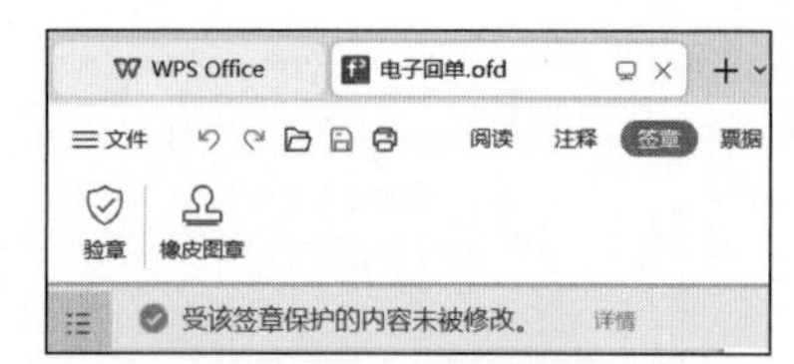

图 2-7　在 WPS Office 中检验 OFD 格式文件中的数字签章

图 2-8　OFD 文件签章详情

图 2-9　“导出为 PDF”对话框

步骤5 选择“文件”→“导出”→“导出为图片”命令，打开“导出为图片”对话框，在其中可以设置输出的图片格式（选择“PNG”）和输出的品质等，设置完成后，单击“导出”按钮，即可将文件导出为图片格式。

2.2.2　操作文件和文件夹

1. 查看文件或文件夹

在 Windows 10 中，对文件或文件夹的查看都是在文件资源管理器中进行的。

（1）展开与折叠文件夹

单击任务栏上的“文件资源管理器”按钮，打开文件资源管理器。在左侧导航栏中，若驱动器或文件夹前面有 〉按钮，则表明该驱动器或文件夹有下一级子文件夹；单击 〉按钮即可展开其所包含的子文件夹，当展开驱动器或文件夹后，〉按钮会变成 ∨ 按钮，表明该驱动器或文件夹已展开；单击 ∨ 按钮，即可折叠已展开的内容。如单击左侧导航栏中“此电脑”前面的 〉按钮，将显示所有的磁盘，单击所需磁盘前面的 〉按钮，即可显示该磁盘中所有的文件夹，如图 2-10 所示。

图 2-10　展开与折叠驱动器或文件夹

（2）设置文件夹视图显示方式

在“文件资源管理器”中，切换到欲查看的文件夹，单击“查看”标签，在打开的选项卡中的“布局”选项组内，可以选择查看项目的方式，例如，选择“详细信息”，不仅可以显示文件和文件夹的名称，还可以显示文件或文件夹的其他属性；单击“当前视图”选项组中的

“排序方式”下拉按钮，可以选择指定的方式对文件夹中的项目进行排序，如图 2-11 所示。

图 2-11　设置文件夹项目布局及排序方式

2. 选择文件或文件夹

对象的选定是 Windows 中所有操作的前提，单个文件或文件夹的选定只需单击对应的文件或文件夹的图标即可。在“文件资源管理器”中同时选定多个文件的情形有多种，其方法如下。

（1）不连续多个文件或文件夹的选定

按住 Ctrl 键，单击欲选定的文件或文件夹即可实现。若要取消某个文件或文件夹的选定，只需再次单击相应的文件或文件夹即可。

（2）连续多个文件或文件夹的选定

先单击位置最靠前的文件或文件夹，然后按住 Shift 键，再单击位置最末的文件或文件夹；也可用鼠标指针去框选相应的文件区域（拖曳鼠标指针框选文件所在的区域）来实现。

（3）全部选定

选择“主页”→“全部选择”命令，即可全部选定文件或文件夹；也可按 Ctrl+A 组合键来实现。

（4）反向选择

先用上述方法选定不需要的文件或文件夹，再选择“主页”→“反向选择”命令，即可以选定刚才没有被选取的文件或文件夹。

若取消文件或文件夹的选定，可以在被选对象（或区域）外任意处单击，也可配合Shift键或Ctrl键灵活撤销选择。

3. 建立、删除和重命名文件或文件夹

（1）文件或文件夹的建立

在欲建立新文件或文件夹的位置（磁盘、文件夹及桌面等处）的空白处右击，并在弹出的快捷菜单中选择“新建”→“文件夹”或要建立的文件类型，接着输入文件或文件夹的名称，最后按 Enter 键即可。另外，还可通过功能区操作完成，即选择“主页”→“新建文件夹”命令，后续操作同前。

（2）文件或文件夹的删除

先选定欲删除的文件或文件夹，然后按 Delete 键；也可在选定的对象上右击，在弹出的快捷菜单中选择“删除”，或选择“主页”→“删除”命令，系统会给出一个提示对话框，确认后就可将选定的文件或文件夹删除，此时删除的文件虽被移入回收站中，但还可以还原。如果想将删除的文件或文件夹彻底删除而不进入回收站，则可先按住 Shift 键，再按 Delete 键，后续操作同前。

（3）文件或文件夹的重命名

先选定欲重命名的文件或文件夹，再右击，在弹出的快捷菜单中选择“重命名”，或选择“主页”→“重命名”命令，输入新的文件名后按 Enter 键（也可单击一下别的区域）即可。如果重命名时改变了文件的扩展名，系统就会弹出“如果更改文件扩展名，文件可能无法正常使用”的警告对话框。

4. 移动与复制文件或文件夹

在使用计算机的过程中，时常需要将文件或文件夹从一个位置移动到另一个位置。为了防止硬盘里的文件意外丢失，需要将重要的文件或文件夹复制到其他存储介质上以进行备份。虽然移动与复制是两种会产生不同结果的操作，但是其操作过程十分相似。

（1）移动文件或文件夹

① 使用鼠标左键拖曳的操作：先选定欲移动的文件或文件夹，如果目标文件夹也在同一磁盘中，则按住鼠标左键将其拖曳到目标文件夹中即可；否则，应在放开鼠标左键前按 Shift 键。

② 使用鼠标右键拖曳的操作：先选定欲移动的文件或文件夹，按住鼠标右键将其拖曳到目标文件夹上，放开鼠标右键，在弹出的快捷菜单中选择“移动到当前位置”。

③ 通过功能区操作：先选定欲移动的文件或文件夹，然后选择“主页”→“剪切”命令，或右击并在弹出的快捷菜单中选择“剪切”（也可按 Ctrl+X 组合键），最后在目标文件夹中，选择“主页”→“粘贴”命令，或右击并在弹出的快捷菜单中选择“粘贴”（也可按 Ctrl+V 组合键），就可将选定的文件或文件夹移动到目标文件夹中。剪切后只能进行一次粘贴，如果未进行粘贴操作，则对文件不产生任何影响。

（2）复制文件或文件夹

① 使用鼠标左键拖曳的操作：先选定欲复制的文件或文件夹，如果目标文件夹在同一磁盘中，则按住鼠标左键将其拖曳到目标文件夹中即可；否则，应在放开鼠标左键前按 Ctrl 键。

② 使用鼠标右键拖曳的操作：先选定欲复制的文件或文件夹，按住鼠标右键将其拖曳到目标文件夹上，放开鼠标右键，在弹出的快捷菜单中选择“复制到当前位置”即可。

③ 通过功能区操作：先选定欲复制的文件或文件夹，然后选择“主页”→“复制”命令，或右击并在弹出的快捷菜单中选择“复制”（也可按 Ctrl+C 组合键），最后在目标文件夹中选择“主页”→“粘贴”命令，或右击并在弹出的快捷菜单中选择“粘贴”（也可按 Ctrl+V 组合键），即可将选定的文件或文件夹复制到目标文件夹中。

5. 查找文件或文件夹

Windows 10 提供了强大的文件搜索功能，通过窗口中地址栏右侧的搜索框可调用其文件搜索功能。下面通过实际案例加以说明。

案例2-3 在文件夹内进行简单和高级搜索

◆ 素材文档："WPS综合应用赛项"文件夹。

在本案例中，用户需要在文件夹内进行简单搜索，以及按照"或""否"与文件大小等高级条件进行搜索。

步骤1 将"WPS 综合应用赛项"文件夹复制到计算机磁盘的适当位置，例如 C 盘的根目录下，打开文件资源管理器，并切换到该文件夹下。

步骤2 在右侧的搜索框中输入文本"WPS"，并按 Enter 键，如图 2-12 所示，文件夹中所有包含"WPS"的文件和子文件夹都被找了出来。

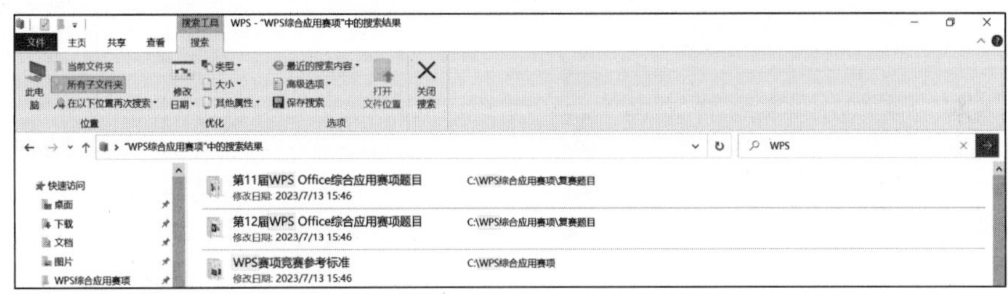

图 2-12 在文件夹内进行简单搜索

步骤3 在搜索框中再次输入"WPS NOT 题目"，并按 Enter 键，可以看到，搜索结果变为只显示包含"WPS"但不包含"题目"的文件和子文件夹。

步骤4 在搜索框中输入"WPS OR 题目"，并按 Enter 键，搜索获得的结果则变为包含"WPS"或包含"题目"的文件和子文件夹。如果将"OR"替换为"AND"，那么搜索结果则会变为两者同时存在。

步骤5 在执行了搜索之后，在功能区会出现"搜索工具"标签，在其对应的选项卡中，用户还可以从"修改日期""类型""大小"等维度进行搜索。例如，单击"大小"下拉按钮，在下拉列表中选择"中等（1–128MB）"，即可找到所有大小在 1 ~ 128MB 的文件，如图 2-13 所示。

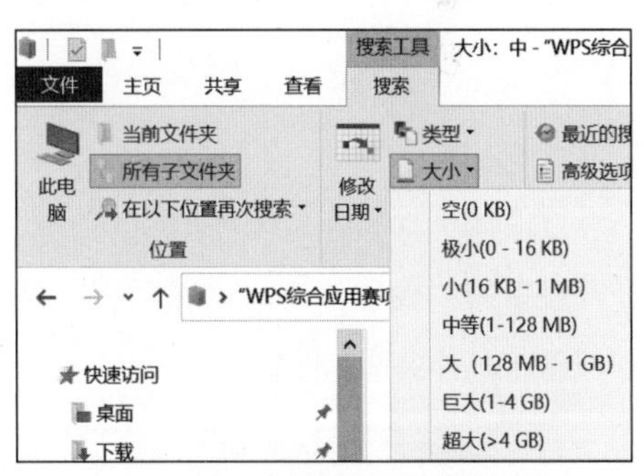

图 2-13 按文件大小进行搜索

项目2.3 Windows 10的系统设置

Windows 10 的常规系统设置可以在"设置"窗口中完成。单击"开始"按钮，在弹出的菜单中选择⚙，即可弹出"Windows 设置"窗口；也可以右击"开始"按钮，在弹出的快捷菜单中选择"设置"。

为了照顾 Windows 7 用户的使用习惯，Windows 10 保留了"控制面板"。单击"开始"按钮，在弹出的菜单中找到"Windows 系统"分类，展开后选择"控制面板"即可打开"控制面板"

窗口。

2.3.1 卸载/添加程序

在 Windows 10 中，用户可以在“应用和功能”界面中添加新程序或者卸载已安装的程序。一般的应用程序都有自己的安装程序，运行其安装程序即可安装该程序。下面重点介绍卸载应用程序的方法。

① 打开“Windows 设置”窗口，单击“应用”，打开应用“设置”窗口，在左侧导航栏中，单击“应用和功能”，即可在右侧看到相应的设置界面。

② 选中需要卸载的应用程序，单击“卸载”按钮，系统会弹出确认对话框，单击“卸载”按钮，系统将开始自动卸载该程序，如图 2-14 所示。

图 2-14 卸载应用程序

2.3.2 管理计算机硬件

在 Windows 10 中，用户可以通过“Windows 设置”窗口方便地管理各类硬件设备。

1. 设置鼠标

鼠标是在 Windows 中使用频率非常高的设备。在“Windows 设置”窗口中，先单击“设备”，打开设备的“设置”窗口，然后在左侧导航栏中，单击“鼠标”，如图 2-15 所示，即可在右侧看到鼠标的“设置”窗口。

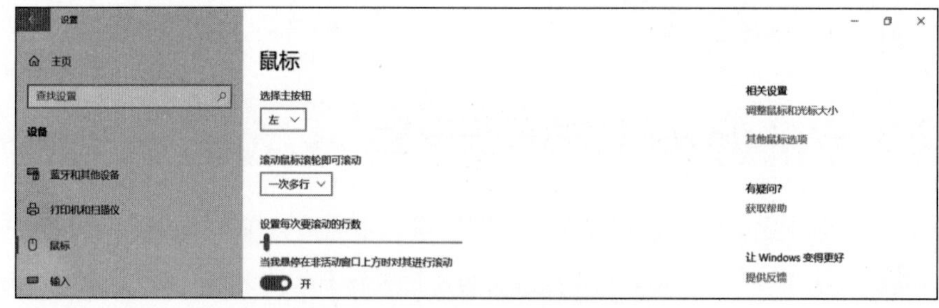

图 2-15 鼠标的“设置”窗口

单击“选择主按钮”下拉按钮，可以在弹出的下拉列表中切换鼠标的主要和次要按钮。单击“滚动鼠标滚轮即可滚动”下拉按钮，在弹出的下拉列表中可将鼠标滚轮设置为“一次多行”

或“一次一个屏幕”。在右侧的“相关设置”区域，还可以设置“调整鼠标和光标大小”与“其他鼠标选项”。

案例2-4 设置鼠标指针

在本案例中，用户需要设置鼠标指针选项，以便在演示的时候，在按Ctrl键时，鼠标指针周围能出现光圈，引起观众的注意。

步骤1 在“Windows设置”窗口中，单击“设备”并切换到鼠标的“设置”窗口，单击右侧的“其他鼠标选项”。

步骤2 在弹出的“鼠标属性”对话框中，切换到“指针选项”选项卡，勾选下方的“当按CTRL键时显示指针的位置”复选框，单击“确定”按钮，如图2-16所示。

步骤3 设置完成后，按Ctrl键，鼠标指针的四周就会出现光圈。

图2-16 设置鼠标指针选项

2. 设置电源选项

绿色节能是我国可持续发展战略的重要一环，计算机在较长时间不用的时候，可以设置为自动关闭屏幕或者进入睡眠状态。同时，将计算机设置为最佳节能模式，可使计算机在高性能和更加节能之间取得平衡。

案例2-5 调整计算机为最佳节能模式

在本案例中，用户需要将计算机自动关闭屏幕和进入睡眠状态的时间分别调整为5分钟和15分钟，并将计算机的“电源模式”设置为“最佳节能”模式，如图2-17所示。

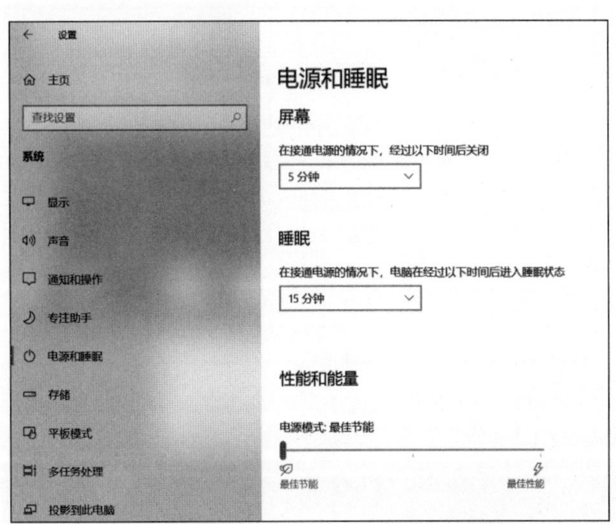

图2-17 设置计算机为最佳节能模式

步骤1 在“Windows设置”窗口中，单击“系统”，打开系统的“设置”窗口。

步骤2 在左侧导航栏中单击“电源和睡眠”，在右侧会出现相应的选项组。

步骤3 单击“屏幕”下方的时间下拉按钮，在下拉列表中将时间调整为“5分钟”，这意味着在用户不操作计算机的情况下，5 分钟后，计算机屏幕会自动关闭。

步骤4 单击“睡眠”下方的时间下拉按钮，在下拉列表中将时间调整为“15 分钟”，这意味着在用户不操作计算机的情况下，15 分钟后，计算机会自动进入睡眠状态。

步骤5 将“性能和能量”下方的滑块调整到最左侧的“最佳节能”位置，在这个状态下，计算机的耗能最低，与此同时，性能也会相应降低。

提示

根据使用场景，用户可以在最佳节能和最佳性能之间进行切换，或者在二者之间找到一个平衡点。

2.3.3 设置Windows 10的时间和语言

在境外学习、工作或旅行的时候，所携带的计算机往往要设置为当地的时间和语言。Windows 10 支持全球各个时区和各种常用语言。下面用实际案例加以介绍。

案例2-6 为Windows设置英国时间和英语界面

在本案例中，用户要到英国进行交流学习，在此期间，要将 Windows 10 显示的时间设置为当地的时间，并将 Windows 的显示语言也设置为英语。

步骤1 在“Windows 设置”窗口中，单击“时间和语言”，打开时间和语言的“设置”窗口。

步骤2 在左侧导航栏中单击“日期和时间”，在右侧会出现相应的选项组。

步骤3 将“自动设置时区”按钮调为“关”，在下方将“时区”设置为“(UTC+ 00:00）都柏林，爱丁堡，里斯本，伦敦”，也就是英国所在时区（注意，爱尔兰的都柏林和葡萄牙的里斯本与英国在同一时区），设置完成后，可以看到计算机的时间已经变为英国本地的时间，如图 2-18 所示。

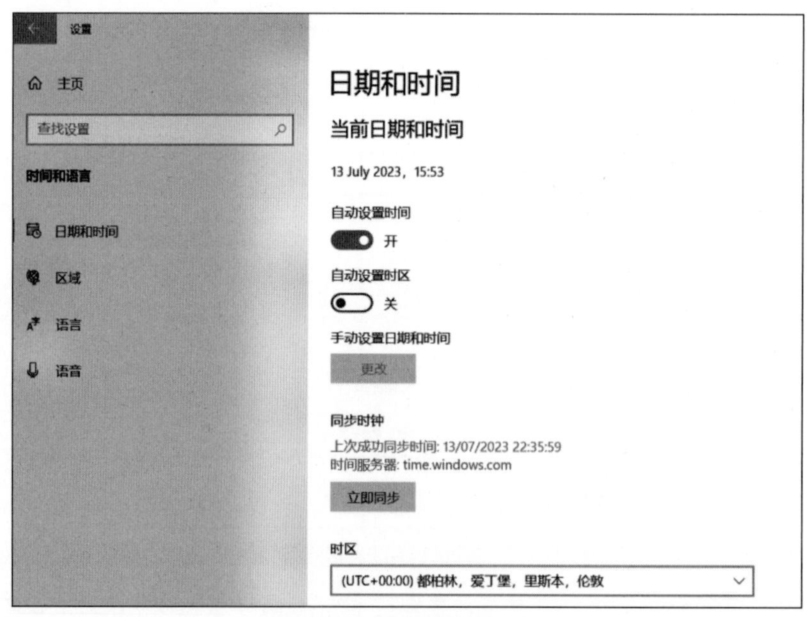

图 2-18 设置日期和时间

步骤4 在左侧导航栏中单击“语言”，在右侧单击“添加首选语言”按钮。

步骤5 在打开的“选择要安装的语言”对话框中，选择“英语（英国）”，单击“下一步”按钮，然后在“安装语言功能”对话框中，仅勾选“安装语言包”复选框，单击“安装”按钮。

步骤6 Windows 10会弹出提示注销的对话框，确认文档都正确保存后，单击“是，立即注销”按钮，如图2-19所示。注销Windows后重新登录，就可以看到Windows的语言已经变为英语了。

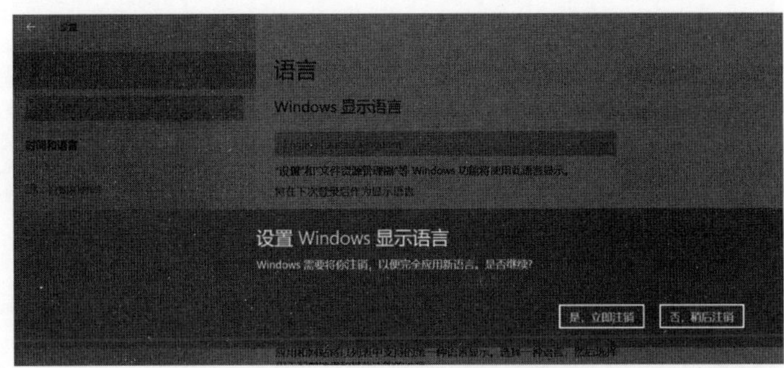

图2-19 改变首选语言后的注销提示

单元3

使用 WPS 文字自动处理文档

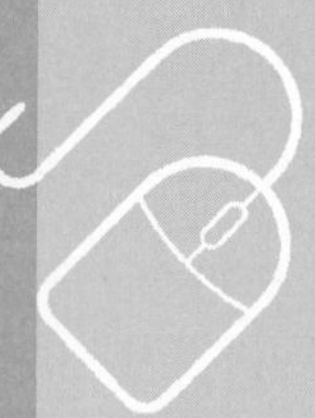

WPS Office（一般简称为 WPS）是一款优秀的国产办公软件套装，它集成了文字、表格、演示等功能模块。其中 WPS 的文字处理功能强大而又简单易用，可以用来撰写会议通知、会议纪要、工作报告和制作数据表格等，是日常办公不可或缺的实用工具。

知识目标

- 掌握 WPS 文字处理的基本操作；
- 掌握文档的编辑与制作的基本操作方法；
- 掌握表格的编辑与制作的基本操作方法；
- 掌握在文档中插入图片、图形、艺术字和公式的方法；
- 掌握自动化处理长篇文档的方法；
- 掌握使用域和邮件合并的功能批量创建文档的方法。

素养目标

理解文档排版和自动化处理的理念，熟悉相关工作流程，并能灵活地应用在各种实际工作场合。

项目3.1 格式化文档内容与设置页面布局

3.1.1 输入与编辑文本内容

启动 WPS 之后，切换到“首页”选项卡，单击“新建”按钮，在弹出的菜单中选择“文字”，即可创建一个空白的 WPS 文字文档，如图 3-1 所示。

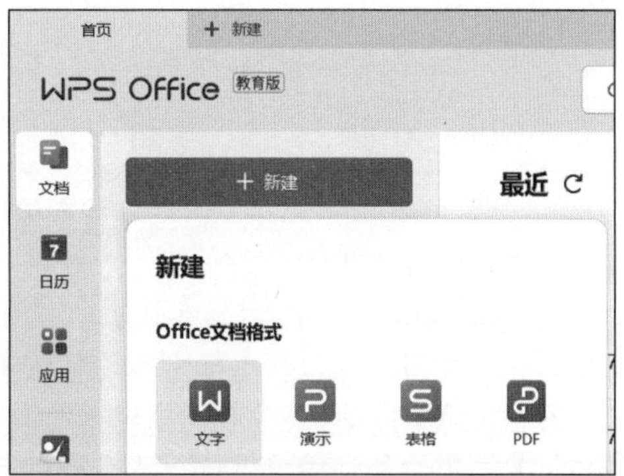

图 3-1 创建新的文字文档

新建的文档通常需要取一个有意义的文件名，并以所需要的文件格式类型加以保存。保存 WPS 文字文档的方法为在新建的文档窗口内，选择“文件”→“另存为”，在弹出的“另存文件”对话框中，选择保存文件的路径，设置文件名称和选择文件的格式类型；也可将鼠标指针放在“另存为”子菜单上，在展开的“保存文档副本”级联菜单中选择常用的文件格式类型。保存 WPS 文字文档时，默认文件扩展名为“docx”，用户也可以选择其他文件格式进行保存，例如“PDF 文件格式”等。

提示

在“文件”菜单中，用户还可以选择将文档输出为图片格式或PPTX（演示文稿）格式。

新建空白文档后，就可以在其中输入文本内容了。输入和编辑文本内容是 WPS 文字最基本的功能。在文档编辑区中不断闪烁的竖线叫作插入点光标，插入点光标所在的位置即文本输入的位置。我们可以切换到自己惯用的输入法，然后在文档编辑区输入相应的文本内容。

在输入文本的过程中，插入点光标会自动向右移动。当一行的文本输入完毕后，插入点光标会自动转到下一行。在没有输入满一行文字的情况下，若需要开始新的段落，可按 Enter 键进行换行。

提示

在输入文本的过程中，如果出现输入错误，可以按Backspace键来删除插入点光标前的字符，或在选中要删除的内容后按Delete键来删除。

案例3-1 插入特殊符号和插入当前日期

- 素材文档：D-01.docx。
- 结果文档：D-01-R.docx。

在本案例中，用户需要在文档开头插入温度计符号，在文档结尾插入当前日期。

步骤1 单击“插入”选项卡中的“符号”下拉按钮，在弹出的下拉菜单中选择“其他符号”。

步骤2 如图 3-2 所示，在弹出的“符号”对话框的“符号”选项卡中，将“字体”修改为“Webdings”，选中温度计符号（字符代码为 225），单击“插入”按钮，完成插入。

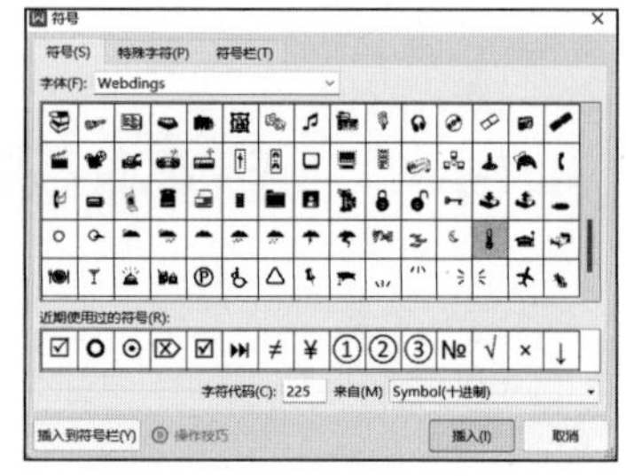

图 3-2 “符号”对话框

提示

在使用WPS编辑文档的过程中，可以使用“Webdings”“Windings”“Windings 2”“Windings 3”等字体，插入各类符号，以丰富文档内容的表达方式。

步骤3 将插入点光标定位到文档末尾的空行，单击“插入”选项卡中的“日期”按钮。

步骤4 如图 3-3 所示，在弹出的“日期和时间”对话框中，在“可用格式”列表框中选择日期格式为“二〇二三年六月二十三日”（具体日期依系统时间而定），勾选“自动更新”复选框，其他选项保持默认，单击“确定”按钮，完成日期的添加。

图 3-3 “日期和时间”对话框

3.1.2 选择、复制与移动文本内容

1. 选择文本内容

当对文本进行复制、移动、删除或设置格式等操作

时，要先将其选中，从而确定编辑的对象。根据选中文本的篇幅，可将选择文本分为以下几种情况。

- 选择连续文本：将插入点光标定位到需要选择的文本的起始处，按住鼠标左键不放并拖曳，直至需要选择的文本结尾处，释放鼠标左键，即可选中文本，选中的文本以灰色背景显示。
- 选择词组：双击要选择的词组即可。
- 选择一行文本：将鼠标指针移至某行左侧的空白处，当指针呈“↗”形状时，单击，即可选中该行全部文本。
- 选择连续的多行文本：将鼠标指针移至左侧的空白处，当指针呈“↗”形状时，按住鼠标左键不放，并向下或向上拖曳鼠标，即可选中连续的多行文本。
- 选择一个段落：将鼠标指针移至某段落左侧的空白处，当指针呈“↗”时，双击，即可选中当前段落。
- 选择矩形区域：按住 Alt 键的同时按住鼠标左键并拖曳，框选出的矩形区域内的文本即为被选中的文本内容。
- 选择整篇文档：将鼠标指针移至某段落左侧的空白处，当指针呈“↗”时，连续单击 3 次，或按 Ctrl+A 组合键，即可选中整篇文档。

提示

使用Shift+方向键可以从当前插入点光标处开始进行连续选择。另外，将插入点光标定位到某段落的任意位置，然后连续单击3次也可选中该段落。

2. 复制文本内容

对于文本内容中重复部分的输入，可通过“复制”→“粘贴”操作来完成，从而提高文本编辑效率。复制文本主要有以下几种方法。

- 通过功能区：选中要复制的文本内容，切换到“开始”选项卡，单击“复制”按钮，然后将插入点光标定位在要输入相同内容的位置，单击“粘贴”按钮即可。
- 通过快捷菜单：选中文本后，右击，在弹出的快捷菜单中选择“复制”，可执行复制操作。复制文本后，将插入点光标定位在要输入相同内容的位置，然后右击，在弹出的快捷菜单中选择“粘贴”即可。
- 通过组合键：选中文本后按 Ctrl+C 组合键，可执行复制操作。复制文本后，按 Ctrl+V 组合键，可执行粘贴操作。

3. 移动文本内容

在编辑文本的过程中，如果需要将某个词语、句子或段落移动到其他位置，可通过“剪切”→“粘贴”操作来完成。移动文本内容主要有以下几种方法。

- 通过功能区：选中要移动的文本内容，切换到“开始”选项卡，单击“剪切”按钮，然后将插入点光标定位在要移动到的位置，单击“粘贴”按钮即可。
- 通过快捷菜单：选中文本后，右击，在弹出的快捷菜单中选择“剪切”，可执行剪切操作。

剪切文本后，将插入点光标定位在要移动到的位置，然后右击，在弹出的快捷菜单中选择“粘贴”即可。

- 通过组合键：选中文本后按 Ctrl+X 组合键，可执行剪切操作。剪切文本后，按 Ctrl+V 组合键，可执行粘贴操作。

案例3-2 仅复制网页中的文本内容

◆ 素材文档：D-02.mhtml。

◆ 结果文档：D-02-R.docx。

对文本进行复制或剪切操作后，如果使用常规的粘贴方式，会对原文本的相关格式（包括字体、字号、颜色和段落样式等）一同进行粘贴；如果用户不需要保留这些格式，可使用无格式粘贴功能。例如，在复制网页上的文章时，如果只希望保留文本内容，就可以使用此方法来进行复制。

步骤1 打开素材文档，按 Ctrl+A 组合键，选中所有内容，按 Ctrl+C 组合键，进行复制。

步骤2 使用 WPS 文字创建一个新的空白文档，右击，在弹出的快捷菜单中选择“粘贴”右侧的“只粘贴文本”，如图 3-4 所示，即可将网页内容以不带图形和格式的形式粘贴到文档中。

图 3-4 只粘贴文本

3.1.3 查找与替换文本

如果想知道某个词或某句话在文档中的位置，可以使用文档的查找功能来实现。当发现某个字或词需要在全文中统一进行修改时，可通过替换功能达到事半功倍的效果。

1. 查找文本

若要查找某文本在文档中的位置，或要对某个特定的对象进行修改操作，即可使用查找功能，方法如下。

① 在“开始”选项卡中单击“查找替换”下拉按钮上方的放大镜图标。

② 在弹出的“查找和替换”对话框中，在“查找”选项卡的“查找内容”文本框中输入要查找的文本，单击“查找下一处”按钮。

③ 如果找到对应的结果，文档会自动跳转到结果所在的页面，并选中相应的文本；如果要继续查找其他位置上的这个文本，则可以继续单击“查找下一处”按钮。

2. 替换文本

如果文档中有多处相同文本需要修改，可通过替换功能进行统一替换，操作方法如下。

① 在“开始”选项卡中单击“查找替换”下拉按钮，在下拉菜单中选择“替换”。

② 在弹出的“查找和替换”对话框中，在“替换”选项卡的“查找内容”文本框中输入要替换掉的内容。

③ 在“替换为”文本框中输入替换后的内容。

④ 单击“全部替换”按钮，弹出显示替换结果的提示对话框，单击“确定”按钮即可。

案例3-3 删除文档中的空格、空行和批量修改文档内容

◆ 素材文档：D-03.docx。

◆ 结果文档：D-03-R.docx。

在本案例中，我们需要批量删除文档中的全角空格和空行，并将文章中的所有“PERFECT”替换为“PERFECT-”（注意，perfect 不能被修改）。

步骤1 打开素材文档，找到文档中任意一个全角空格□（例如在“活动背景”部分的第二个段落）并复制，切换到“开始”选项卡，单击“查找替换”下拉按钮，在弹出的下拉菜单中选择“替换”。

提示

如果看不到空格等标记，可以在“开始”选项卡中单击“显示/隐藏编辑标记”按钮。

步骤2 在弹出的“查找和替换”对话框的“替换”选项卡中，将插入点光标定位到“查找内容”文本框，将刚刚复制的全角空格粘贴进来，“替换为”文本框中的内容保持为空，单击“全部替换”按钮，如图 3-5 所示，即可完成对全角空格的删除。

步骤3 完成替换后，会弹出显示已经完成几处替换的对话框，单击“确定”按钮，将其关闭。

步骤4 不要关闭“查找和替换”对话框，单击“高级搜索”按钮，展开对话框的更多功能。将插入点光标再次定位到“查找内容”文本框，删除之前的全角空格，单击“特殊格式”按钮，在弹出的下拉菜单中选择“段落标记”，然后使用相同的方法，再次插入一个段落标记符号。将插入点光标定位到“替换为”文本框，使用和上面相同的方法，插入一个段落标记符号，如图 3-6 所示。反复单击“全部替换”按钮，直到完成全部空行的替换。

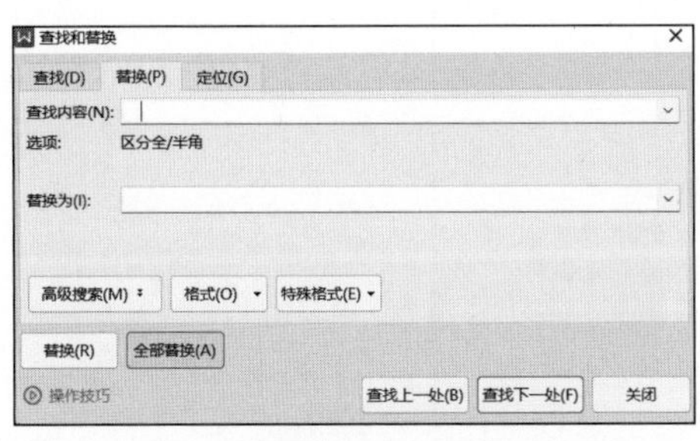

图 3-5 删除文档中的全角空格

图 3-6 替换空行

提示

每一个段落都会以一个段落标记结束，而两个或两个以上连续的段落标记就意味着空行的存在，将其替换为单个的段落标记，并反复执行这个操作，就可以删除文档中的所有空行。

步骤5 继续保持“查找和替换”对话框为开启状态，将“查找内容”文本框中的内容修改为“PERFECT”，将“替换为”文本框中的内容修改为“PERFECT-”，勾选下方的“区分

大小写”复选框，单击“全部替换”按钮，如图 3-7 所示。

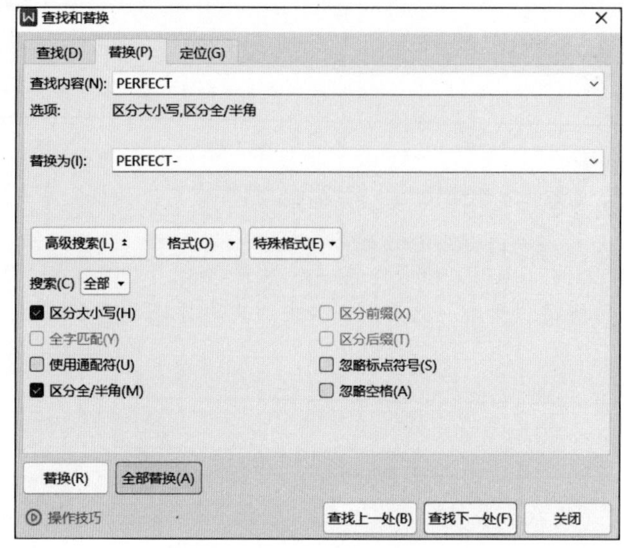

图 3-7　区分大小写替换内容

由于在文档中还存在“perfect”单词，因此只有勾选了“区分大小写”复选框，才能保证小写的“perfect”不会被替换。

步骤6 在完成了所有替换任务之后，单击“关闭”按钮，关闭“查找和替换”对话框。

在WPS文字中，还有一个对文档各类多余字符进行清理的工具，称为“文字排版”，例如要删除文档中的空格，单击“开始”选项卡中的“文字排版”下拉按钮，在弹出的下拉菜单中选择“删除”，在展开的级联菜单中选择“删除空格”即可，如图3-8所示。

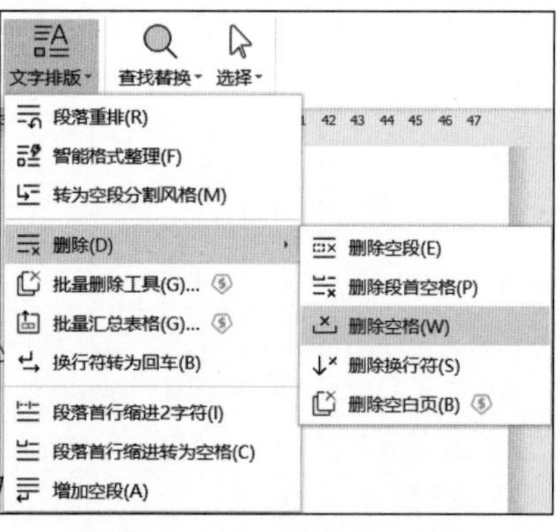

图 3-8　“文字排版”工具

3.1.4　设置文本格式

在输入文本后，为了突出重点、美化文档，可对文本进行字体、字号、文本颜色、加粗、倾斜、下画线和字符间距等的设置，从而让千篇一律的文字样式变得丰富多彩。

1. 字体与字号

在文档中，文本默认显示的字体为“宋体”，字号为“五号”，文本颜色为“黑色”。根据文档需要，用户可以对文本格式进行设置。选中要设置的文本后，在“开始”选项卡中单击“字体”下拉按钮，在弹出的下拉列表中即可选择文本字体；单击“字号”下拉按钮，在弹出的下拉列表中即可选择文本字号；单击“字体颜色”下拉按钮，在展开的颜色库和菜单中即可选择文本颜色。

对于字号的大小，有两种表示方式。一种以汉字的字号表示，如“五号”。另一种单位为“磅”，以“磅”为单位时，只需直接输入或选择相应的阿拉伯数字即可，数字越大，字号就越大。当需要设置比下拉列表中预设的最大值更大的字体时，可以直接输入对应的磅值，例如“150”，即可设置超大字号的字。

提示

选中文本后，可以使用Ctrl+[或Ctrl+]组合键来快速调节字号。

2. 设置其他字体效果

在设置文本格式的过程中，还可以对某些文本设置加粗或倾斜效果，以起到醒目和强调的作用。

选中要设置加粗效果的文本，单击“开始”选项卡中的“加粗”按钮，即可设置加粗效果；选中要设置倾斜效果的文本，然后在“开始”选项卡中单击“倾斜”按钮，即可设置倾斜效果。

提示

若要取消加粗或倾斜效果，只需选中该文本，然后再次单击相应的按钮即可。

此外，还可以为文本添加删除线或者着重号。删除线表示该内容需要删除，以贯穿文字的横线的形式表示；着重号表示强调，以文字下方加黑点的形式表示。

选中要设置删除线效果的文本，单击“开始”选项卡中的“删除线”按钮，即可设置删除线；选中要设置着重号效果的文本，然后在“开始”选项卡中单击“删除线”下拉按钮，在弹出的下拉菜单中选择“着重号”，即可设置着重号。

在某些计量单位或数学公式中，会遇到需要设置上标或下标的情况，如 x^2、O_2 等。

要设置上标或下标，首先以常规方式输入要设置为上标或下标的字符，然后选中该字符，单击“开始”选项卡中的“上标”按钮或“下标”按钮（可在下拉菜单中切换）即可。

对于某些需要特别强调的文字或段落，可以为其添加下画线。

选中要添加下画线的文本，在“开始”选项卡中单击“下画线”按钮，即可为文字或段落添加下画线。默认的下画线为直线，如果需要自定义下画线样式，可以单击“下画线”下拉按钮，在展开的下画线库和菜单中选择下画线的线形和颜色。

提示

除了为已有文字设置下画线外，还可以利用该功能制作空白下画线（无对应文字下画线），以作为预留的手动填写区域。方法为先在需要手动填写的文档处输入一定数量的空格，然后选中这些空格文本，再单击“下画线”按钮。

案例3-4 为古诗文本设置适合的字体和字号并标注汉语拼音

- 素材文档：D-04.docx。
- 结果文档：D-04-R.docx。

素材文档包含唐代诗人杜甫所写的五言律诗《春夜喜雨》，现在需要为文本设置适合的字体和字号，并标注汉语拼音。

步骤1 打开素材文档，按 Ctrl+A 组合键，选中所有文本。

步骤2 单击“开始”选项卡中的“字号”下拉按钮，在弹出的下拉列表中选择“二号”；单击“字体”下拉按钮，在弹出的下拉列表中选择“楷体”。

步骤3 单击“开始”选项卡中的“拼音指南”按钮，在弹出的“拼音指南”对话框中，将字体修改为“Arial”，其他保持默认，单击“开始注音”按钮，如图 3-9 所示，即可完成拼音的添加。

图 3-9 “拼音指南”对话框

提示

如果WPS文字的自动注音不正确，可以在“拼音指南”对话框的每个汉字右侧的“对应拼音”文本框中直接输入正确的拼音。

3.1.5 设置段落格式

在对文档进行排版时，用户通常会以段落为基本单位进行操作。段落的格式设置主要包括对齐方式、缩进、间距等。合理设置这些格式，可使文档结构清晰、层次分明。

1. 设置段落缩进

为了增强文档的层次感，提高可阅读性，可为段落设置合适的缩进。段落的缩进方式有以下 4 种。

- 左缩进：整个段落左边界距离页面左侧的缩进量。
- 右缩进：整个段落右边界距离页面右侧的缩进量。
- 首行缩进：段落首行第一个字符的起始位置距离整个段落左边界的缩进量。大多数文档采用首行缩进方式，缩进量为两个字符。
- 悬挂缩进：段落中除首行以外的其他行距离整个段落左边界的缩进量。悬挂缩进方式一般用于一些较特殊的情况，如对杂志、报刊上的文章进行排版时，常使用悬挂缩进的方式。

在“段落”对话框中可以实现对段落缩进方式的设置。将插入点光标定位到需要设置段落缩进的段落中，或选中要设置的段落，右击，在弹出的快捷菜单中选择“段落”，打开“段落”对话框，在“缩进和间距”选项卡的“缩进”选项组中进行设置（其中，“文本之前”代表左缩进，“文本之后”代表右缩进）；在“特殊格式”下拉菜单中选择“首行缩进”或“悬挂缩进”，然后在“度量值”数值框中输入缩进值即可。

2. 设置对齐方式

对齐方式是指段落在文档中的相对位置。段落的对齐方式有左对齐、居中对齐、右对齐、两端对齐和分散对齐 5 种，分别与“开始”选项卡中的 5 个对齐方式按钮相对应。

要设置段落对齐方式，只需将插入点光标定位到需要设置的段落中，或选中要设置的段落，然后单击“开始”选项卡中相应的对齐按钮即可。

3. 调整段落的间距和行距

为了使整个文档看起来疏密有致，可以为段落设置合适的间距和行距。其中，间距是指相邻两个段落之间的距离，分为段前距和段后距；行距是指段落中行与行之间的距离。间距常用于设置标题段落与前后文本之间的距离，以及正文各段之间的距离；行距常用于设置正文中行与行之间的距离。

（1）设置间距

将插入点光标定位到要设置间距的段落中，或选中要设置的段落，右击，在弹出的快捷菜单中选择“段落”，打开“段落”对话框，在“缩进和间距”选项卡的“间距”选项组中，将数值输入“段前”数值框可设置段前距，将数值输入“段后”数值框可设置段后距。

（2）设置行距

将插入点光标定位到要设置行距的段落中，或选中要设置的段落，打开“段落”对话框，在“缩进和间距”选项卡的“间距”选项组中，通过“行距”下拉菜单选择设置的行距类型，然后在“设置值”数值框中输入行距值即可。

4. 使用项目符号与编号

为了更加清晰地显示文本结构与各层级之间的关系，用户可在文本内容的各个要点前添加项目符号或编号，以增强文档的条理性。

（1）使用项目符号

在编辑并列式的段落内容时，可以添加项目符号，从而使文档的段落结构更加清晰。要为段落添加项目符号，选中需要添加项目符号的段落，单击“开始”选项卡中的“项目符号”按钮即可。

默认的项目符号样式为实心圆点，如果需要使用其他样式的项目符号，可以单击“项目符号”下拉按钮，在展开的项目符号库中进行选择，也可以选择项目符号库下方的“自定义项目符号”进行设置。

（2）使用编号

默认情况下，在以“1.”“一、”“A.”等编号开始的段落中按 Enter 键新建段落时，会自动产生连续的编号。选中需要添加编号的段落，在“开始”选项卡中单击“编号”按钮，即可为段落添加编号。

默认的段落编号样式为阿拉伯数字加小数点，如果需要使用其他编号样式，可以单击“编号”下拉按钮，在展开的编号库中进行选择，也可以选择编号库下方的“更改编号级别”或“自定义编号”来进行设置。

案例3-5 设置缩进、间距、段落对齐、边框和首字下沉效果

◆ 素材文档：D-05.docx。

◆ 结果文档：D-05-R.docx。

素材文档的段落格式包括对齐方式、行间距和段落间距等，都需要进一步调整。此外，为了让文档更加美观，还可以为每段设置首字下沉的修饰效果。

步骤1 打开素材文档，选中从标题下方（第 2 段）到图片上方的段落内容，右击，在弹出的快捷菜单中选择“段落”。

步骤2 如图 3-10 所示，在弹出的“段落”对话框中，将“缩进”选项组中的“特殊格式”设置为“首行缩进”，“度量值”设置为“2”字符；在“间距”选项组中，将“段前”和“段后”均设置为“0.5”行，将“行距”设置为“多倍行距”，“设置值”设置为“1.1”倍；取消对“如果定义了文档网格，则与网格对齐”复选框的勾选，单击“确定”按钮。

步骤3 将插入点光标定位到文档最后一行文字的任意位置，单击“开始”选项卡中的“居中对齐”按钮。

步骤4 选中首行标题文字“通用型长文档智能排版系统”，单击“开始”选项卡中的“中文版式”下拉按钮，在下拉菜单中选择“调整宽度”。

步骤5 如图 3-11 所示，在弹出的“调整宽度”对话框中，调节“新文字宽度”数值框右侧的微调按钮，将值调整为“15”字符，单击“确定”按钮。

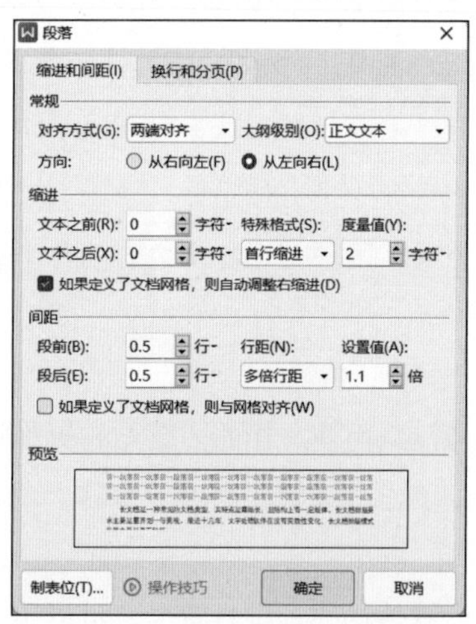

图 3-10 “段落”对话框

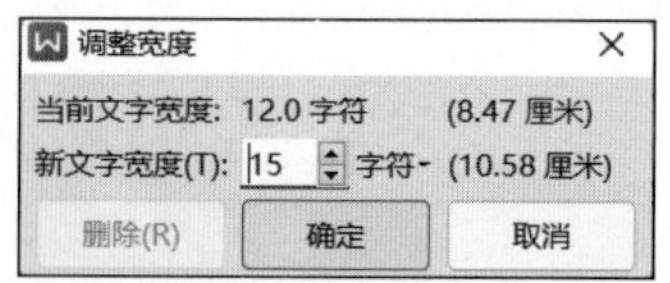

图 3-11 “调整宽度”对话框

步骤6 将插入点光标继续定位在文档标题行，单击“开始”选项卡中的“边框”下拉按钮，在下拉菜单中选择“边框和底纹”。

步骤7 如图 3-12 所示，在弹出的“边框和底纹”对话框的“边框”选项卡左侧的“设置”选项组中，选择“自定义”，然后将“宽度”修改为“1.5 磅”，“线型”和“颜色”保持默认，在右侧预览区域单击相应按钮设置边框，只保留上下边框，单击“确定”按钮。

步骤8 将插入点光标定位到标题下方正文第一段的任意位置，单击“插入”选项卡中的“首字下沉”按钮。

步骤9 如图 3-13 所示，在弹出的“首字下沉”对话框中，设置“位置”为“下沉”，“下沉行数”为“2”，单击“确定”按钮。

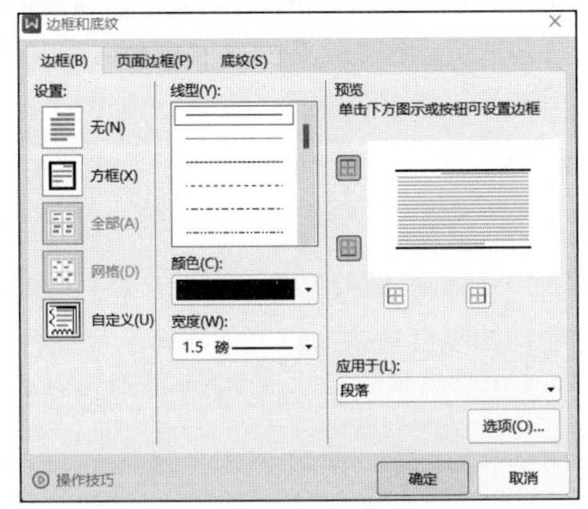

图 3-12 “边框和底纹”对话框

图 3-13 “首字下沉”对话框

3.1.6 设置页面布局和打印文档

很多文档在制作完成后需要打印出来，为了使打印出来的文档更加规范和美观，通常还需要在打印文档前对文档进行页面设置，包括对纸张大小、页边距、页眉与页脚、页面边框和页面背景等的设置。下面分别进行介绍。

1. 页面设置

页面设置是指对整个文档页面的一些参数（包括纸张大小、页边距和纸张方向等）进行设置，通过这些设置可以对文档版面进行控制，使其符合实际的需要。

（1）设置纸张大小

这里的纸张大小是指整个文档页面的大小，通常情况下，文档纸张大小应与实际使用的打印纸张大小相同，这样才能避免出现打印误差。普通文档大多使用 A4 纸进行打印，而文档默认的纸张大小也是 A4；如果需要使用其他大小的纸张进行打印，就要修改文档纸张大小，使其与打印纸张的大小相吻合。

要设置纸张大小，需要切换到“页面布局”选项卡，单击“纸张大小”下拉按钮，在弹出的下拉列表中可以直接选择一些常用的纸张类型。如果预设选项中没有符合要求的纸张大小，可以选择最下方的“其他页面大小”，在弹出的“页面设置”对话框的“纸张”选项卡中进行自定义设置。其中“宽度”数值框中的数值代表文档页面宽度，“高度”数值框中的数值代表文档页面高度。

（2）设置页边距

页边距是指文档内容与页面边沿之间的距离，该设置决定了文档版心的大小；页边距值越大，文档四周的空白区域就越宽。对于需要设置页眉、页脚和页码并且需要装订的文档来说，该参数非常重要。

切换到“页面布局”选项卡，单击“页边距”下拉按钮，在弹出的下拉列表中，可以选择程序预设的几种常用的页边距参数。如果下拉列表中没有合适的选项，还可以在“页边距”按钮旁边的“上”“下”“左”“右”4 个页边距参数的数值框中进行手动设置。

除此之外，用户还可以在“页边距”下拉列表中选择最下方的“自定义页边距”，在弹出的“页面设置”对话框中，进行更详细的设置；而对页形式的文档（如书籍）则需要将页边距设置为对称形式，在“多页”下拉列表中选择“对称页边距”，即可分别设置内、外页边距。

（3）设置纸张方向

纸张方向分为纵向和横向两种，纸张方向表现的是文档高度与宽度的相对关系。在默认情况下，纸张方向为“纵向”，当切换为“横向”时，文档的高度值将与宽度值对调，而文档内容将会自动适应新的纸张大小。

切换到“页面布局”选项卡，单击“纸张方向”下拉按钮，在弹出的下拉菜单中选择“纵向”或“横向”即可改变纸张方向。

2. 设置页面边框与颜色

页面边框是指为整个文档内容设置的边框，能够起到美化文档的作用。设置页面边框的方法如下。

① 切换到“页面布局”选项卡，单击“页面边框”按钮。

② 在弹出的“边框和底纹”对话框中，在“页面边框”选项卡的“设置”选项组中选择“方框”。

③ 在“线型”列表框中选择适当的边框线型，在“颜色”下拉列表中选择适当的边框颜色，在“宽度”下拉列表中选择适当的边框宽度，单击“确定”按钮，完成设置。

在默认情况下，页面背景是一张“白纸”，用户可以为背景添加颜色，从而使文档背景变为彩色。切换到“页面布局”选项卡，单击“背景”下拉按钮，在展开的背景颜色库和菜单中选择需要的颜色即可为文档背景添加颜色。

除了设置纯色背景外，我们还可以将页面背景设置为“渐变色”“纹理”“图案”等更加复杂的样式，在背景颜色库下方的菜单中展开“其他背景”级联菜单，即可进行设置。

3. 打印文档

在打印文档的过程中我们会发现，实际打印出来的效果和我们在打印前看到的文档效果可能存在一定的差别，因此在打印前可以先进行打印预览。打印预览是指程序通过虚拟打印的方式将最终打印效果显示出来。在文档中，选择“文件”→“打印”→“打印预览”，即可弹出“打印预览”窗口，在该窗口中即可预览打印效果，单击“退出预览”按钮即可退出打印预览。

如果打印预览没有问题，就可以正式开始打印了，其方法如下。

① 连接打印机，单击页面左上角的“文件”。

② 在弹出的下拉菜单中选择“打印”。

③ 在弹出的“打印”对话框中，在“名称”下拉列表中选择打印机设备，并设置好打印的页码范围和打印份数等参数，单击“确定”按钮即可开始打印。

案例3-6 设置围棋介绍文档的页面布局

◆ 素材文档：D-06.docx。

◆ 结果文档：D-06-R.docx。

在本案例中，用户需要重新设置文档的纸张方向、纸张大小、页边距、背景颜色、页面边框和水印，并将“著名围棋著作”部分的文本内容设置为 3 栏显示。

步骤1 打开案例素材文档，切换到“页面”选项卡，单击“纸张方向”下拉按钮，在弹出的下拉列表中选择“横向”。

步骤2 单击“页面布局”选项卡中的“纸张大小”下拉按钮，在弹出的下拉列表中选择“其他页面大小”。

步骤3 如图 3-14 所示，在弹出的“页面设置”对话框的“纸张”选项卡中，将“宽度”设置为“25”厘米，“高度”设置为“17.6”厘米，单击“确定”按钮。

步骤4 切换到“页面布局”选项卡，在“页边距”按钮右侧的“上”“下”“左”“右”4 个数值框中分别输入“2cm”“2cm”“2.5cm”“2.5cm”，如图 3-15 所示。

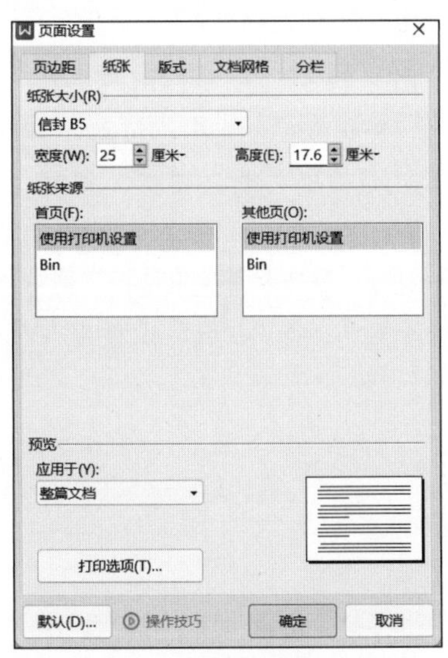

图 3-14 “页面设置”对话框

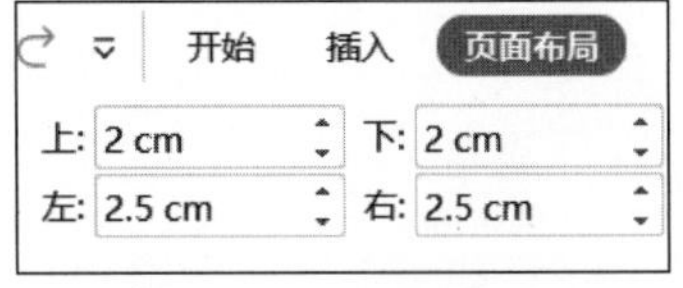

图 3-15 设置页边距

步骤5 单击“页面布局”选项卡中的“背景”下拉按钮，在展开的背景颜色库中选择“主题颜色”大类中的“金色，背景 2”颜色，如图 3-16 所示（注意，主题颜色会随着该文档所应用的主题的变化而改变）。

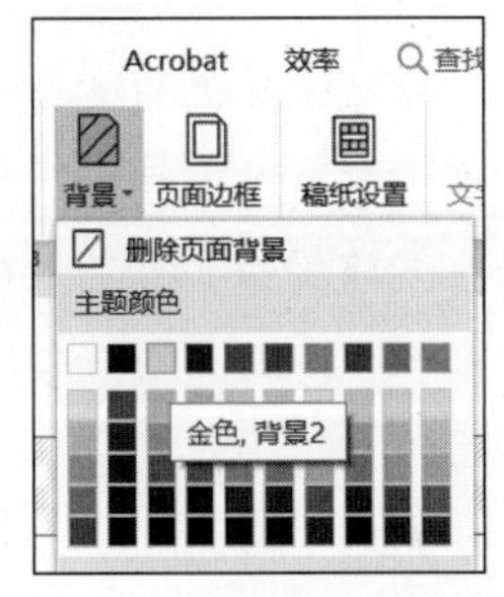

图 3-16 设置页面背景颜色

步骤6 单击“页面布局”选项卡中的“页面边框”按钮。

步骤7 在弹出的“边框和底纹”对话框的“页面边框”选项卡中，在“设置”选项组中选择“方框”，将“颜色”设置为“标准颜色”大类中的“深蓝”，将“宽度”设置为“2.25 磅”，单击右侧的“选项”按钮，在弹出的“边框和底纹选项”对话框中，将“度量依据”设置为“页边”，单击“确定”按钮，返回“边框和底纹”对话框，单击“确定”按钮，完成设置，如图 3-17 所示。

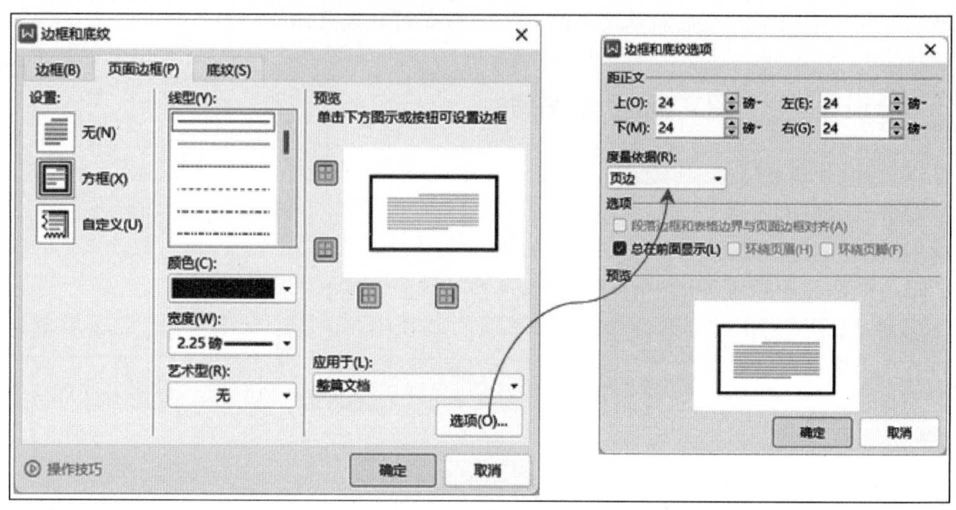

图 3-17 设置页面边框

步骤8 再次单击“页面布局”选项卡中的“背景”下拉按钮，在展开的背景颜色库下方的菜单中选择“水印”，在展开的级联菜单中选择“插入水印”。

步骤9 如图 3-18 所示，在弹出的“水印”对话框中，勾选“图片水印”复选框，单击“选择图片”按钮，插入素材文件夹中的“篆体字.png”图片，勾选“冲蚀”复选框，将“缩放”设置为“200%”，水平方向和垂直方向都居中对齐，单击“确定”按钮，完成水印的添加。

步骤10 单击“页面布局”选项卡中的“分栏”下拉按钮，在下拉菜单中选择“更多分栏”。

步骤11 如图 3-19 所示，在弹出的“分栏”对话框中，将“栏数”设置为“3”，并勾选“分隔线”复选框，单击“确定”按钮。

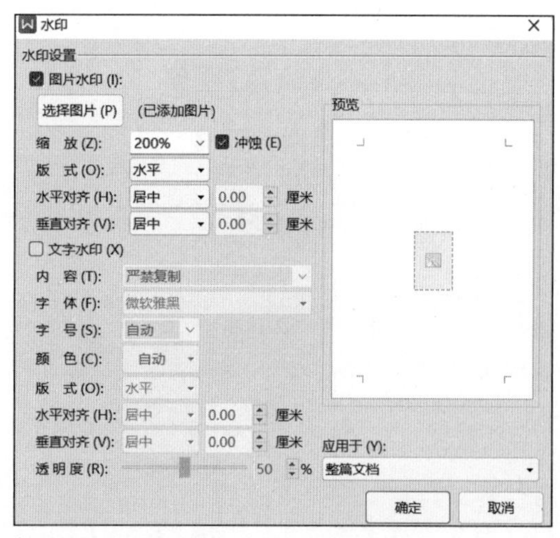

图 3-18 “水印”对话框

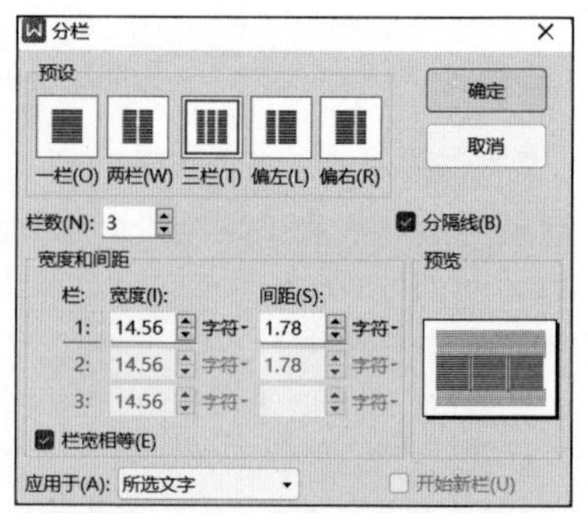

图 3-19 “分栏”对话框

步骤12 完成的效果如图 3-20 所示。

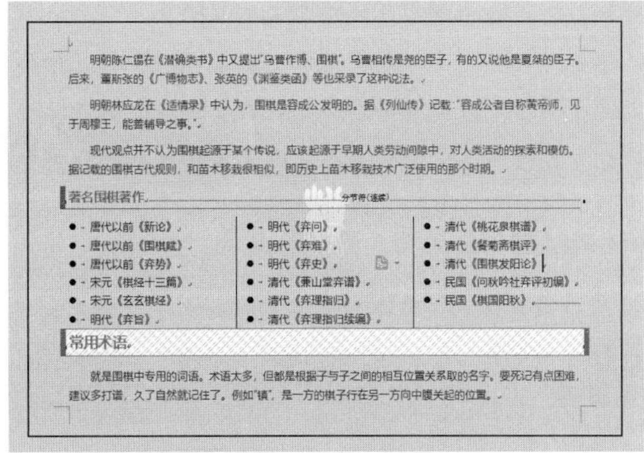

明朝陈仁锡在《潜确类书》中又提出"乌曹作博、围棋"。乌曹相传是尧的臣子，有的又说他是夏桀的臣子。后来，董斯张的《广博物志》、张英的《渊鉴类函》等也采录了这种说法。

明朝林应龙在《适情录》中认为，围棋是容成公发明的。据《列仙传》记载："容成公者自称黄帝师，见于周穆王，能善辅导之事。"

现代观点并不认为围棋起源于某个传说，应该起源于早期人类劳动间隙中，对人类活动的探索和模仿。据记载的围棋古代规则，和苗木移栽很相似，即历史上苗木移栽技术广泛使用的那个时期。

著名围棋著作

分节符(连续)

- 唐代以前《新论》
- 唐代以前《围棋赋》
- 唐代以前《弈势》
- 宋元《棋经十三篇》
- 宋元《玄玄棋经》
- 明代《弈旨》
- 明代《弈问》
- 明代《弈难》
- 明代《弈史》
- 清代《兼山堂弈谱》
- 清代《弈理指归》
- 清代《弈理指归续编》
- 清代《桃花泉棋谱》
- 清代《餐菊斋棋评》
- 清代《围棋发阳论》
- 民国《问秋吟社弈评初编》
- 民国《棋国阳秋》

常用术语

就是围棋中专用的词语。术语太多，但都是根据子与子之间的相互位置关系取的名字。要死记有点困难，建议多打谱，久了自然就记住了。例如"镇"，是一方的棋子行在另一方向中腹关起的位置。

图 3-20　分栏完成的效果

3.1.7　设置文档的页眉与页脚

作为文档的辅助内容，页眉和页脚在文档中的作用非常重要。页眉是指页面的顶部区域，通常显示文档名、章节标题等信息。页脚是页面的底部区域，通常用于显示文档页码。

在实际操作中，用户只需双击页眉或页脚区域，即可进入页眉和页脚编辑状态，插入点光标随即定位到页眉或页脚区域。用户可以在页眉或页脚区域输入需要的内容。页眉和页脚的编辑方法同正文一样，除了输入文字信息，还可以插入图片、文本框和形状等对象。页眉和页脚编辑完成后，双击正文编辑区域或单击"页眉页脚"选项卡中的"关闭"按钮，即可退出页眉和页脚的编辑状态。

在对文档中任意一页的页眉和页脚进行编辑后，所编辑的内容将会自动出现在文档所有页面的页眉和页脚中。

进入页眉和页脚的编辑状态后，界面会自动切换出"页眉页脚"选项卡，用户可以在该选项卡中对页眉和页脚进行详细的设置。

- 页眉横线：单击该按钮，可以在弹出的下拉列表中选择页眉横线样式。
- 页眉页脚选项：单击该按钮，将弹出"页眉 / 页脚设置"对话框，若勾选"首页不同"复选框，则可以分别为文档中每节的第一页和其他页设置不同的页眉和页脚；若勾选"奇偶页不同"复选框，则可以分别为奇数页和偶数页设置不同的页眉和页脚。关于为文档分节的方法，后面的章节将会加以详细介绍。

提示

"奇偶页不同"一般用于图书、杂志等需要对页装订的文档，此时可以分别为奇数页和偶数页设置不同的页眉和页脚。例如，奇数页页眉通常显示章节名，而偶数页页眉通常显示书名；奇数页页码通常位于文档右下角，而偶数页页码通常位于文档左下角。

- 日期和时间：单击该按钮，可以在页眉或页脚中插入当前的日期和时间。

- 图片：单击该按钮，可以在页眉或页脚中插入图片。
- 页眉页脚切换：单击该按钮，可以在页眉和页脚之间进行输入切换。
- 页眉顶端距离：用于设置页眉光标所在位置距离页面顶端的距离。
- 页脚底端距离：用于设置页脚光标所在位置距离页面底端的距离。

案例3-7 为文档奇偶页分别设置页眉，并添加页码

◆ 素材文档：D-07.docx。
◆ 结果文档：D-07-R.docx。

在本案例中，用户要为文档的奇数页和偶数页设置不同的页眉，并在文档的页脚位置插入页码。

步骤1 打开案例素材文档，双击文档第一页页眉区域，使文档的页眉和页脚区域处于编辑状态，此时在功能区出现“页眉页脚”标签。

步骤2 单击“页眉页脚”标签，展开“页眉页脚”选项卡，在其中单击“页眉页脚选项”按钮。

步骤3 如图3-21所示，在弹出的“页眉/页脚设置”对话框中，勾选“奇偶页不同”复选框，单击“确定”按钮。首先将插入点光标定位到文档第一页（奇数页）的页眉，单击“开始”选项卡中的“右对齐”按钮，然后输入文本“业财融合相关概念界定”，如图3-22所示。文档所有的奇数页面的右上角都有了刚刚添加的页眉。

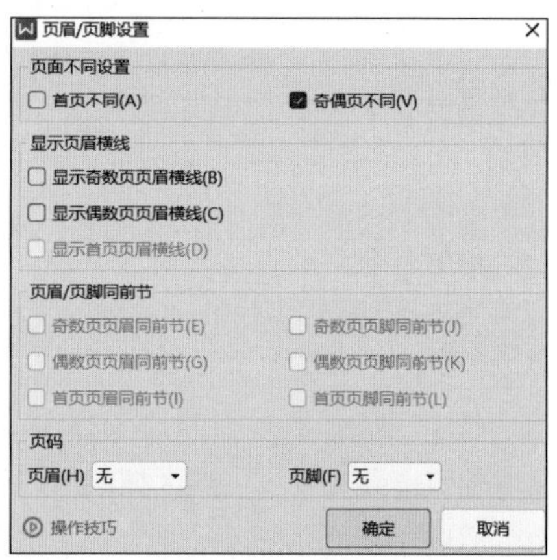

图3-21 “页眉/页脚设置”对话框

步骤4 将插入点光标定位到第二页（偶数页）的页眉，保持默认的左对齐状态，单击“页眉页脚”选项卡中的“域”按钮。

步骤5 如图3-23所示，在弹出的“域”对话框中，在左侧“域名”列表中选择“文档属性”，在右侧“文档属性”列表中选择“Author”，单击“确定”按钮，文档所有的偶数页面的左上角都显示出了文档的作者“李苗苗”。

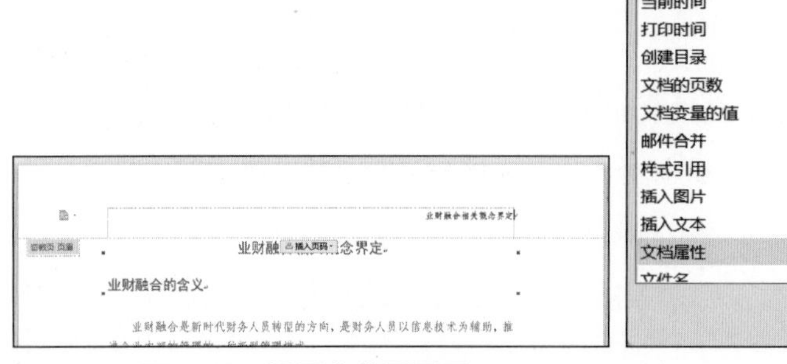

图3-22 设置奇数页页眉

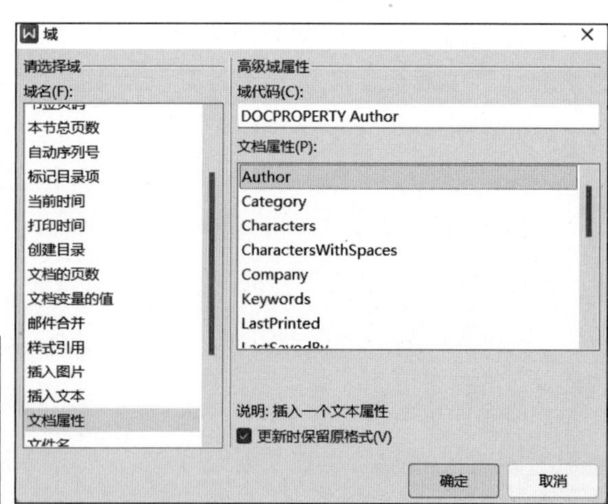

图3-23 “域”对话框

提示

选择“文件”→“文档加密”→“属性”命令，即可开启“属性”对话框，在其中可以添加和修改文档的各类属性。

步骤6 单击“页眉页脚”选项卡中的“页眉页脚切换”按钮，将插入点光标切换到文档的页脚。

步骤7 单击页脚区域中的“插入页码”下拉按钮，在弹出的对话框中设置“位置”为“居中”，“样式”为“第一页共X页”，“应用范围”为“整篇文档”，单击“确定”按钮，如图3-24所示，即可完成对所有页面页码的添加。

图3-24 插入页码

3.1.8 分页与分节

在处理复杂文档时，分页与分节是控制页面布局不可或缺的功能。

1. 分页

分页功能即人工强制分页，就是在需要分页的位置插入一个分页符，使原本在一页中的内容分布在两页中。为文档分页的好处是，在分页符之前，无论是增加文本还是删除文本，都不会影响分页符之后的内容。

要对文档进行分页，首先要将插入点光标放在需要分页的位置，然后切换到“页面布局”选项卡，单击“分隔符”下拉按钮，从弹出的下拉菜单中选择“分页符”，即可在光标处为文档分页。

2. 分节

通过文档分节，用户可以为同一文档内的页面设置不同的页面布局，如纸张方向、页码等。将插入点光标放在需要分节的位置，切换到“页面布局”选项卡，单击“分隔符”下拉按钮，从下拉菜单中选择“下一页分节符”，即可在光标处实现为文档分页的同时进行分节。

除了“下一页分节符”，还可以选择如下分节符。

- 连续分节符：分节符之后的文本与前一节文本处于同一页中，适用于前后文联系比较密切的文本。
- 偶数页分节符：分节符之后的文本在下一偶数页上显示。
- 奇数页分节符：分节符之后的文本在下一奇数页上显示。

案例3-8 为不同节设置个性化页面布局

◆ 素材文档：D-08.docx。

◆ 结果文档：D-08-R.docx。

在本案例中，用户需要为文档的目录页面设置单独的页码格式，并将“加班申请单”表格放置到单独的横向页面中。

步骤1 打开素材文档，将插入点光标定位到文档开头目录下方的空行，切换到“页面布局”选项卡，单击“分隔符”下拉按钮，在弹出的下拉菜单中选择“下一页分节符”，如图 3-25 所示。

图 3-25 插入“下一页分节符”

提示

插入“下一页分节符”之后，可以在目录下面看到分节符标记，分节符后面的内容已经到了下一页。如果看不到该标记，可以单击“开始”选项卡中的“显示/隐藏编辑标记”按钮来显示该标记。

步骤2 双击目录页（第一节）页脚区域，使页脚处于编辑状态，单击页脚区域的“页码设置”按钮，在弹出的对话框中设置“样式”为“A,B,C...”，“位置”为“居中”，“应用范围”为“本节”，单击“确定”按钮，如图 3-26 所示。

步骤3 将插入点光标定位到正文的第一页（文档第二节的首页）的页脚位置，单击“页码设置”按钮，在弹出的对话框中修改“应用范围”为“本页及之后”，其他项保持默认值，单击“确定”按钮。通过以上设置，就实现了为目录所在页面和正文所在页面分别设置不同页码格式的效果。

步骤4 单击“页眉页脚”选项卡中的“关闭”按钮，退出页眉和页脚编辑状态。

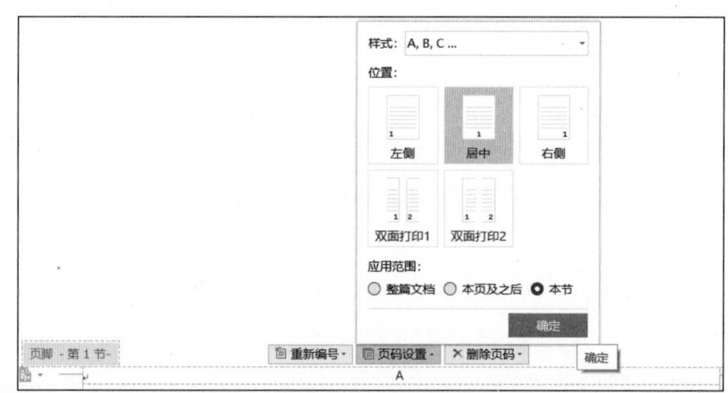

图 3-26 修改节的页码格式

步骤5 将插入点光标定位到文档第五页“加班工作情况记录表”之后，单击“页面布局”选项卡中的“分隔符”下拉按钮，在弹出的下拉菜单中选择“分页符”，使分页符后的表格从一个新的页面开始。

步骤6 将插入点光标定位到“加班申请单”表格上方的文本“表 1”后，单击“页面布局”选项卡中的“分隔符”下拉按钮，在弹出的下拉菜单中选择“下一页分节符”。使用相同的方法，在“加班申请单”表格下方的文本“表 2”后再插入一个“下一页分节符”，这样就使“加班申请单”表格位于一个独立的节中。

步骤7 将插入点光标定位到“加班申请单”表格所在页面的任意位置，单击“页面布局”选项卡中的“纸张方向”的下拉按钮，在弹出的下拉菜单中选择“横向”，即可只将此页面的方向设置为横向。效果如图 3–27 所示。

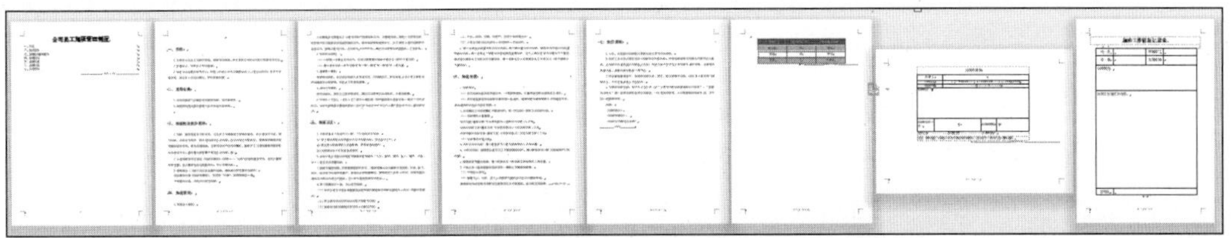

图 3–27 单独修改某一页的页面方向的效果

项目3.2 使用表格和图形对象丰富文档内容

在使用 WPS 文字进行文本编辑的过程中，用户不但可以输入和编排文本内容，还能插入各种对象，从而制作出更丰富多彩的文档。这些对象包括表格、图片、图形、公式和艺术字等。本项目介绍如何使用表格和图形对象来丰富文档内容。

3.2.1 插入和格式化表格

在 WPS 文字中，用户可以创建各种样式的表格，并设置其格式。当需要在文档中展示数据时，也可以通过插入表格的方式来实现。

1. 创建表格

在文档中创建表格的方法有很多种。将插入点光标定位在要插入表格的位置，切换到“插入”选项卡，单击“表格”下拉按钮，根据需要，在展开的表格库和菜单中选择一种创建表格的方式，即可在文档中插入表格。以下是两种常用的表格创建方式。

- 快速插入表格：表格库中有一个虚拟表格，拖曳鼠标指针即可选择表格的行列值，选好后单击即可。
- 通过对话框插入表格：在“表格”下拉菜单中选择“插入表格”，在弹出的“插入表格”对话框中通过“表格尺寸”选项组中的数值框设置表格的行数和列数，在“列宽选择”中根据需要进行选择和设置，单击“确定”按钮即可。

2. 选择单元格

当对表格进行编辑时，常常需要先选择要编辑的表格区域。根据选择的表格区域，选择单元格的方法可分为以下几种。

- 选择单个单元格：将鼠标指针移至某单元格的左侧，待指针呈黑色箭头时，单击，即可选中该单元格。
- 选择连续的单元格：将鼠标指针移至某个单元格的左侧，待指针呈黑色箭头时按住鼠标左键并拖曳鼠标，拖曳时鼠标指针的起始位置到终止位置之间的单元格将被选中。

- 选择分散的单元格：选中第一个要选择的单元格，按住 Ctrl 键，并依次选择其他分散的单元格即可。
- 选择行：将鼠标指针移至某行的左侧，待指针呈白色箭头时，单击即可。
- 选择列：将鼠标指针移至某列的上边，待指针呈黑色箭头时，单击即可。
- 选择整个表格：将鼠标指针移至表格上时，表格的左上角会出现十字箭头标志，单击该标志即可。

3. 调整行高与列宽

创建表格后，可调整行高与列宽。

将鼠标指针移至行与行之间，待指针呈⇕状时，按住鼠标左键并拖曳鼠标，表格中出现虚线，拖曳虚线到达合适位置，然后释放鼠标左键即可调整行高。

将鼠标指针移至列与列之间，待指针呈⇔状时，按住鼠标左键并拖曳鼠标，将出现的虚线拖曳到合适的位置，然后释放鼠标左键即可调整列宽。

将插入点光标定位于要调整行高或列宽的任意一个单元格内，通过“表格工具”选项卡中的“表格高度”或“表格宽度”数值框，调整行高或列宽。

提示

选中整个表格，切换到“表格工具”选项卡，单击“自动调整”按钮，在弹出的下拉菜单中选择“平均分布各行”或“平均分布各列”，即可使表格中所有行或列的行高或列宽平均分布。

4. 插入与删除行或列

在编辑表格的过程中，常常需要增加行或列，插入行或列的方法如下。

- 通过功能区：将插入点光标定位到需要增加行或列的相邻单元格中，切换到“表格工具”选项卡，单击“在上方插入行”“在下方插入行”“在左侧插入列”或“在右侧插入列”按钮即可插入行或列。
- 通过快捷菜单：在要插入行或列的相邻单元格中右击，在弹出的快捷菜单中展开“插入”级联菜单，在其中选择相应的选项即可。

有些情况下，需要将多余的行或列删除，删除行或列的方法如下。

- 通过功能区：将插入点光标定位到需要删除的行或列中，切换到“表格工具”选项卡，单击“删除”下拉按钮，在弹出的下拉菜单中选择相应的选项，即可删除行或列。
- 通过快捷菜单：在要删除的行或列中右击鼠标，在弹出的快捷菜单中选择“删除单元格”，在弹出的“删除单元格”对话框中选择相应的选项即可。

5. 合并与拆分单元格

合并单元格是指将多个单元格合并为一个单元格，拆分单元格是指将一个单元格拆分成两个或多个单元格。通过单击“表格工具”选项卡中的“合并单元格”或“拆分单元格”按钮，即可对单元格进行合并或拆分操作。

（1）合并单元格

选中需要合并的多个单元格，单击“合并单元格”按钮即可。

（2）拆分单元格

选中需要拆分的单元格，单击“拆分单元格”按钮，在弹出的“拆分单元格”对话框中设置拆分的列数和行数，单击“确定”按钮即可。

6. 设置单元格对齐方式

单元格对齐方式是指单元格内文本的对齐方式，包括“靠上两端对齐”“靠上居中对齐”“靠上右对齐”“中部两端对齐”等 9 种，分别对应单元格中的 9 个方位。

默认情况下，单元格的对齐方式为“靠上两端对齐”。单元格对齐方式的设置有以下两种方法。

- 通过功能区：选中需要设置文本对齐方式的单元格，切换到“表格工具”选项卡，单击“对齐方式”下拉按钮，在弹出的下拉菜单中进行选择即可。
- 通过快捷菜单：右击要设置对齐方式的单元格，在弹出的快捷菜单中展开“单元格对齐方式”级联菜单，在其中选择相应的选项即可。

7. 设置表格的格式与样式

为了使表格更加美观，用户可以为表格套用预设的样式。如果预设的样式依然无法完全满足需要，还可以单独设置每一个单元格的边框和底纹效果。

将插入点光标定位到表格中，切换到“表格样式”选项卡，在左侧的选项组中勾选需要的表格样式特征，如“首行填充”“隔行填充”等，设置完成后展开表格样式库，在其中选择需要的样式即可。

如果要清除表格样式，可在表格样式库中选择第一行第一列的“无样式，无网络”选项。

除了使用预设样式外，用户还可以手动为表格设置边框和底纹。将插入点光标定位到要设置的单元格中，切换到“表格样式”选项卡，单击“底纹”下拉按钮，在展开的底纹颜色库中选择需要填充的颜色即可设置单元格底纹。

将插入点光标定位到要设置的单元格，切换到“表格样式”选项卡，单击“边框”下拉按钮，在弹出的下拉菜单中选择“边框和底纹”，在弹出的“边框和底纹”对话框中即可对单元格边框进行设置。

8. 处理表格数据

除了用来组织文档信息外，表格还可以对数据进行排序和利用公式来计算数据等。

（1）排序数据

用户可以对表格中的数字或文本进行排序，只需要通过“排序”对话框就可以实现，其方法如下。

① 选中表格，单击“表格工具”选项卡中的“排序”按钮。

② 在弹出的“排序”对话框中，包含“主要关键字”“次要关键字”“第三关键字”等。在排序过程中，将按照“主要关键字”进行排序；当有相同记录时，按照“次要关键字”排序；若二者都是相同记录，则按照“第三关键字”排序。在“类型”下拉列表中可以选择“笔划”（正

确写法应为“笔画”)“数字”、“日期”或“拼音”来设置排序类型。此外，按照每一个关键字的排序还可以选择“升序”或“降序”排列。

③ 在“列表”选项组中，如果选中“有标题行”单选按钮，那么在关键字的列表中就会显示字段的名称，也就是表格第一行的内容；如果选中“无标题行”单选按钮，那么在关键字列表中将会以列 1、列 2、列 3……表示字段列。

（2）计算数据

如果用户想快速计算表格中的数据，则可以选中需要计算的数据，在“表格工具”选项卡中单击“快速计算”下拉按钮，从下拉菜单中选择对应的计算类型。

案例3-9 创建表格并执行计算

◆ 素材文档：D-09.docx。

◆ 结果文档：D-09-R.docx。

在本案例中，用户需要将人口数据转换成表格形式，适当进行格式设置，并对人口数进行降序排列，最终汇总各个省级行政区的总人口和总百分比。

步骤1 打开素材文档，选中所有要转换为表格的内容，单击“插入”选项卡中的“表格”下拉按钮，在展开的表格库和菜单中选择下方中的“文本转换成表格”。

步骤2 如图 3-28 所示，在弹出的“将文字转换成表格”对话框中，可以看到 WPS 文字已经根据智能识别出的分隔符号“制表符”将文档分为 4 列和 33 行，此时直接单击“确定”按钮。

图 3-28 “将文字转换成表格”对话框

步骤3 保持表格为选中状态，切换到“表格样式”选项卡，取消对“隔行填充”复选框的勾选，单击表格样式库中的“主题样式 1- 强调 4”。

步骤4 选中表格第一列最上方两个单元格，单击“表格工具”选项卡中的“合并单元格”按钮，使用同样的方法，将表格第二列最上方的两个单元格合并为一个单元格，将第一行最右侧的两个单元格合并为一个单元格。

步骤5 选中整个表格，单击“表格工具”选项卡中的“对齐方式”下拉按钮，在弹出的下拉菜单中选择“水平居中”。

步骤6 保持整个表格为选中状态，在“表格工具”选项卡的“高度”数值框中，将单元格的高度调整为“1 厘米”。

步骤7 选中表格的前两行，单击“表格工具”选项卡中的“标题行重复”按钮，以便在表格跨页的时候，标题行可以显示在每页的顶端。

步骤8 选中表格标题行（前两行）下方的所有单元格，单击“表格工具”选项卡中的“排序”按钮。

步骤9 如图 3-29 所示，在弹出的“排序”对话框中，将“主要关键字”设置为“列 2”，并选中“降序”单选按钮，单击“确定”按钮。

步骤10 将插入点光标定位到表格最后一行，单击“表格工具”选项卡中的“在下方插入行”按钮，插入一个空行，并在该行最左侧的单元格内输入“合计”。

步骤11 将插入点光标定位到刚刚插入的这一行的第二个单元格，单击“表格工具”选项卡中的“公式”按钮。

步骤12 如图3-30所示，在弹出的“公式”对话框中，在“公式”文本框中会出现默认公式“=SUM (ABOVE)”，它用于对上方单元格内的数据进行求和，直接单击“确定”按钮，即可完成对各省级行政区人口总和的计算。

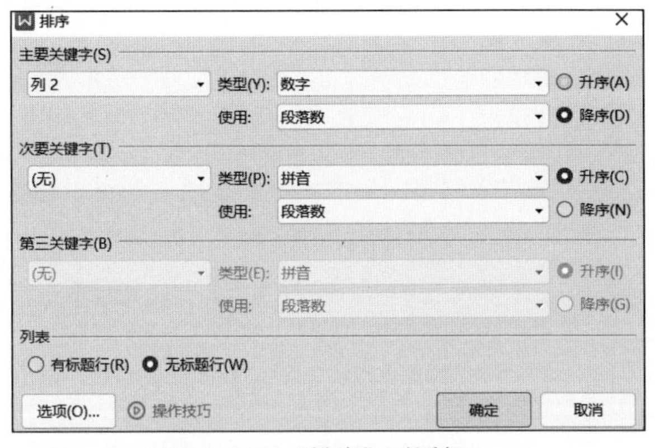

图3-29 “排序”对话框

图3-30 “公式”对话框

步骤13 使用相同的方法，在这一行最右侧的两个单元格内，完成对2020年和2010年数据占比的汇总。

3.2.2 在文档中插入图片、图形和艺术字

为了让文档的内容更加丰富，用户经常需要在文档中插入图片、内置的图形和艺术字等元素。

1. 插入和编辑图片

要在文档中插入图片，将插入点光标定位到需要插入图片的位置，切换到“插入”选项卡，单击“图片”按钮，在弹出的“插入图片”窗口中，找到要插入的图片，然后选中这张图片并单击“打开”按钮即可。

插入图片后，可以通过拖曳图片四周的白色圆点来调整图片的大小，也可以在“图片工具”选项卡中的“形状高度”和“形状宽度”数值框中直接输入图片高度或宽度的值来调整图片的大小。

如果对图片构图不满意，选中图片，切换到“图片工具”选项卡，单击“裁剪”按钮，图片四周出现黑色的控制点，拖曳控制点到合适的位置后，按Esc键即可对图片进行裁剪。

选中图片后，在“图片工具”选项卡中单击“裁剪”下拉按钮，在弹出的形状列表中选择想要裁剪成的形状，即可将图片裁剪为该形状。

插入图片后，还可以为图片添加一些特殊效果，例如抠除背景、添加边框、设置阴影效果和倒影效果等。

2. 插入和编辑图形

通过 WPS 文字提供的图形绘制功能，可在文档中画出各种样式的形状图案，如线条、矩形、心形等。切换到“插入”选项卡，单击“形状”按钮，在展开的预设形状库中选择要绘制的图形的形状，然后将鼠标指针放在文档中，按住鼠标左键并拖曳鼠标，即可绘制出相应的形状图案。

提示

在绘制图形时，若配合使用Shift键，可绘制出特殊图形。例如，绘制“矩形”图形的同时按住Shift键，可绘制正方形；绘制“椭圆”图形的同时按住Shift键，可绘制圆。

图形绘制完成后，可通过拖曳四周白色的圆点来调整图形的大小和比例，还可以通过上方的旋转控制点来对图形进行旋转。此外，对于除线条外的形状，可输入文字，在图形上右击，在弹出的快捷菜单中选择“添加文字”，插入点光标已定位到图形中，输入文字后单击图形外的任意区域即可。

按住Ctrl键的同时拖曳图形，可以快速复制图形。按住Ctrl+Shift组合键的同时拖曳图形，可以对图形进行水平复制。

绘制图形后，可以对图形的样式进行美化。图形样式主要包括边框、底纹和阴影等，用户可以使用程序预设的图形样式，也可以进行手动设置。下面分别进行讲解。

（1）使用预设图形样式

程序中预设了多种图形样式，用户可以直接使用。选中图形，切换到“绘图工具”选项卡，在功能区中可以看到多个预设的图形样式的缩略图，单击缩略图右侧的下拉按钮，可展开预设图形样式库，单击要使用的样式图标，即可使用预设图形样式。此外，在选中图形后，图形右侧会出现包括 5 个工具按钮的快速工具栏，单击其中的“形状样式”按钮，在弹出的样式库中也可以快速选择图形样式。

（2）手动设置图形样式

除了使用预设的图形样式，用户还可以手动设置图形样式，包括设置图形填充颜色、边框颜色、阴影效果和倒影效果等。

设置图形填充颜色和边框颜色的方法如下。

选中图形后切换到“绘图工具”选项卡，单击“填充”下拉按钮，在展开的填充颜色库中即可选择图形的填充颜色；单击“轮廓”下拉按钮，在展开的轮廓颜色库中即可选择图形的边框颜色。

设置图形阴影效果和倒影效果的方法如下。

单击“形状效果”按钮，在弹出的下拉菜单中选择“阴影”，展开其级联菜单，即可为图形设置阴影效果；选择“倒影”，展开其级联菜单，即可为图形设置倒影效果。

此外，通过“形状效果”下拉菜单中的选项，还可以为图形设置发光、柔化边缘和三维旋转等效果，读者可以逐一尝试，这里不再一一讲解。

3. 插入与编辑艺术字

艺术字是具有特殊效果的文字，多用于广告、海报、传单和文档标题的美化，以达到对比强烈、醒目的外观效果。要插入艺术字，切换到“插入”选项卡，单击“艺术字”按钮，在展开的艺术字库中选择要使用的艺术字样式，文档中出现一个文本框，并显示“请在此放置您的文字”占位符，删除占位符文字，输入需要的文字即可。

4. 插入和编辑公式

在撰写一些科技类文章时，常常需要输入一些复杂的公式，WPS 文字自带公式编辑功能，可以满足用户大部分公式的编写需求。操作方法如下。

① 切换到“插入”选项卡，单击“公式”下拉按钮。

② 在展开的内置公式库中选择预设的公式，例如“勾股定理”，或者选择“插入新公式”，在插入点光标处出现“在此处键入公式。”占位符。

③ 利用“公式工具”选项卡可以插入各种运算符号和预设公式，如分数、根式、导数符号等。

5. 设置图片在文本中的环绕方式

要想实现真正的图文并茂，就必须了解图片在文本中的环绕方式。图片的环绕方式是指文字在图片周围的排列方式。

选中图片后，切换到“图片工具”选项卡，单击“环绕”按钮，即可在下拉菜单中选择图片的各种环绕方式。此外，选中图片后，图片右侧会出现包括 6 个工具按钮的快速工具栏，单击其中的“布局选项”按钮，在弹出的对话框中也可以选择图片的环绕方式。

图片的环绕方式包括“嵌入型”“四周型环绕”“紧密型环绕”“穿越型环绕”“上下型环绕”“衬于文字下方”“浮于文字上方”7 种。下面介绍其中几种常用的环绕方式，其他方式读者可逐一尝试。

（1）嵌入型

嵌入型是默认的图片环绕方式。这种方式相当于将一个字符插入文本中，图片和其插入处的文字同处一行。应用了这种方式的图片不能随意拖曳，只能通过剪切操作来移动。

（2）四周型环绕

顾名思义，四周型环绕方式即文字紧密地排列在图片四周，且图片可以随意拖曳。随着图片的移动，周边的文字将自动排列以适应图片。

（3）衬于文字下方

使用该方式的图片将被置于文字下方，图片可以任意拖曳，且不会影响文字的排列。

（4）浮于文字上方

使用该方式的图片将被置于文字上方，图片可以任意拖曳，且不会影响文字的排列。

案例3-10 在文档中应用图片与公式

◆ 素材文档：D-10.docx。

◆ 结果文档：D-10-R.docx。

在本案例中，用户要将隐藏的图片显示出来，并设置其环绕方式，然后插入预设的勾股定理公式和自定义的计算公式。

步骤1 打开案例素材文档，单击“开始”选项卡中的“选择”按钮，在弹出的下拉菜单中选择“选择窗格”。

步骤2 在 WPS 文字的窗口右侧会出现“选择窗格”，可以看到图片名称右侧有一个带斜线的小眼睛图标，这个图标代表着图片此时处于隐藏状态，单击这个图标，斜线会消失，变为，与此同时，在文档中可以看到，图片已经显示了出来，如图 3–31 所示。

步骤3 选中图片，单击“图片工具”选项卡中的“环绕”按钮，在弹出的下拉菜单中选择“四周型环绕”。

步骤4 在图片上右击，在弹出的快捷菜单中选择“其他布局选项”。

步骤5 在弹出的“布局”对话框的“位置”选项卡中，在“水平”选项组中选中“绝对位置”单选按钮，在“右侧”下拉列表中选择“页面”，在二者中间的数值框中填入“13”；使用同样的方法，将图片的垂直绝对位置设置为页面下侧“10”厘米，单击“确定”按钮，如图 3–32 所示。

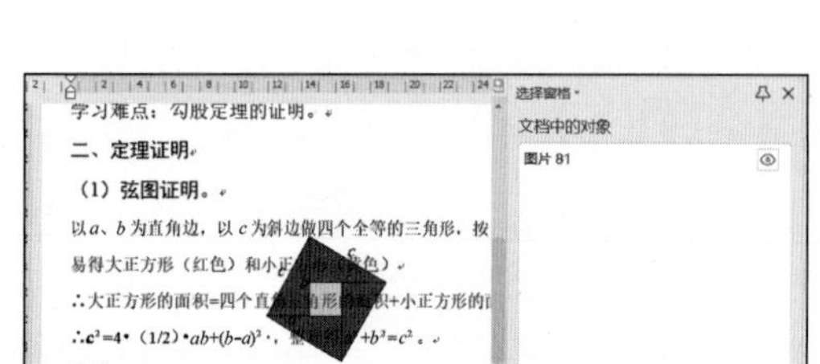

图 3–31　显示隐藏的图片

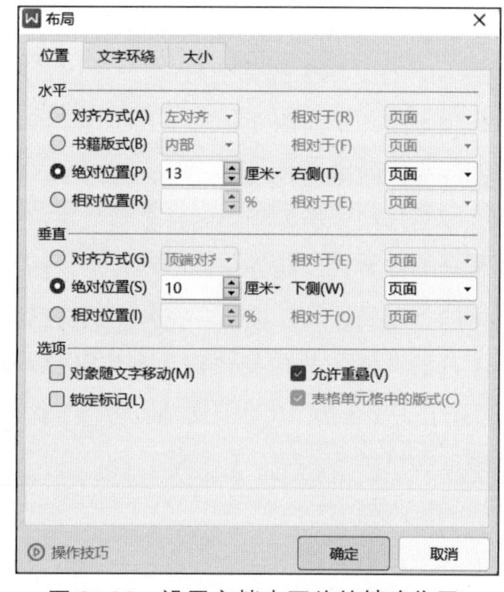

图 3–32　设置文档中图片的精确位置

提示

在大多数应用场景下，图片的位置数据并不需要十分精确，因此使用鼠标直接拖曳图片是一种非常方便的操作方法。

步骤6 将插入点光标定位到文本“这个关系我们称为勾股定理。”上方的空白段落中，单击“插入”选项卡中的“公式”下拉按钮，在展开的内置公式库和菜单中选择“勾股定理”，即可插入对应的预设公式。

步骤7 将插入点光标定位到文本“解答:”下方的空白段落，单击“插入”选项卡中的“公式”下拉按钮，在展开的内置公式库和菜单中选择“插入新公式”，会插入一个带有提示文字“在此处键入公式。”的占位符。

步骤8 单击“开始”选项卡中的“左对齐”按钮，使占位符居左对齐，效果如图 3–33 所示。

步骤9 在占位符中输入“c=”，单击“公式工具”选项卡中的“根式”按钮，如图 3–34

所示，在展开的根式库中选择“平方根”，插入根式结构。

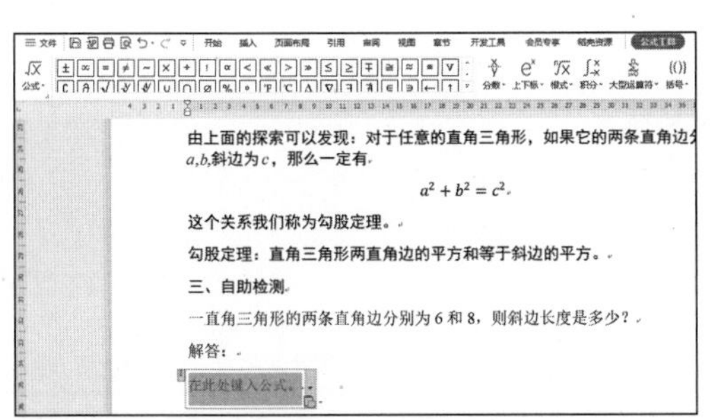

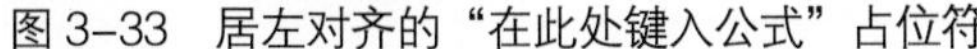

图 3-33　居左对齐的“在此处键入公式”占位符

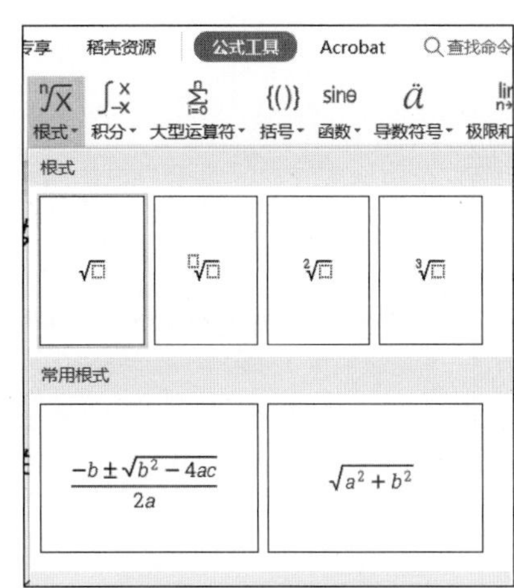

图 3-34　插入根式结构

步骤10 单击“公式工具”选项卡中的“上下标”按钮，在展开的上下标库中选择“上标”。

步骤11 在上标对应的方框中分别输入“6”和“2”，按向右的方向键，脱离上标结构，再输入加号。

步骤12 再插入一个上标结构，并在方框中分别输入“8”和“2”。插入的新公式如图 3-35 所示。

$$c=\sqrt{6^2+8^2}$$

图 3-35　插入的新公式

项目3.3　使用样式和引用自动处理长篇文档

用户在使用 WPS 文字编辑论文等长篇文档的时候，需要遵循一些特定的规范，例如同一级别的标题应该具有相同的格式，图表的编号能够自动排序等。而使用样式和引用等功能可以自动实现这些效果，并且在对文档进行修改的过程中，也可利用这些功能实现批量修改或者自动更新。

3.3.1　应用样式格式化文档

在编排长文档时，若需要对许多段落应用相同的文本和段落格式，可以使用样式功能避免大量重复性的操作。

1. 应用和修改默认样式

WPS 文字预设了一些常用样式，在“开始”选项卡中单击“样式库”右下方的下拉按钮，在展开的样式库和菜单中，选择最下方的“显示更多样式”，如图 3-36 所示，即可打开“样式和格式”窗格，窗格中显示的是文档内置的样式列表，包括“标题 1”“标题 2”“标题 3”“标题 4”“正文”等，其中的标题样式通常应用于文档的各级标题。

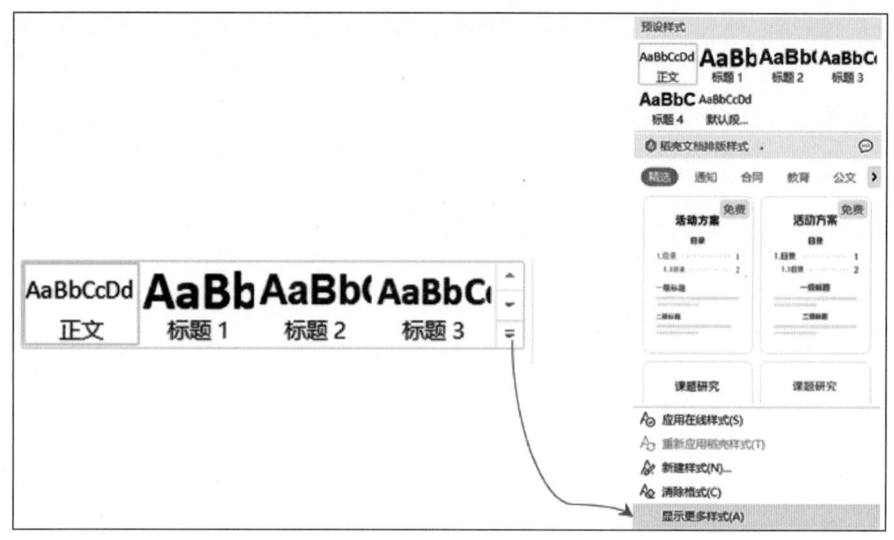

图 3-36 选择“显示更多样式”

默认情况下，在新建空白文档中输入的文本均使用“正文”样式，即“宋体、五号、两端对齐、无缩进、无间距”的基础格式，如果要应用其他样式，只需将插入点光标定位到段落中，或选中要应用样式的多个段落，然后选择需要应用的样式即可。

如果对默认的样式效果不满意，将鼠标指针放置在要修改的样式名称上，单击该样式名称右侧出现的下拉按钮，在弹出的下拉菜单中选择“修改”，在弹出的“修改样式”对话框中即可对样式进行修改。

在“修改样式”对话框中，可以对段落中的字体格式、段落对齐方式等进行基本设置；如果需要进行更多设置，可以单击左下方的“格式”下拉按钮，在弹出的下拉菜单中选择需要设置的项。

在“修改样式”对话框中，“后续段落样式”中的选项代表该段落结束、按Enter键后下一段落默认应用的样式。

2. 新建样式

WPS 文字中预设的样式有时候不能满足复杂的应用需求，因此还需要新建一些样式。要新建样式，在“样式和格式”窗格中单击“新样式”按钮，在弹出的“新建样式”对话框中输入新样式的名称，设置好需要的字体及段落格式，单击“确定”按钮即可。

要删除新建的样式，单击样式名称右侧的下拉按钮，在弹出的下拉菜单中选择“删除”即可，文档内置的样式无法被删除。

3. 多级编号列表

复杂文档中的很多内容会分为多个层次，具有嵌套结构。例如书籍中的章节标题通常至少包含 3 层，即 3 个级别：每章有一个章标题，编号形式如“第 2 章”；每章内会划分为多节，编号形式如“2.1”“2.2”；每节内又会划分为多个小节，编号形式如“2.1.1”“2.2.1”。

WPS 文字预置了一些不同格式的多级编号，用户可以根据需要直接使用这些预置的编号。如果没有符合要求的编号格式，用户还可以创建新的多级编号，WPS 文字允许用户最多创建 9 个级别的编号。为内容设置多级编号以后，当在文档中调整这些内容的位置，或者在这些内容之间添加或删除一些内容时，WPS 文字都会自动重排多级编号，从而确保编号顺序正确无误。

要为文档中的段落添加多级编号，首先要选择要设置多级编号的所有内容，然后单击“开始”选项卡中的“编号”下拉按钮，在弹出的编号库中的“多级编号”大类中，选择一种预设的样式即可。

在这个过程中，用户可能会发现所有内容上的编号都是同一个级别的，并未显示为多级编号。这是因为当前设置了多级编号的所有内容使用了相同的缩进格式，而 WPS 文字多级编号中的不同编号级别是基于段落缩进格式来自动分配的。将插入点光标定位到要改变编号级别的段落的起始位置（即编号的右侧），按一次或多次 Tab 键，该段落的编号级别就会发生变化。

技能拓展

在编排长文档时，用户需要随时了解文档的目录结构，因此常常需要在不同的章节之间跳转。如果使用鼠标滚轮一页页翻查文档内容，会十分不便。此时用户可以通过文档结构图来快速查看和跳转文档的章节，对于几十页甚至几百页的文档来说，这是一个非常实用且便捷的功能。

切换到“视图”选项卡，单击“导航窗格”按钮，打开“导航窗格”，在该窗格中的“目录”项下，显示了所有应用了标题样式的文本信息，通过单击各级标题前的三角形标志，展开或隐藏下级目录标题，单击标题名称即可快速跳转到该目录所在的页面。

案例3-11 为文档修改样式并为各级标题设置多级编号

◆ 素材文档：D-11.docx。

◆ 结果文档：D-11-R.docx。

在本案例中，用户需要修改 WPS 文字内置的各级标题的样式，并应用到文档的标题文字上，然后为各级标题设置多级编号。

步骤1 打开案例素材文档，单击“开始”选项卡中样式库右下角的下拉按钮，在展开的样式库和菜单中选择“显示更多样式”，打开“样式和格式”窗格。

步骤2 在“样式和格式”窗格中，单击“标题 1”样式右侧的下拉按钮，在弹出的下拉菜单中选择“修改”，如图 3-37 所示。

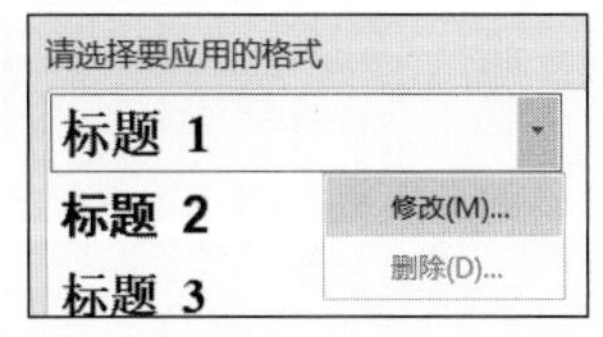

图 3-37 修改“标题 1”的样式

步骤3 如图 3-38 所示，在弹出的“修改样式”对话框中，将“标题 1”样式的字号修改为“三号”，单击左下角的“格式”按钮，在弹出的下拉菜单中选择“段落”。

步骤4 在弹出的“段落”对话框中，将“标题1”样式的“段前”和“段后”间距均设置为“6”磅，将“行距”设置为“单倍行距”，取消对“如果定义了文档网格，则与网格对齐”复选框的勾选，单击“确定”按钮，完成设置，如图3-39所示。

图3-38 “修改样式”对话框

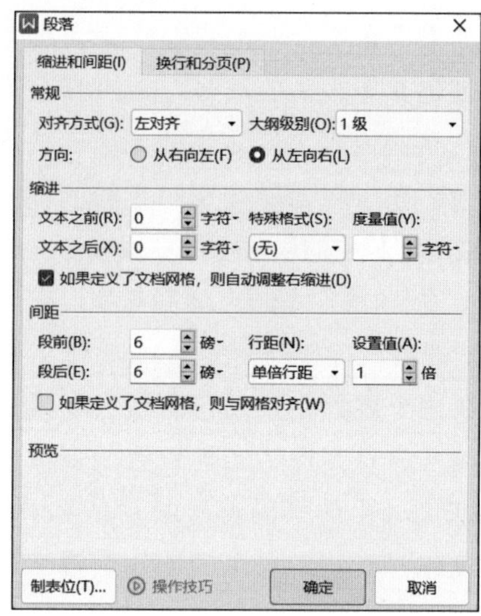

图3-39 修改段落格式

在“修改样式”对话框中，除了修改段落格式，还可以修改样式的字体、边框等，甚至还可以为样式设置快捷键，从而在未来格式化文档的过程中操作起来更加简便。

步骤5 回到“修改样式”对话框中，单击“确定”按钮，完成对“标题1”样式的修改。

步骤6 使用相同的方法，将“标题2”样式的字号设置为“小三”，“段前”和“段后”间距设置为“6”磅，“行距”设置为“单倍行距”，取消对“如果定义了文档网格，则与网格对齐”复选框的勾选，单击“确定”按钮，完成对“标题2”样式的修改。

步骤7 使用相同的方法，将“标题3”样式的字号设置为“四号”，“段前”和“段后”间距设置为“6”磅，“行距”设置为“单倍行距”，取消对“如果定义了文档网格，则与网格对齐”复选框的勾选，单击“确定”按钮，完成对“标题3”样式的修改。

步骤8 使用相同的方法，将“标题4”样式的字号设置为“小四”，“段前”和“段后”间距设置为“6”磅，“行距”设置为“单倍行距”，取消对“如果定义了文档网格，则与网格对齐”复选框的勾选，单击“确定”按钮，完成对“标题4”样式的修改。

步骤9 选中文档开头的红色文本“行业概况”，单击“开始”选项卡中的“选择”按钮，在弹出的下拉菜单中选择“选择格式相似的文本”，选择相似格式的文本，如图3-40所示。

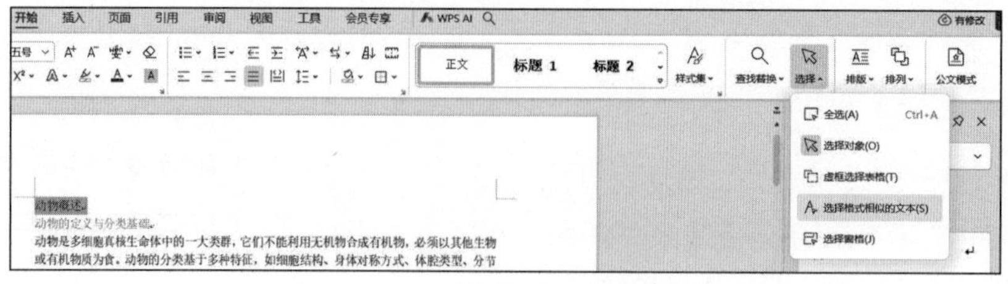

图3-40 选择格式相似的文本

步骤10 文档中所有字体颜色为红色的文本都被选中，单击右侧“样式和格式”窗格中的“标题 1”样式，将该样式套用到选中的红色字体文本中。

步骤11 使用和步骤 9 与步骤 10 相同的方法，对所有字体颜色为绿色的文本都应用“标题 2”样式。

步骤12 使用和步骤 9 与步骤 10 相同的方法，对所有字体颜色为蓝色的文本都应用“标题 3”样式。

步骤13 使用和步骤 9 与步骤 10 相同的方法，对所有字体颜色为紫色的文本都应用“标题 4”样式。

步骤14 在“样式和格式”窗格中，单击“新样式”按钮。

步骤15 在弹出的“新建样式”对话框中，将样式的“名称”修改为“正文内容”，其他保持默认值，单击左下角的“格式”按钮，在下拉菜单中选择“段落”。在弹出的“段落”对话框中，将“文本之前”数值框中的值修改为“0”，将“特殊格式”设置为“首行缩进”，将“度量值”设置为“2”字符，将“段前”和“段后”间距修改为“0.5”行，“行距”修改为“单倍行距”，取消文本“如果定义了文档网格，则与网格对齐”复选框的勾选，单击“确定”按钮，如图 3-41 所示；回到“新建样式”对话框后，再次单击“确定”按钮，完成样式的创建。

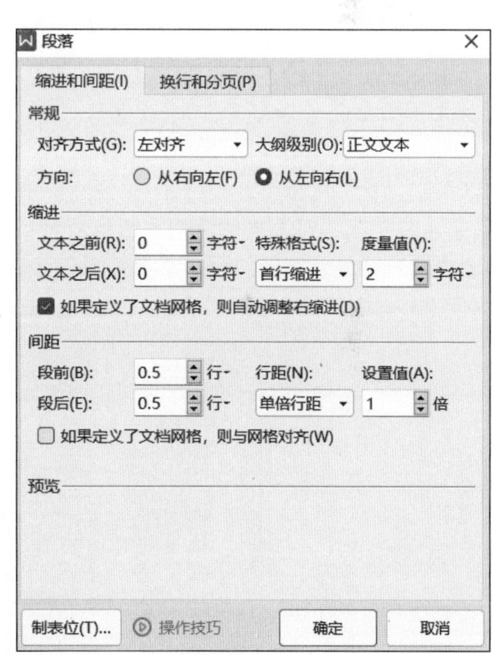

图 3-41 创建新样式

步骤16 单击“开始”选项卡中的“查找替换”下拉按钮，在下拉菜单中选择“替换”。

步骤17 在弹出的“查找和替换”对话框中，将插入点光标定位在“查找内容”文本框内，单击“格式”按钮，在弹出的下拉菜单中选择“样式”，会弹出“查找样式”对话框，选择“正文”样式，单击“确定”按钮，如图 3-42 所示；回到“查找和替换”对话框，将插入点光标定位在“替换为”文本框内，使用同样的方法，将格式设置为“正文内容”，单击“全部替换”按钮，完成样式的替换。

步骤18 将插入点光标定位到文档首行，单击“开始”选项卡中的“编号”的下拉按钮，在弹出的下拉菜单中选择“自定义编号”。

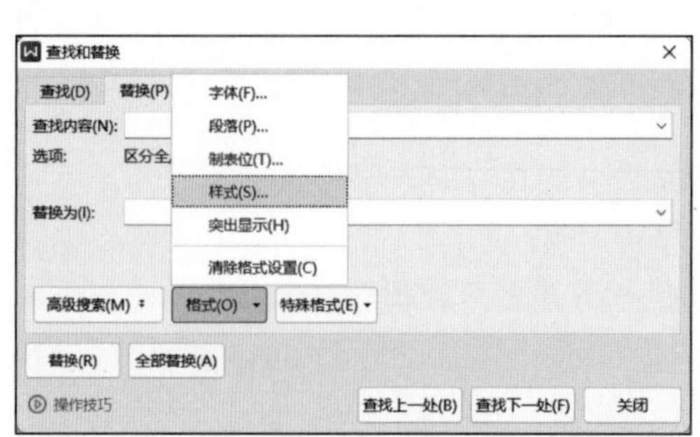
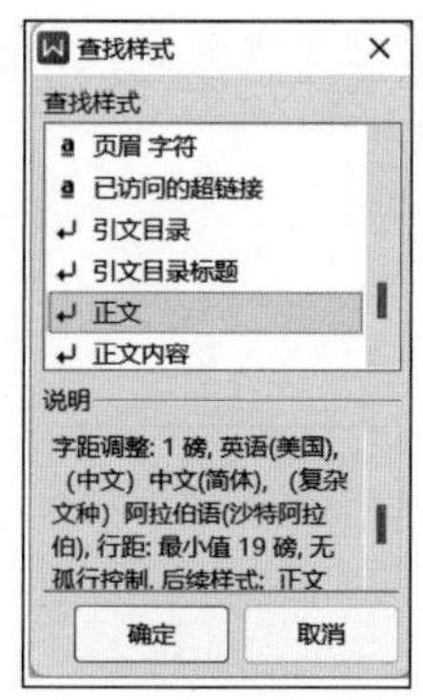

图 3-42 替换样式

步骤19 在弹出的“项目符号和编号”对话框中，将选项卡切换到“多级编号”，选中列表中最后一个预设的样式，单击“确定”按钮，如图 3-43 所示。

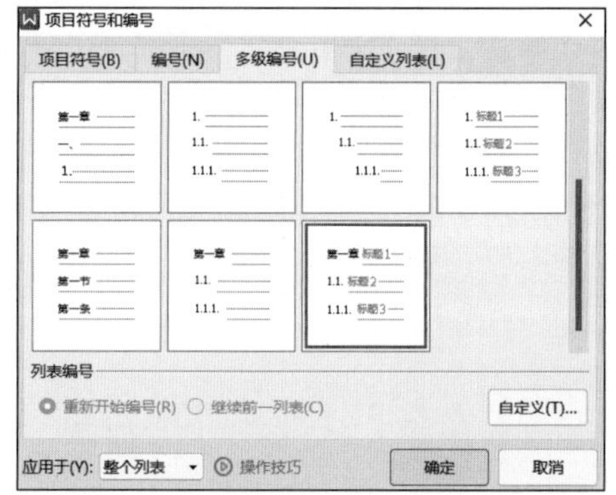

图 3-43 为各级标题设置多级编号

技能拓展

想要为文档中的各级标题设置更为丰富的编号，可以在“项目符号和编号”对话框的“多级编号”选项卡中，单击“自定义”按钮，弹出的“自定义多级编号列表”对话框，如图 3-44 所示，在其中的“编号样式”下拉列表里选择更多的编号种类，也可以通过设置“编号位置”和“文字位置”，来设置更多的对齐和缩进效果。

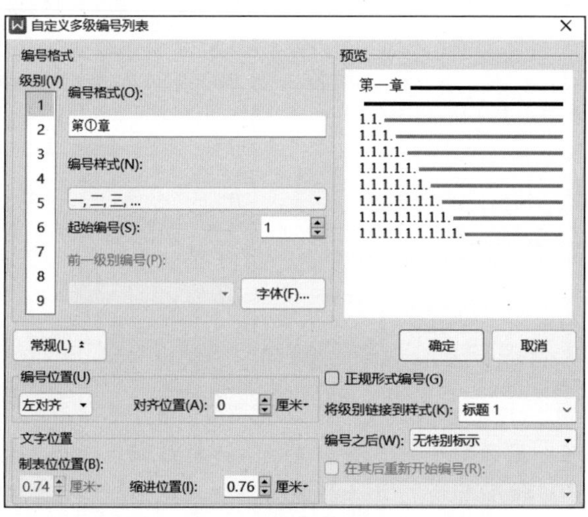

图 3-44 “自定义多级编号列表”对话框

3.3.2 使用引用功能

在长篇文档中，不同部分之间往往是相互关联的，例如文章的目录关联的就是各级标题，需要在各级标题的内容和位置发生变化时自动更新。在 WPS 文字中，使用引用功能可实现这种文档的自动化。

1. 自动提取文档目录

目录是文档标题和对应页码的集中显示，而制作文档目录的过程就是对文档中各级标题的提取过程。WPS 文字对文档中标题的识别取决于该标题是否应用了标题样式，在“样式和格式”窗格中，“标题 1”“标题 2”“标题 3”等内置样式均属于标题样式，应用了这些样式的段落均可以被文档识别为标题并引用到目录中。

在正确设置了标题样式后，就可以为文档提取目录了。要提取目录，将插入点光标定位到要插入目录的位置，切换到“引用”选项卡，单击“目录”按钮，在弹出的下拉菜单中选择“自动目录”即可。

上述操作完成后，目录即被插入文档中。如果对文档自动生成的目录不满意，还可以在“目录”下拉菜单中单击“自定义目录”，在弹出的“目录”对话框中进行更详细的设置。

2. 插入题注、交叉引用和图表目录

题注、交叉引用和图表目录是对长篇文档中的表格和图表等对象进行规范化处理的一组功能。下面逐一加以介绍。

（1）插入题注

在编辑文档时，常常需要给大量的图片和表格等对象添加注释，这种注释就称为题注。题注应该包含标签名称和编号，例如“图 1”，“图”为标签名称，“1”为编号。插入题注的方法如下。

① 选中要添加题注的对象，例如一张图片，在“引用”选项卡中单击“题注”按钮。

② 如图 3-45 所示，在弹出的“题注”对话框中，选择恰当的标签，例如“图”，在“题注”文本框中输入注释的内容，单击“确定”按钮。

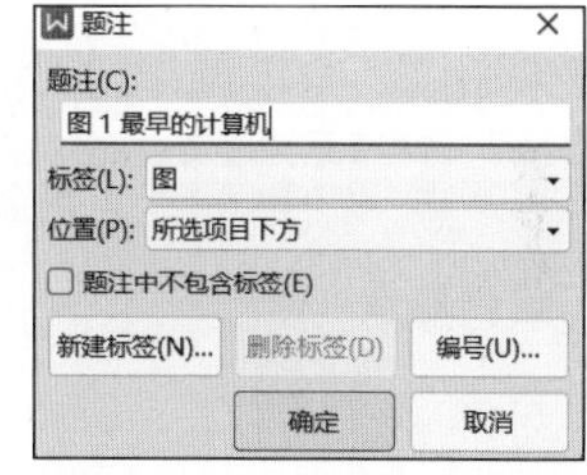

图 3-45 “题注”对话框

③ 如果所要添加的标签在“题注”对话框的“标签”下拉列表中并不存在，那么可以单击“新建标签”按钮，创建所需要的标签。

（2）插入交叉引用

在文档中，经常需要提及这些题注，例如“如图 1 所示”，这里的“图 1”就可以使用交叉引用功能实现，从而在题注内容发生变化时，正文中使用了交叉引用功能的内容也可以自动更新。插入交叉引用的方法如下。

① 将插入点光标定位到需要插入交叉引用的位置，切换到“引用”选项卡，单击“交叉引用”按钮。

② 如图 3-46 所示，在弹出的“交叉引用”对话框中，首先在“引用类型”下拉列表中选择要引用的标签的种类，例如“图”，然后在“引用内容”下拉列表中选择适合的选项，接着在下方的列表框中选择具体要引用的条目，最后单击“插入”按钮，即可完成交叉引用的插入。

（3）插入图表目录

在一些专业性较强的文档中，经常需要为大量的图表等对象专门添加图表目录，从而方便读者查阅。图表目录是对象题注和对应页码的集中显示，而制作图表目录的过程就是对题注的提取过程。插入图表目录的方法如下。

① 文档中已经为某类对象（例如图片），添加了题注，将插入点光标定位到要插入图表目录的位置，切换到“引用”选项卡，单击“插入表目录”按钮。

② 如图 3-47 所示，在弹出的“图表目录”对话框中，在“题注标签”中选择所要插入目录的标签类型，例如“图”，在“制表符前导符”下拉列表中选择一种适合的制表符前导符，单击“确定”按钮，即可完成图片目录的插入。

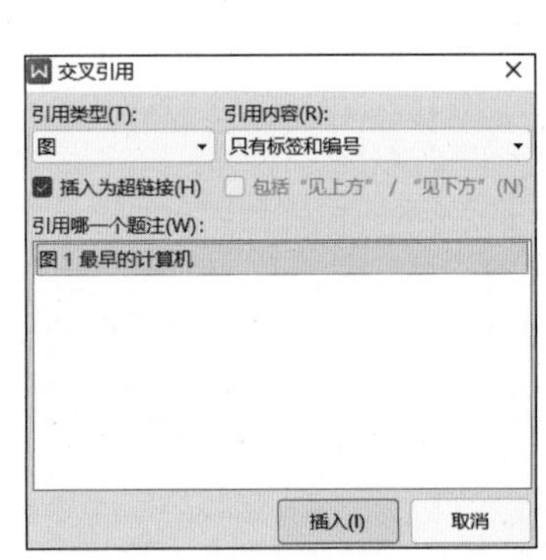

图 3-46 “交叉引用”对话框

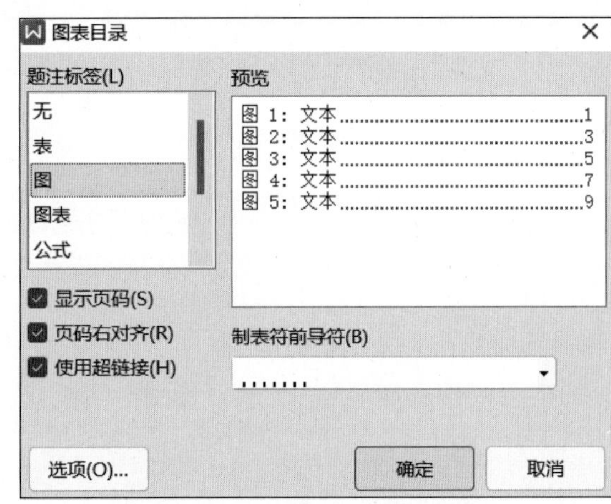

图 3-47 “图表目录”对话框

注意，如果文档中有多种题注标签，例如“图”和“表格”，那么需要为不同标签分别制作图表目录。

3. 插入脚注和尾注

通常情况下，脚注位于页面的底端，用来标明资料来源或对文章内容进行补充注释；尾注则位于文档的末尾或节的末尾，用来列出引文的出处。要插入脚注和尾注，选中需要插入脚注的内容，在“引用”选项卡中单击“插入脚注”按钮，插入点光标自动定位至页面底端，直接输入脚注内容即可；“插入尾注”按钮在“插入脚注”按钮旁边，使用相同的方法插入尾注即可。尾注和脚注除了位置不同，其他设置一致。

4. 标记和创建索引

对于一些专业性较强的书而言，通常需要在书的结尾部分提供一份索引。索引是对书中所有重要的词语按照字母的顺序排列而成的列表，同时给出了每个词语在书中出现时的页码，以便读者快速找到某个词语在书中的具体位置。WPS 文字将出现在索引中的每个词语称为“索引项”。

创建索引最简单、最直观的方法是手动标记索引项，也就是将要出现在索引中的每个词语标记出来，以便让 WPS 文字在创建索引时能够准确识别出这些标记过的内容。标记好所有词语后就可以创建索引了。手动标记索引项并创建索引的方法如下。

① 在文档中选中要出现在索引中的某个词语，切换到“引用”选项卡，单击“标记索引项”按钮。

② 如图 3-48 所示，在弹出的“标记索引项”对话框中，之前选中的词语已经出现在了“主索引项”文本框中，单击下方的“标记”或“标记全部”按钮，前者仅仅对当前词语进行标记，而后者可以对文档中出现的所有与所选词语相同的词语都进行标记。

图 3-48 “标记索引项”对话框

标记后该词语的右侧显示XE域代码，如果看不到XE域代码，则单击“开始”选项卡中的“显示/隐藏编辑标记”按钮，在弹出的下拉菜单中进行勾选即可。

③ 将文档中所有需要显示在索引中的词语都标记为索引项，将插入点光标定位到要插入索引的位置，切换到“引用”选项卡，单击“插入索引”按钮。

④ 在弹出的“索引”对话框中，对索引的类型、栏数、语言和排序依据等进行设置，单击“确定”按钮，即可完成索引的创建。

案例3-12 为文档设置高级引用

- 素材文档：D-12.docx。
- 结果文档：D-12-R.docx。

在本案例中，用户要为文档添加正文目录，为图片和表格添加题注，将正文中对题注的手动引用修改为自动的交叉引用，添加表格和图片目录，添加脚注并将其转换为尾注，以及标记索引项和创建索引。

步骤1 打开案例素材文档，将插入点光标定位到文档第二页文本“目录”下方的空行中，单击“引用”选项卡中的“目录”按钮，在弹出的下拉菜单中单击“自定义目录”。

步骤2 在弹出的“目录”对话框中，可以设置制表符前导符的样式、目录显示的级别等内容，此处保持默认值，直接单击“确定”按钮，如图 3-49 所示，完成目录的创建。

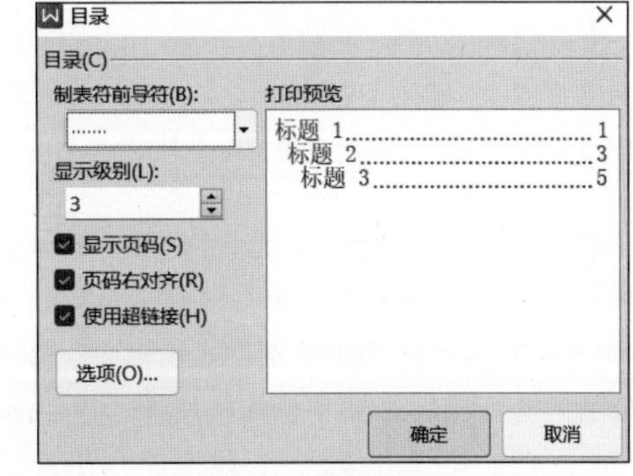

图 3-49 在“目录”对话框中自定义正文目录

步骤3 将文档的第一张表格“表 1-1 我国 B2B 服务产业规模行业分布情况”中的“表 1-1”删除，将插入点光标定位在该行开头处，单击“引用”选项卡中的“题注”按钮。

步骤4 在弹出的“题注”对话框中，将“标签”设置为“表”，单击“编号”按钮，在弹出的“题注编号”对话框中，勾选“包含章节编号”

复选框，单击“确定”按钮，如图 3-50 所示；回到“题注”对话框后，再次单击“确定”按钮，完成对题注的添加。

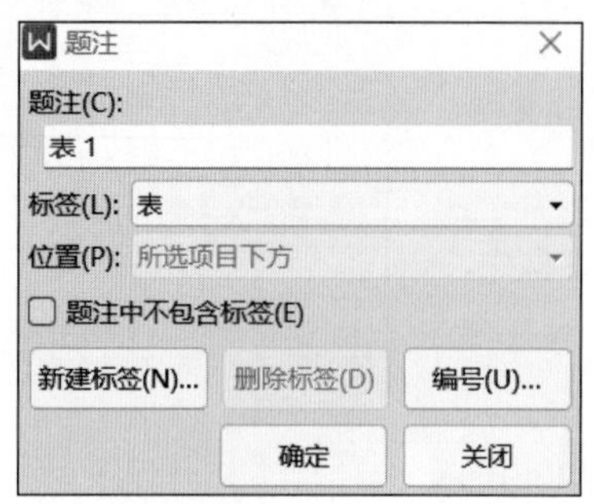

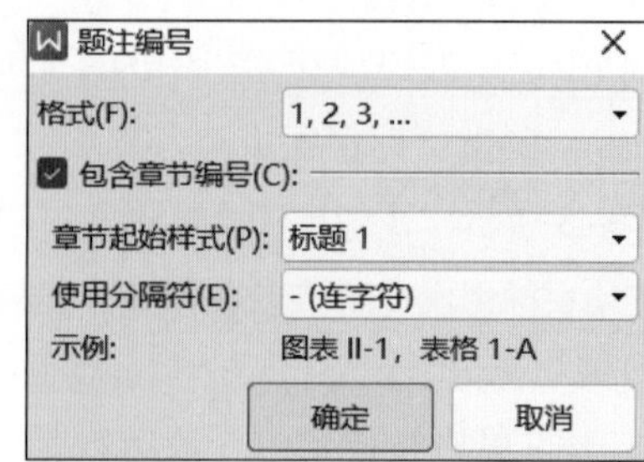

图 3-50　设置表格题注

步骤5 使用和步骤 3、步骤 4 相同的方法，将“表 1-2”“表 1-3”和“表 3-1”手动编写的题注修改为可以自动编号的题注。

步骤6 将文档的第一张图片“图 1-1 我国 B2B 电子商务服务平台收入规模”中的“图 1-1”删除，将插入点光标定位在该行开头处，单击“引用”选项卡中的“题注”按钮。

步骤7 在弹出的“题注”对话框中，将“标签”设置为“图”，单击“编号”按钮，在弹出的“题注编号”对话框中，勾选“包含章节编号”复选框，单击“确定”按钮；回到“题注”对话框后，再次单击“确定”按钮，完成对题注的添加。

步骤8 使用和步骤 7 相同的方法，将手动编写的题注“图 1-2”“图 1-3”“图 1-4”“图 2-1”“图 2-2”“图 2-3”“图 3-1”和“图 3-2”修改为可以自动编号的题注。

步骤9 选中“表 1-1　我国 B2B 服务产业规模行业分布情况”上方的文本“表 1-1”(用黄色突出显示的文本)，单击“引用”选项卡中的“交叉引用”按钮。

步骤10 在弹出的“交叉引用”对话框中，将“引用类型”修改为“表”，将“引用内容”修改为“只有标签和编号”，在下方列表框中选择“表 1-1 我国 B2B 服务产业规模行业分布情况”，单击“插入”按钮，如图 3-51 所示。

步骤11 使用和步骤 9、步骤 10 相同的方法，将文档中的“表 1-2”“表 1-3”和“表 3-1”上方用黄色突出显示的标签文本“表”和对应的编号替换为可以自动更新的交叉引用文本。

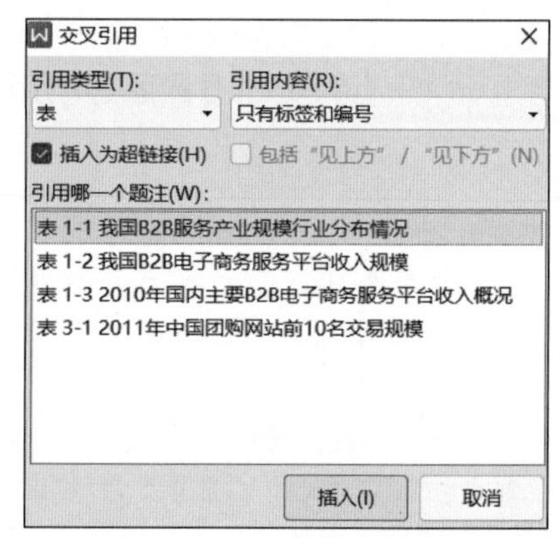

图 3-51　添加表格交叉引用

步骤12 选中“图 1-1 我国 B2B 电子商务服务平台收入规模”上方的文本“图 1-1”(用黄色突出显示的文本)，单击“引用”选项卡中的“交叉引用”按钮。在弹出的“交叉引用”对话框中，将“引用类型”修改为“图”，将“引用内容”修改为“只有标签和编号”，在下方列表框中选择“图 1-1 我国 B2B 电子商务服务平台收入规模”，单击“插入”按钮。

步骤13 使用和步骤 12 相同的方法，将文档中的“图 1-2”“图 1-3”“图 1-4”“图 2-1”“图 2-2”“图 2-3”“图 3-1”和“图 3-2”上方用黄色突出显示的标签文本“图”和对应的编号替换为可以自动更新的交叉引用文本。

步骤14 将插入点光标定位到文档第二页中的文本“表格目录”下方，单击“引用”选项卡中的“插入表目录”按钮，在弹出的“图表目录”对话框中左侧的“题注标签”列表框中，选择标签为“表”，单击“确定”按钮，完成表格目录插入。

步骤15 将插入点光标定位到文档第二页中的文本“图目录”下方，单击“引用”选项卡中的“插入表目录”按钮，在弹出的“图表目录”对话框中左侧的“题注标签”列表框中，选择标签为“图”，单击“确定”按钮，完成图目录的插入。表格目录和图目录的完成效果如图 3-52 所示。

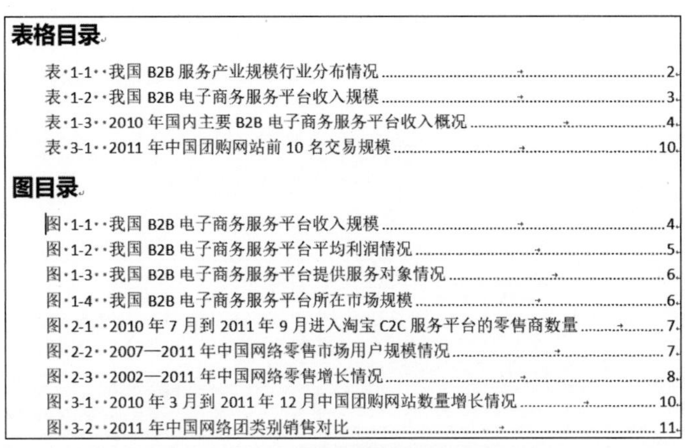

表格目录

图目录

图 3-52 表格目录和图目录

步骤16 选择文档中“前言”部分的文本“B2B”，单击“引用”选项卡中的“插入脚注”按钮，插入点光标会自动定位到该页最下方的脚注区域，并出现自动编号 2，输入文本“企业之间的电子商务”。

步骤17 将插入点光标定位在任意脚注位置，右击，在弹出的快捷菜单中选择“脚注和尾注”。

步骤18 在弹出的“脚注和尾注”对话框中，单击“转换”按钮，在弹出的“转换注释”对话框中，选中“脚注全部转换成尾注”单选按钮，单击“确定”按钮；回到“脚注和尾注”对话框后，在“将更改应用于”下拉列表中选择“整篇文档”，如图 3-53 所示，单击“应用”按钮，完成注释转换。

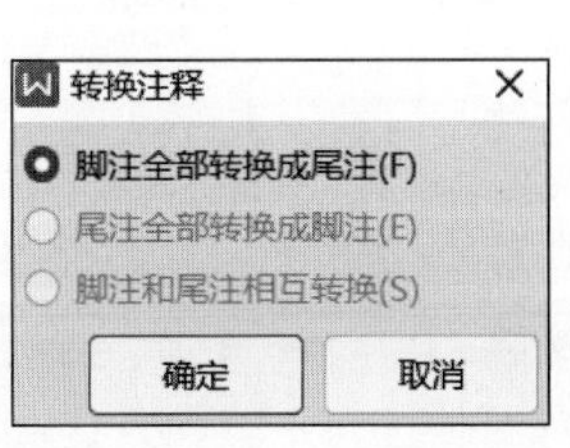

图 3-53 将脚注转换成尾注

步骤19 选中标题“网络零售服务平台规模”下方第一段中的文本“淘宝”，单击“引用”选项卡中的“标记索引项”按钮，在弹出的“标记索引项”对话框中，可以看到文本“淘宝”已经被填入“主索引项”文本框，直接单击“标记全部”按钮。

步骤20 将插入点光标定位到文档最后一页的文本“索引”下方的空行中，单击“引用”选项卡中的“插入索引”按钮，在弹出的“索引”对话框中，将“排序依据”修改为“拼音”，单击“确定”按钮，完成索引创建，如图 3-54 所示。

步骤21 按 Ctrl+A 组合键，选中文档中的所有内容，按 F9 键，弹出“更新目录”对话框，如图 3-55 所示，在其中选中“更新整个目录”单选按钮，单击“确定”按钮；在弹出的“更新图表目录”对话框中也选中“更新整个目录”单选按钮，单击“确定”按钮，完成对包含所有目录的域的更新。

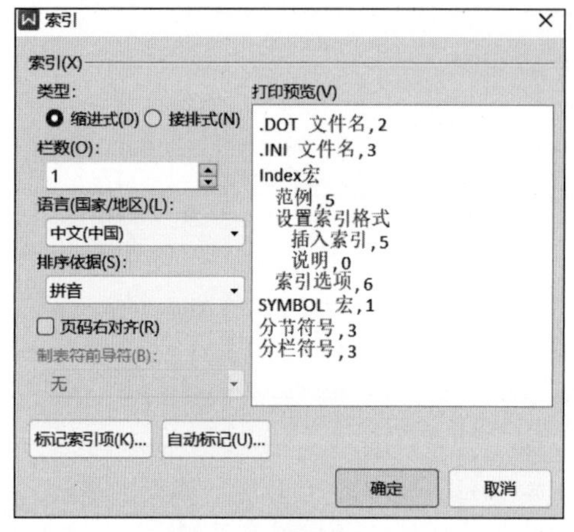

图 3-54 创建索引

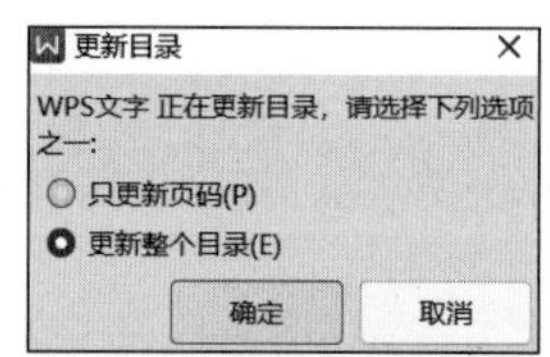

图 3-55 “更新目录”对话框

项目3.4 使用域和邮件合并

在 WPS 文字中插入的页码、目录、索引等一切可能发生变化的内容的本质都是域。域是 WPS 文字自动化功能的底层技术，掌握了域的基本原理与使用方法可以更灵活地使用 WPS 文字提供的自动化功能，从而使 WPS 文字更好地为我所用。

3.4.1 创建和更新域

通过 WPS 文字的选项卡插入的一些内容（例如页码、目录、索引等），实际上都是域。当更多的域无法在 WPS 文字的选项卡中找到时，就可以手动创建，其方法如下。

① 将插入点光标定位到想要插入域的位置，切换到“插入”选项卡，单击“文档部件”按钮，在弹出的下拉菜单中选择“域”。

② 如图 3-56 所示，在弹出的“域”对话框中，在左侧的“域名”列表框中选择要使用的域，例如“打印时间”，在右侧会显示出域的代码和说明。对于“域代码”，还可以进行进一步的修改，从而显示更丰富的内容。例如，如果在原来的域

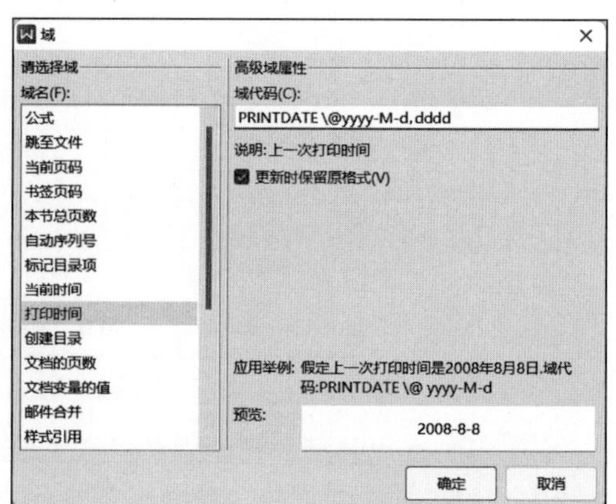

图 3-56 “域”对话框

代码后面添加“\@yyyy-M-d,dddd”（“\”前有一个英文半角的空格，如缺少将报错），再单击“确定”按钮，则可以插入当前的日期和星期，例如“2023-6-23，Friday”。

提示

要想在域显示的结果和域代码之间进行切换，可以按Alt+F9组合键。

域最大的优点是可以对其自身进行更新以显示最新数据。极少数的域（例如“自动序列号”域）可以自动更新，不需要人工干预。而大多数域（例如“创建目录”域）需要用户手动执行更新命令，才能进行更新并显示最新数据。要更新域，在域范围内单击将其选中，然后按F9快捷键即可。如果要对文档中的所有域进行更新，可以先按Ctrl+A组合键，选中文档中的所有内容，然后按F9键。

提示

如果仅更新某个域，也可以在域范围内右击，在弹出的快捷菜单中选择“更新域”。

案例3-13 插入“样式引用”域和修改“当前时间”域

◆ 素材文档：D-13.docx。

◆ 结果文档：D-13-R.docx。

在本案例中，用户需要在页眉插入域，以便能够引用对应页面所属的章标题内容，再进一步修改文档末尾的时间域，使其能够显示当前的日期。

步骤1 打开案例素材文档，双击任意页面的页眉区域，进入页眉编辑状态。

步骤2 在“页眉页脚”选项卡中单击“域”按钮。

步骤3 在弹出的“域”对话框中，在左侧“域名”列表框中选择“样式引用”，在右侧“样式名”下拉列表中选择“标题 1”，勾选“插入段落编号”复选框，单击“确定”按钮，如图3-57所示。

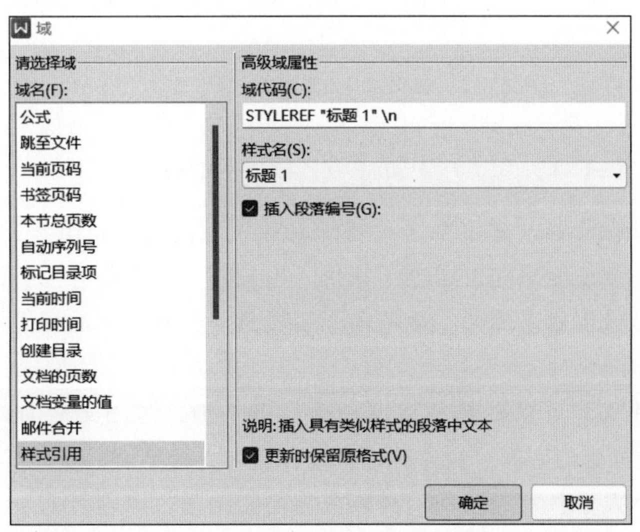

图3-57 插入“样式引用”域

步骤4 在插入的域的后面输入一个空格，再次单击“页眉页脚”选项卡中的“域”按钮，在弹出的“域”对话框中，在左侧的“域名”列表框中选择“样式引用”，在右侧的“样式名”下拉列表中选择“标题 1”，这次不要勾选“插入段落编号”复选框，直接单击“确定”按钮，就可以在页眉区域插入自动引用页面章节内容的域，效果如图 3–58 所示。

步骤5 单击“页眉页脚”选项卡中的“关闭”按钮，退出页眉编辑状态。切换到文档末尾，右击文本“完成日期：”后的时间域，在弹出的快捷菜单中选择“编辑域”。

步骤6 在弹出的“域”对话框中，保持“域代码”文本框中的“TIME”不变，在“TIME”后输入“ \@“yyyy–M–d dddd”(“\”前有一个英文半角的空格，如缺少将报错)，单击“确定”按钮，如图 3–59 所示。此时在文档中显示的是域代码，右击域代码，在弹出的快捷菜单中选择“切换域代码”，即可显示正常的日期内容。

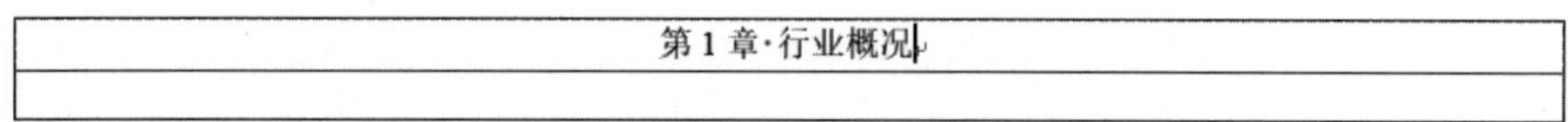

图 3–58 在页眉区域插入自动引用页面章节内容的域

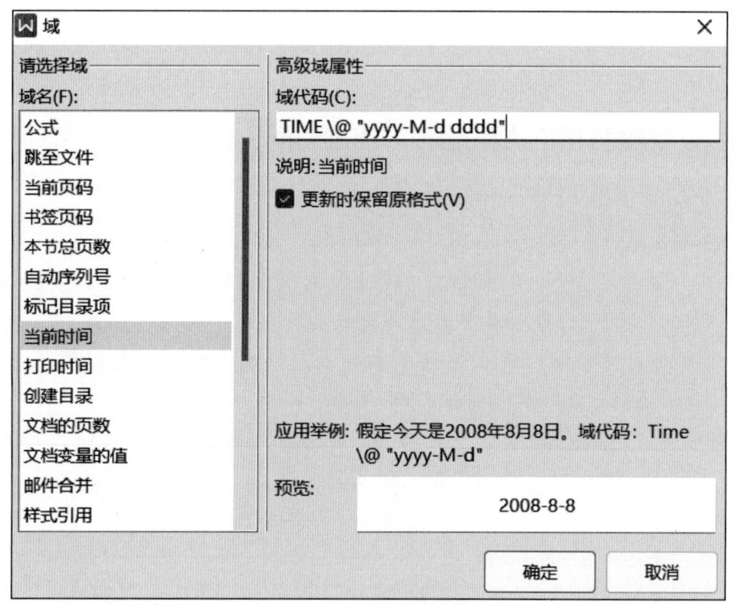

图 3–59 修改域代码

3.4.2 使用邮件合并功能批量创建多个同类文档

“邮件合并”域是 WPS 文字中一种特殊且应用广泛的域。虽然 WPS 文字中的邮件合并功能起初用于批量编写和发送电子邮件，但是其应用范围并不仅限于此。邮件合并功能还可以用于批量创建通知书、邀请函、工资条、奖状、产品标签、信封等不同类型的文档。

使用邮件合并功能可以批量创建多种类型的文档，这些文档的内容有一个共同特征——它们都是由固定内容和可变内容组成的。例如，对于录用通知书而言，除了应聘者的姓名、性别等个人信息不同以外，其他内容是相同的。应聘者的个人信息就是前面所说的可变内容，而通知书中大部分相同的内容则是固定内容。邀请函、工资条、奖状、信封等类型的文档与通知书在结构和形式上非常相似，因此这些文档都可以使用邮件合并功能来批量创建。

主文档和数据源是邮件合并过程中需要使用的两类文档。主文档中的内容是固定不变的内容，即最终创建的所有文档中包含的相同内容；数据源中的内容是可变的内容，即最终创建的所有文档中包含的互不相同的内容。以信封为例，可以将主文档看作空白信封，所有空白信封上的邮编栏和地址栏都是待填的，并在信封上留有预先指定好的位置。寄信人在将信件寄给不同人时，需要在邮编栏和地址栏中填写不同的邮政编码和邮寄地址。所有填写好的信封都具有统一的格式，但在每个信封上填写的邮政编码和邮寄地址则各不相同。

在 WPS 文字中，要开启邮件合并功能，需要切换到“引用”选项卡，单击“邮件”按钮，在功能区出现“邮件合并”选项卡。无论使用邮件合并功能批量创建哪种类型的文档，都遵循以下通用流程。

（1）创建主文档和数据源

邮件合并的第一步是创建主文档与数据源。在主文档中输入最终创建的所有文档中共有的内容，同时需要为可变内容留出空位。在数据源里输入需要插入主文档中的互不相同的数据，并以表的形式来存储。

（2）建立主文档与数据源的关联

创建好主文档与数据源后，在“邮件合并”选项卡中单击“打开数据源”按钮，建立主文档与数据源之间的关联。

（3）将数据源中的数据插入主文档中数据对应的位置上

建立主文档与数据源的关联后，需要将数据源中每条记录的各项数据插入主文档中该数据对应的位置上。该操作在 WPS 文字的“邮件合并”中被称为“插入合并域”。

（4）预览并完成合并

将数据源中的数据插入主文档中数据的对应位置后，单击“邮件合并”选项卡中的“查看合并数据”按钮，预览数据。如果确认无误，则可以正式批量生成合并文档。在生成合并文档的过程中，可以选择“合并到新文档”，也可以选择“合并到不同新文档”，前者会将所有内容保存在一个文档中，而后者会将数据源中的每一行记录分别形成一个独立的文档。

案例3-14 批量制作成绩单

◆ 素材文档：D-14.docx、D-01-14-数据源.txt。

◆ 结果文档：D-14-R.docx、D-01-14-R-2.docx。

在本案例中，用户要为数据源中的每位同学生成一份成绩单，并且希望在打印的时候，每张纸上打印两份成绩单。

步骤1 打开案例素材文档“D-14.docx”，单击“引用”选项卡中的“邮件”按钮，开启“邮件合并”选项卡。

步骤2 在“邮件合并”选项卡中单击“打开数据源”下拉按钮，在弹出的下拉菜单中选择“打开数据源”。

步骤3 在弹出的“选取数据源”窗口中，找到素材文档“D–01–14–数据源.txt”并将其打开。

步骤4 选中文档开头的黄色底纹文本“姓名”，单击“邮件合并”选项卡中的“插入合并域”按钮，在弹出的“插入域”对话框中，选中“学生姓名”，单击“插入”按钮，如图3–60所示。插入成功后，关闭“插入域”对话框。

步骤5 使用和步骤4相同的方法，继续插入“语文”域、“数学”域、“英语”域、“科学”域、“法制”域、“信息技术”域和“品德与社会”域，来替换其余的黄色底纹文本。

步骤6 将插入点光标定位到表格下方的空行内，单击“邮件合并”选项卡中的“插入Next域”按钮。

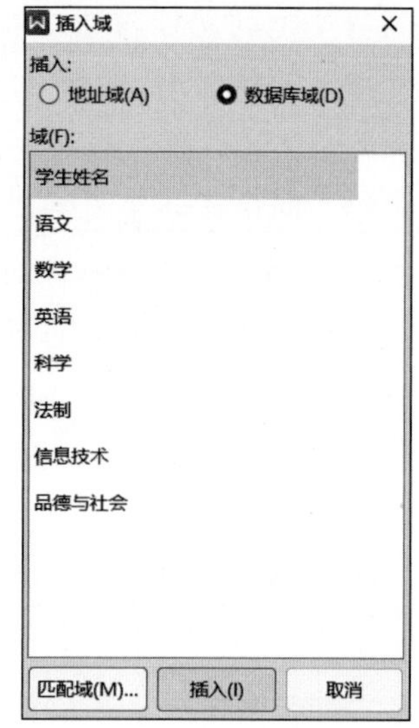

图3–60 插入“学生姓名”域

提示

在使用WPS文字进行邮件合并的时候，默认每页只显示一条记录，而“Next域”的用途是在每页中显示多条记录。

步骤7 选中“Next域”上方的内容，按Ctrl+C组合键，进行复制，并将插入点光标定位到“Next域”下方的空行内，按Ctrl+V组合键，加以粘贴。

步骤8 按Ctrl+A组合键，选中文档中的所有内容，单击“开始”选项卡中的“突出显示”下拉按钮，并在展开的底纹库中选择“无”，取消黄色底纹的显示，效果如图3–61所示。

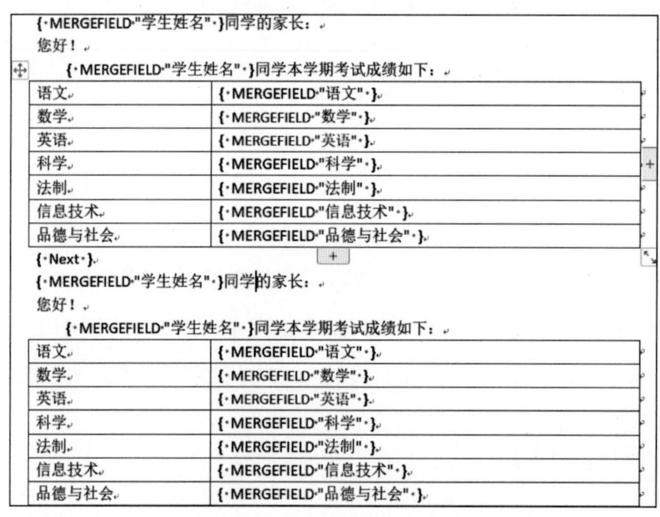

图3–61 取消底纹后的效果

提示

如果想要显示合并的实际数据而不是域代码，可以按Alt+F9组合键进行切换。

步骤9 单击“邮件合并”选项卡中的“合并到新文档”按钮，在弹出的“合并到新文档”对话框中直接单击“确定”按钮，完成成绩单的合并，效果如图3–62所示。

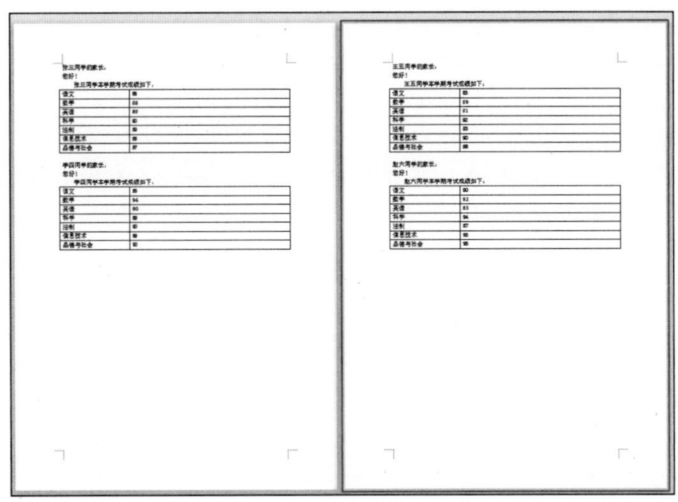

图 3-62 成绩单合并效果

如果希望合并结果的每页分别被保存为一个独立的文档，可以在“邮件合并”选项卡中单击“合并到不同新文档”按钮。

项目3.5 审阅与保护文档

文档制作完成后，可以通过 WPS 文字中的审阅功能对文档内容进行校对、翻译、添加批注、修订等操作，还可以限制他人打开和编辑文档，从而保护文档内容的安全。下面详细介绍相关的功能。

3.5.1 校对和翻译文档内容

文档中难免会存在一些语法错误。使用 WPS 的文字校对功能可以方便地找到这些错误并提出修正意见。此外，WPS 还可以帮助用户将文档内容翻译成其他语言。

1. 校对文档内容

在“审阅”选项卡中，单击“拼写检查”下拉按钮，在弹出的下拉菜单中选择“拼写检查”，即可对文档内容中拼写部分进行校对；选择“设置拼写检查语言”，可以在 WPS 文字中添加新的拼写检查语言和设置默认的拼写检查语言。

拼写检查和具体的语言相关，例如，如果使用英语作为拼写检查语言，则德语单词“M ü nchen”（慕尼黑）的拼写不正确；但如果使用德语作为拼写检查语言，则拼写正确。

2. 翻译文档内容

用户还可以使用翻译功能对文档内容在中英文之间进行翻译转换，使用繁简转换功能对文档内容在繁体中文和简体中文之间进行转换。

案例3-15 校对和翻译英文故事并将其转换为繁体中文

◆ 素材文档：D-15.docx。

◆ 结果文档：D-15-R.docx。

在本案例中，用户要对一篇英文故事进行校对，并将其翻译为中文，再将翻译的简体中文转换为繁体中文。

步骤1 打开案例素材文档，单击“审阅”选项卡中的“拼写检查”下拉按钮，在弹出的下拉菜单中选择“拼写检查”。

步骤2 如图3-63所示，在弹出的“拼写检查”对话框中，WPS文字会自动将有问题的段落文字显示在左侧，并在右侧给出更改建议，例如“kindniss”应更改为“kindness”，确认更改建议无误后，单击“更改”按钮，完成更改。

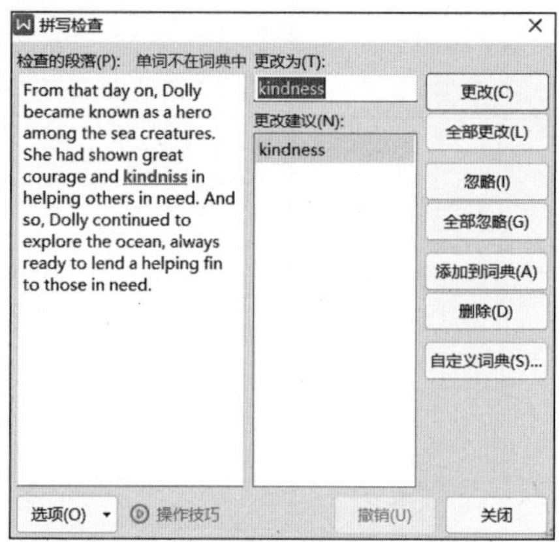

图3-63 “拼写检查”对话框

> **提示**
>
> 如果文档中相同的问题存在多处，则单击“全部更改”按钮，可以一次性执行所有的更改操作。如果单击“忽略”或“全部忽略”按钮，则可以忽略当前的问题或全部的问题。

步骤3 完成拼写检查后，会出现相应的提示对话框，将其关闭即可。

步骤4 选中文档的4个段落，单击“审阅”选项卡中的“翻译”下拉按钮，在弹出的下拉菜单中选择“短句翻译”。

步骤5 在右侧出现的“短句翻译”任务窗格中，可以看到翻译的结果，如图3-64所示。单击“插入”按钮，可以将翻译的内容插入文档中，并取代之前的英文内容。

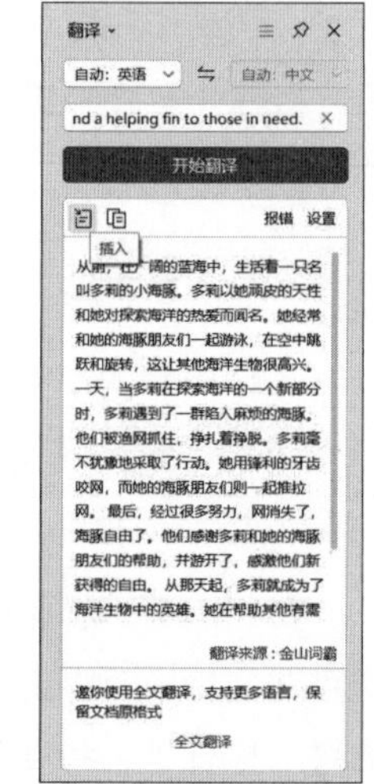

图3-64 翻译的结果

> **提示**
>
> 如果在单击“翻译”下拉按钮后弹出的下拉菜单中选择“全文翻译”，则可以将整篇文档翻译为中文，并保留之前的样式。

步骤6 选中插入的4个中文段落，单击“审阅”选项卡中的“简转繁”按钮，即可将其转换为繁体中文。

3.5.2 对文档进行批注和修订

在工作中，一些重要的文档由作者编辑完成后，一般还需要审阅者进行审阅。在审阅文档时，通过使用批注和修订功能，可对原文档中需要修改的地方进行标记并保留修改的痕迹。

1. 批注文档

在检查文档时，如果需要对文档中的某些内容提出修改意见或建议，则可以为其添加批注。在“审阅”选项卡中单击“插入批注”按钮即可添加批注。

2. 修订文档

在阅读他人文档时，如果发现文档中有需要修改的地方，则可以使用“修订”功能进行修改。

在修订模式下，对文档的所有修改都会留下痕迹。这样，原作者就能清楚地知道哪些地方进行了改动。用户在“审阅”选项卡中单击“修订”按钮，即可进入修订模式。

案例3-16 审阅《浅谈我对宠物饲养的认识》文档

- 素材文档：D-16.docx。
- 结果文档：D-16-R.docx。

在本案例中，用户需要对文档添加批注，并在修订模式下对文档进行修改。

步骤1 打开案例素材文档，选中文档目录下方第一行中的文本“摘要”，在“审阅”选项卡中单击“插入批注”按钮。

步骤2 在文档页面右侧打开的批注框中，输入文本“请将摘要放置在一个单独页面！”，完成批注的插入，如图 3-65 所示。

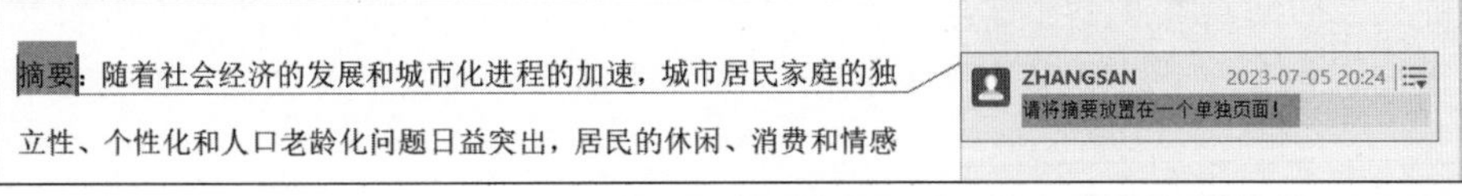

图 3-65 插入批注

提示

如果要删除文档中的批注，可以将插入点光标放置在添加批注的文本中，然后单击“审阅”选项卡中的“删除”下拉按钮，在弹出的下拉菜单中选择“删除批注”或“删除文档中的所有批注”，前者可以删除当前所选的批注，而后者则可以将文档中的所有批注一次性删除。

步骤3 单击“审阅”选项卡中的“修订”下拉按钮，在弹出的下拉菜单中选择“修订”，进入修订状态。

步骤4 选中标题“1.2.1. 经济发展”下方第一行文字中的“产值”，将其删除，并重新键入文本“GDP”，由于在修订模式下进行修改，因此删除的内容会出现在页面右侧的修订框中，而添加的文本会以红色字体的形式突出显示出来，如图 3-66 所示。

图 3-66 在修订模式下修改文档内容

提示

对于其他人对文档所做的修订，用户可以单击修订框中的“接受修订”✔按钮或者“拒绝修订”✖按钮，前者会将修订内容变为文档固有的一部分（不再以修订模式显示），而后者会让文档内容恢复到此处修改之前的状态。

3.5.3 保护文档内容

对于制作完成的文档，用户还可以设置保护措施。文档的保护措施分为文档加密和编辑权限设置两个方面。

1. 加密文档

用户如果不希望自己制作的文档被随意打开，可以为文档添加密码，从而使没有密码的读者无法打开。加密文档的方法如下。

① 在 WPS 中，从菜单栏中选择“文件”→“文档加密”→“密码加密”。

② 如图 3-67 所示，在弹出的“密码加密”对话框中，在“打开文件密码”文本框和下面的“再次输入密码”文本框中输入相同的密码，单击“应用”按钮，即可完成对文档的加密。

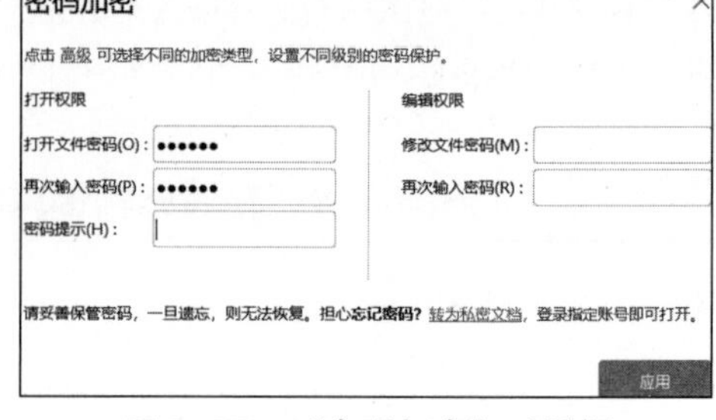

图 3-67 “密码加密”对话框

2. 限制用户编辑权限

有时文档的创建者并不介意其他读者看到文档内容，但又想要对其他人编辑文档的权限加以限制，例如，将文档设置为只读的或者只能在修订模式下对文档内容进行修改。

案例3-17 限制用户设置文档格式和编辑的权限

◆ 素材文档：D-17.docx。

◆ 结果文档：D-17-R.docx。

在本案例中，用户要限制其他用户对文档的编辑权限，使他们除了应用样式，无法单独设置文档内容的字体和段落格式，并且对文档的所有修改都只能在修订模式下进行。

步骤1 打开案例素材文档，单击“审阅”选项卡中的“限制编辑”按钮。

步骤2 在页面的右侧会开启“限制编辑”窗格，在其中勾选“限制对选定的样式设置格式”复选框，使其他用户只能通过设置样式来格式化文档，而不能单独设置文本或者段落格式，勾选“设置文档的保护方式”复选框，选中“修订”单选按钮，单击“启动保护”按钮，如图 3-68 所示。

步骤3 在弹出的“启动保护”对话框中，单击“确定”按钮，启动保护；如果想让其他用户不能随意解除对文档的保护，则可以设置并确认密码，再单击“确定”按钮，启动保护。

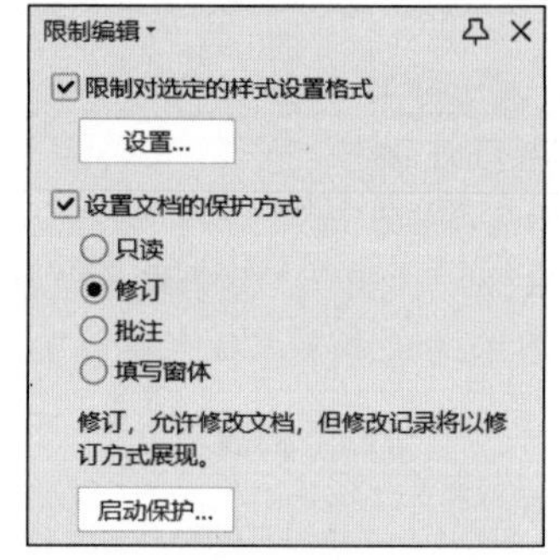

图 3-68 限制其他用户的编辑权限

执行保护后，切换到“开始”选项卡，会发现设置字体和段落的大部分按钮变为灰色的，只有样式列表可供用户选择。此时，文档已经自动进入了修订模式，而且只要用户不解除对文档的保护，这个修订模式就无法退出。

拓展阅读

《2022 年国务院政府工作报告》中指出要“推进公共文化数字化建设”，而数字化文化的输出离不开计算机软件，其中就包括文字处理软件。用户在使用 WPS 文字制作文档的过程中，应不断增强运用工具的能力，努力做一个具有基本素质的职业人，为未来的工作奠定扎实的基础。价值观是人们对价值问题的思考，人生观则是对人生目的、意义的认识和对人生的态度。树立正确的价值观和人生观，有助于我们摆正自己的目标和位置，不管身在何处、职业高低，都能够拥有积极向上、厚德载物、自强不息的精神，在自己的岗位上发光发热。

单元4

使用 WPS 表格处理与分析数据

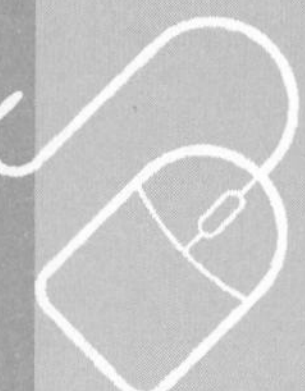

数据处理是指对采集的各种原始数据进行加工整理，其过程包含对数据的收集、存储、加工、分类、归并、计算、排序、转换、检索等。WPS 表格的数据处理模块可以帮助用户制作表格、处理和分析数据、创建图表等。

知识目标

- 了解 WPS 表格的工作界面及基本操作；
- 熟悉 WPS 表格中不同类型数据的输入方法，掌握单元格中数据的填充方法；
- 掌握 WPS 表格中对字体格式、对齐方式和数字格式等的设置方法；
- 熟练运用公式和函数进行数据的计算；
- 熟练掌握 WPS 表格中汇总和分析数据的方法；
- 熟练使用图表，将数据转换成清晰、醒目的图形。

素养目标

了解数据分析和可视化的方法与流程，提升在实际工作中的数据化意识与能力。

项目4.1 使用WPS表格管理数据

WPS 表格是 WPS Office 中的电子表格制作模块，使用它不仅能够创建各种电子表格，还可以对表格数据进行各种分析和处理。在使用 WPS 表格对数据进行分析与可视化之前，首先需要掌握 WPS 表格中关于数据管理的基本知识和技能，本项目将对此加以介绍。

4.1.1 操作工作表

启动 WPS Office 之后，用户需要切换到“首页”选项卡，单击“新建”按钮，在弹出的菜单中选择“表格”，即可创建一个空白的 WPS 表格文档。

新建的文档通常需要取一个有意义的文件名，并以所需要的文件类型加以保存。其方法为在新建的表格文档内，选择“文件”→“另存为”，在弹出的“另存文件”窗口中，选择保存文件的路径，设置文件名和文件类型。保存 WPS 表格文档时默认文件扩展名为“xlsx”，用户也可以选择其他文件类型，例如“CSV（逗号分隔值）”等。

在“文件”菜单中，用户还可以选择将文档输出为图片或PDF等格式的文件的选项。

1. 创建工作表

WPS 表格文档又称为工作簿，新创建的工作簿会默认包含一张名为“Sheet1”的工作表。工作表是对数据进行处理、分析和图表制作等操作的界面。这些工作表就像一个大账簿中的账页，包含了各种内容。

工作表是工作簿中存储数据和对数据进行处理的场所。在管理数据的过程中，往往需要把不同类别的数据存放在不同的工作表中，这就需要创建更多的工作表。

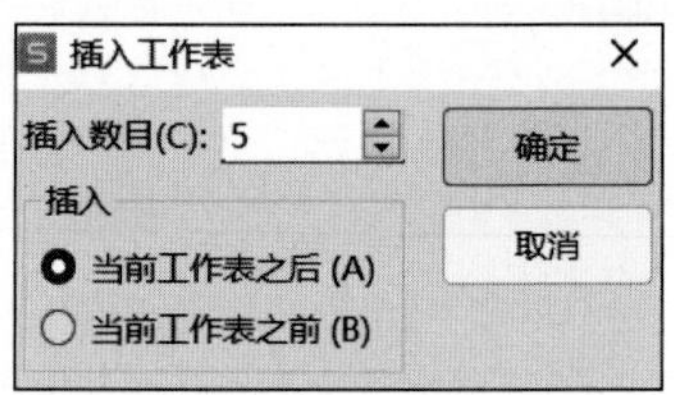

图 4-1 “插入工作表”对话框

在工作簿中，单击“开始”选项卡中的“工作表”按钮，在弹出的下拉菜单中选择“插入工作表”，会弹出“插入工作表”对话框，如图 4-1 所示，在其中可以设置插入的数目，以及是在当前工作表之前还是之后进行插入，设置完成后，单击“确定”按钮。

如果只想要在当前所有工作表的右侧插入一张新的工作表，那么直接单击工作表底部所有工作表标签右侧的“+”按钮即可。

提示

按Shift+F11组合键也可以在当前所有工作表右侧插入一张新的工作表。此外，右击某张工作表的标签，在弹出的快捷菜单中选择“插入工作表”，也可以调出“插入工作表”对话框，从而实现工作表的插入。

2. 选择工作表

用户在对工作表进行操作之前，要先选中该工作表。下面是在工作簿中选中单个工作表、选中连续的多个工作表和选中不连续的多个工作表的操作方法。

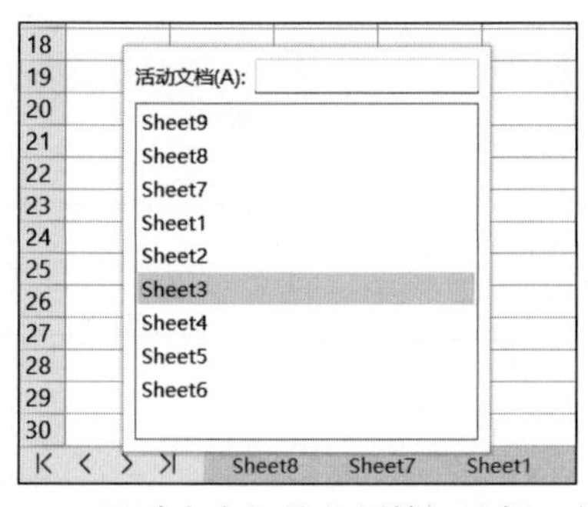

图 4-2 通过右击标签左侧按钮选择工作表

选中单个工作表有两种方法：一种是在工作簿中单击窗口下方的工作表标签；另一种是右击工作表标签左侧的按钮，在弹出的“活动文档”列表中单击工作表名，如图 4-2 所示。

提示

如果在窗口底部看不全所有的工作表标签，可以单击工作表标签左侧的箭头按钮，使工作表标签滚动显示。单击“前一个”按钮将显示上一个工作表的标签，单击“后一个”按钮将显示下一个工作表的标签。单击“第一个”或者“最后一个”按钮可以显示第一个或者最后一个工作表的标签。

如果用户需要选中连续的多个工作表，可以单击某个工作表的标签，然后在按住 Shift 键的同时单击另一个工作表的标签，这两个标签之间的所有工作表都会被选中。

如果用户需要选中不连续的多个工作表，可以在按住 Ctrl 键的同时依次单击想要选择的工作表的标签，这些工作表将被同时选中。

提示

在同时选中了多个工作表后，如果要取消对这些工作表的选择，只需要单击任意一个未被选择的工作表的标签即可。

3. 隐藏和显示工作表

一个工作簿中往往包含多个工作表，若在向其他用户发布工作簿时并不希望他们看到所有工作表，但这些工作表中的数据又需要保留，可以隐藏这些不想被其他用户看到的工作表。下面将介绍在工作簿中隐藏和显示工作表的方法。

① 在工作簿中，右击需要隐藏的工作表的标签，在弹出的快捷菜单中选择“隐藏工作表”，如图 4-3 所示，所选的工作表即被隐藏。

② 如果要使被隐藏的工作表重新显示出来，可以右击任意一张没有隐藏的工作表的标签，在弹出的快捷菜单中选择“取消隐藏工作表”，接着在弹出的“取消隐藏”对话框中选择要取消隐藏的工作表“汇总表”，单击“确定”按钮，如图 4-4 所示，则该工作表就会重新显示出来。

图 4-3 隐藏工作表

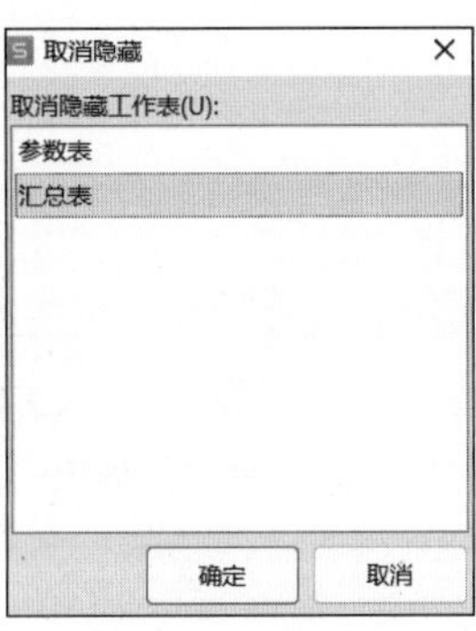

图 4-4 取消隐藏工作表

4. 移动或复制工作表

在数据处理过程中，若需要对整个工作表的数据进行复制或者移动，无须对数据区域本身执行复制、剪切和粘贴等操作，而可以直接移动或复制工作表。操作方法如下。

① 右击要复制的工作表的标签，在弹出的快捷菜单中选择“移动或复制工作表”。

② 在弹出的“移动或复制工作表”对话框中，选择将选定的工作表移动至“（新工作簿）”，并勾选下方的“建立副本”复选框，如图 4-5 所示，自动创建一个包含要复制的工作表的新工作簿。

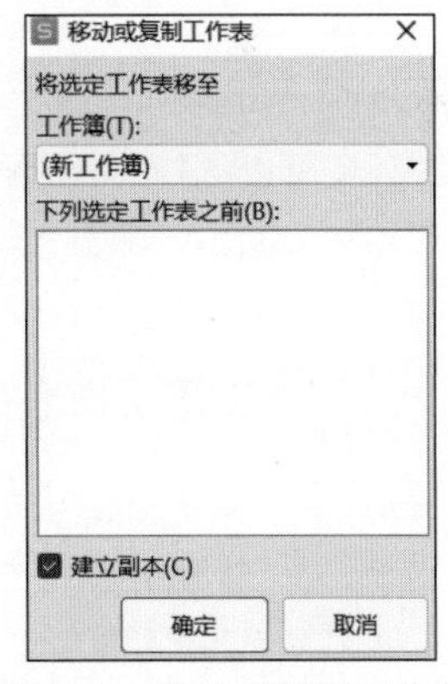

图 4-5 移动或复制工作表

如果不勾选“建立副本”复选框，则会将要复制的工作表直接移动到新工作簿，原来的工作簿中不再包含该工作表。

5. 重命名工作表及修改工作表标签颜色

默认情况下，工作簿中新插入的工作表将按照插入的先后顺序以“sheet＋数字”来命名，例如 sheet1、sheet2 和 sheet3 等，但是这样的命名方式难以帮助用户快速知晓工作表的用途和包含的内容。工作表的名称是可以自定义的，用户可以根据需要为工作表更改名称。

除了为工作表命名，用户还可以为工作表标签设置不同的颜色，便于更加直观地分辨不同用途的工作表。下面介绍重命名工作表和设置工作表标签颜色的方法。

① 右击需要重命名的工作表的标签，在弹出的快捷菜单中选择“重命名”。

② 工作表标签会变为可编辑状态，如图 4-6 所示，直接将其修改为所需要的名称即可。

③ 右击需要设置颜色的工作表的标签，在弹出的快捷菜单中选择“工作表标签颜色”，在展开的颜色库中选择所需要的颜色，如图 4-7 所示。

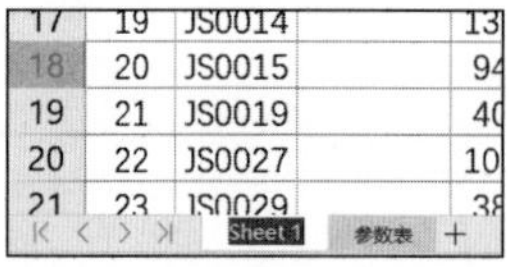

图 4-6　重命名工作表

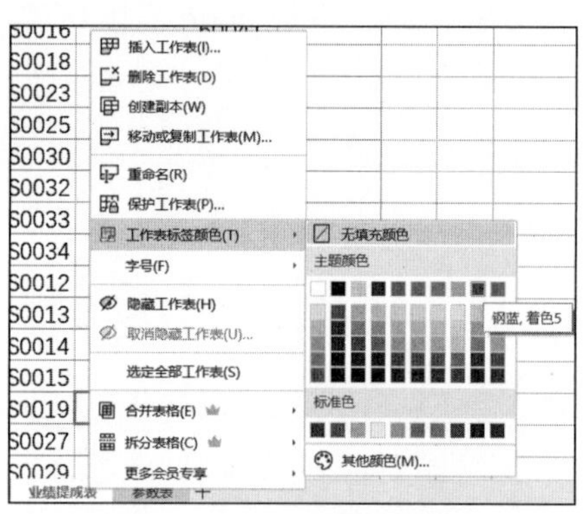

图 4-7　修改工作表标签颜色

主题颜色会随着工作表应用的主题的变化而发生改变，如果希望将工作表标签的颜色设置为一种固定的颜色，可以选择级联菜单下方的“标准色”中的颜色。

WPS 表格还提供了不同的视图模式。在编辑工作表数据时，默认的模式是“普通”模式，除此之外还可以选择“分页预览”模式和“页面布局”模式，用来了解工作表在打印后所呈现的式样。在下面的案例中，读者将进一步学习与工作表视图设置相关的常用技能。

案例4-1 设置工作表视图

◆ 素材文档：S-01.xlsx。

◆ 结果文档：S-01-R.xlsx。

在本案例中，用户需要调整工作表的显示模式和显示比例，冻结标题行和设置工作表的阅读模式。

步骤1 打开案例素材文档，切换到“视图”选项卡，取消对“显示网格线”复选框的勾选。

步骤2 单击“视图”选项卡中的“显示比例”按钮。

步骤3 在弹出的“显示比例”对话框中，选中“自定义”单选按钮，在右侧的数值框中输入“125”，单击“确定”按钮，如图 4-8 所示。

步骤4 单击“视图”选项卡中的“冻结窗格”按钮，在弹出的下拉菜单中选择“冻结首行”，从而使得用户在纵向滚动数据的时候，表格的标题行始终保持置顶可见。

步骤5 单击“视图”选项卡中的“阅读模式”下拉按钮，在展开的颜色库中选择一种恰当的颜色，效果如图 4-9 所示。在选中某个单元格后，会发现其所在的行和列处于高亮状态，所显示的颜色为之前在颜色库中选中的颜色。

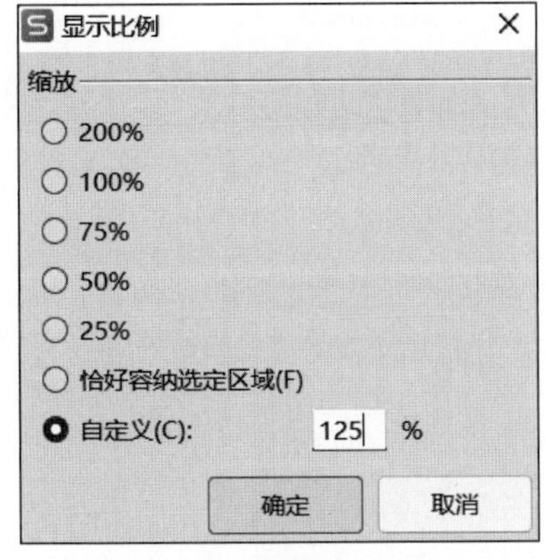

图 4-8 设置显示比例

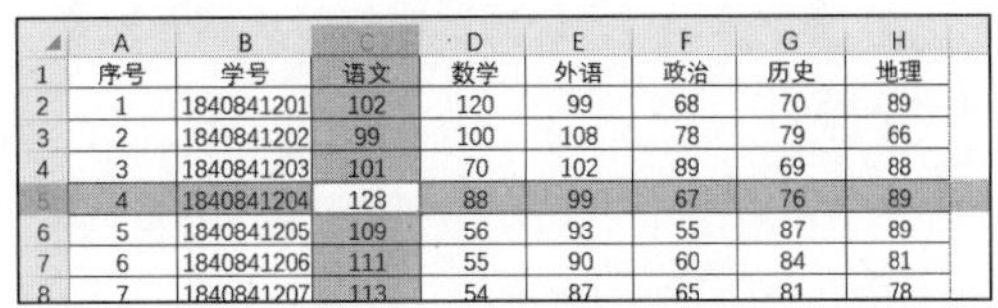

	A	B	C	D	E	F	G	H
1	序号	学号	语文	数学	外语	政治	历史	地理
2	1	1840841201	102	120	99	68	70	89
3	2	1840841202	99	100	108	78	79	66
4	3	1840841203	101	70	102	89	69	88
5	4	1840841204	128	88	99	67	76	89
6	5	1840841205	109	56	93	55	87	89
7	6	1840841206	111	55	90	60	84	81
8	7	1840841207	113	54	87	65	81	78

图 4-9 阅读模式

4.1.2 操作行和列

行和列是构成工作表的重要元素，在编辑数据时，不可避免地要对行和列进行操作。本节介绍 WPS 表格中行和列的基本操作技巧。

1. 选择行和列

在对工作表中的行和列进行操作时，首先需要对行和列进行选择。下面介绍选择行和列的方法。

在工作表中直接单击需要选择的行或列的行号或列号，即可以选择整行或整列；如果想要选中连续的多行或多列，可以将鼠标指针移至起始行号或列号上，然后按住鼠标左键拖曳鼠标。

如果需要选中不连续的行或列，可以按住 Ctrl 键并依次单击需要选择的行或列的编号。

2. 设置行高和列宽

在工作表中输入数据后，如果需要对行高和列宽进行调整，可以使用鼠标直接拖曳，也可以在快捷菜单中精确调整，还可以设置自动的最佳行高和列宽。下面分别对这些方法进行介绍。

（1）使用鼠标调整行高和列宽

在调整列宽时，以 I 列为例，将鼠标指针放置到 I 和 J 两个列标签之间，当鼠标指针变为 ✢ 时，按住鼠标左键拖曳鼠标，将列宽调整到合适的宽度，如图 4-10 所示；将鼠标指针放置到两个行标签之间，使用相同的方法即可调整行高。

（2）自动调整为最适合的行高和列宽

在工作表中选择需要调整行高的行或需要调整列宽的列，单击“开始”选项卡中的“行和列”按钮，弹出的下拉菜单如图 4-11 所示，在其中选择“最适合的行高”或“最适合的列宽”，所选的行或列将按照输入的内容自动调整为最适合的行高或列宽。

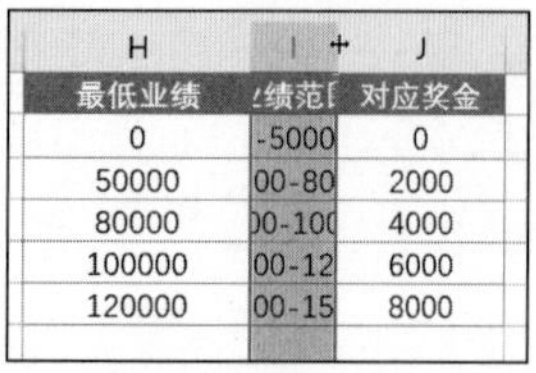

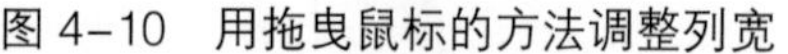

H	I	J
最低业绩	绩范	对应奖金
0	-5000	0
50000	00-80	2000
80000	0-10	4000
100000	00-12	6000
120000	00-15	8000

图 4-10　用拖曳鼠标的方法调整列宽

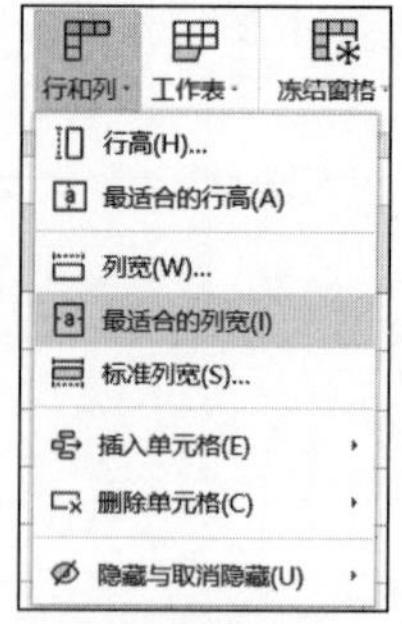

图 4-11　自动调整为最适合的行高或列宽

提示

要设置最适合的行高或列宽，也可以在选择行或列后，双击所选择的行或列的标签最右侧和下侧的边界，直接实现自动调整。

（3）精确调整行高和列宽

选中要设置行高的行，右击行标签，在弹出的快捷菜单中选择“行高”，如图 4-12 所示。在弹出的“行高”对话框中，可以精确地设置行高的数值；使用类似的方法，也可精确地设置列宽的数值。为 WPS 表格可以设置的行高和列宽的单位包括磅、英寸、厘米和毫米，用户可在数值框后的单位名称的下拉列表中进行选择。

若用户暂时不想使用某些行或者列的数据，可以对其进行隐藏。下面的案例将对此加以介绍。

图 4-12　在快捷菜单中选择“行高”

案例4-2　隐藏和取消隐藏行或列

◆ 素材文档：S-02.xlsx。

◆ 结果文档：S-02-R.xlsx。

在本案例中，用户要将暂时不需要的列加以隐藏，再将隐藏的行重新显示出来。

步骤1　右击 L 列的列标签，在弹出的快捷菜单中选择“隐藏”，如图 4-13 所示，即可将该列隐藏。

步骤2　单击第 5 行和第 7 行之间的双箭头标记，即可将隐藏的第 6 行重新显示出来，如图 4-14 所示。

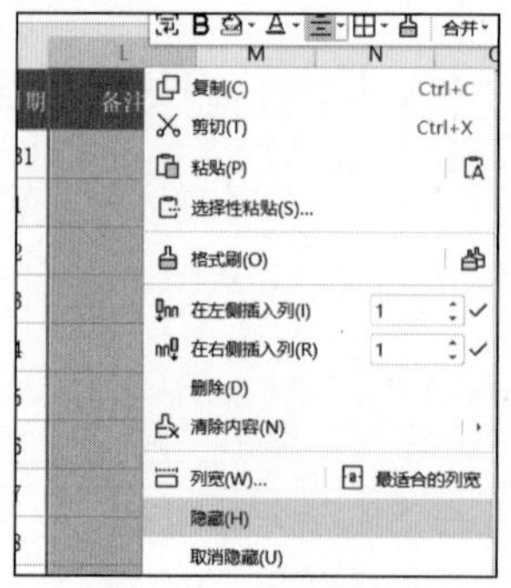

图 4-13　隐藏列

图 4-14　取消隐藏行

提示

如果工作表中有多行或者多列被隐藏了，单击行标签和列标签的交叉点（位于工作表左上角），全选工作表，然后单击“开始”选项卡中的“行和列”按钮，在弹出的下拉菜单中选择“隐藏与取消隐藏”，在展开的级联菜单中选择“取消隐藏行”或“取消隐藏列”，即可取消所有行的隐藏或所有列的隐藏。

4.1.3 操作单元格

WPS 表格中的工作表是由一个个单元格构成的。在进行数据分析时，用户首先要掌握对单元格的操作。本节介绍选择单元格、插入单元格、删除单元格，以及合并 / 取消合并单元格的方法。

1. 选择单元格

单元格是 WPS 表格中基本的数据存储单位，选择单元格是用户进行数据处理的基本操作。下面介绍在工作表中选择单元格的常用技巧。

在选择较小的单元格区域时，可以使用鼠标来进行操作。如果选择的单元格区域较大且超过了窗口显示的范围，则使用键盘操作会更加方便快捷。例如，要选择单元格区域 A2:F200，可以首先选中 A2 单元格，然后按住 Shift 键，再选中 F200 单元格，A2 至 F200 单元格间的连续单元格区域都被选中了。

如果要选择的单元格或单元格区域距离当前单元格较远，或者需要选中的单元格区域很大，那么可以在名称框中直接输入要选择的区域。例如，在名称框中输入“A50:E300”并按 Enter 键，即可直接选中该区域，如图 4-15 所示。

图 4-15 利用名称框选中较大的单元格区域

提示

在选择数据的时候，若需要选中从当前单元格（例如A3）到表格右下角的所有区域，可以先选中当前单元格，然后先按Ctrl+Shift+→组合键，向右扩展，再按Ctrl+Shift+↓组合键，向下扩展。

如果需要选中多个不连续的单元格区域，可以在按住 Ctrl 键的同时，依次单击需要选择的单元格。

提示

按Ctrl+A组合键时，如果当前单元格位于数据区域中，则可以选中该区域中所有单元格；如果当前单元格不属于任何数据区域，则会将工作表中的所有单元格选中。

若需要选中不同工作表中的相同位置的单元格，可以在按住 Ctrl 键的同时选中这几个工作表，然后选择所需要的单元格区域，如图 4-16 所示。这样选中后，即可在多个工作表的相同位置同时输入相同的数据。

2. 插入和删除单元格

在工作表中插入和删除单元格是 WPS 表格中的常见操作。单元格的插入和删除既可以针对整行或整列进行操作，也可以针对单个单元格进行操作。下面介绍具体的操作方法。

（1）插入单元格

选中某个单元格并右击，在弹出的快捷菜单中选择“插入”，在展开的级联菜单中选择相应的选项，即可实现在选中单元格的左侧或右侧插入列，在选中单元格的上方或下方插入行，以及插入单个单元格并将这个单元格及其内容右移或下移，如图 4-17 所示。

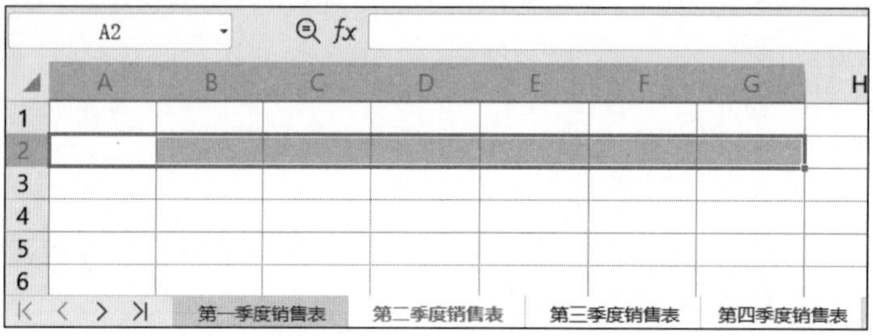

图 4–16　选中多个工作表中相同位置的单元格

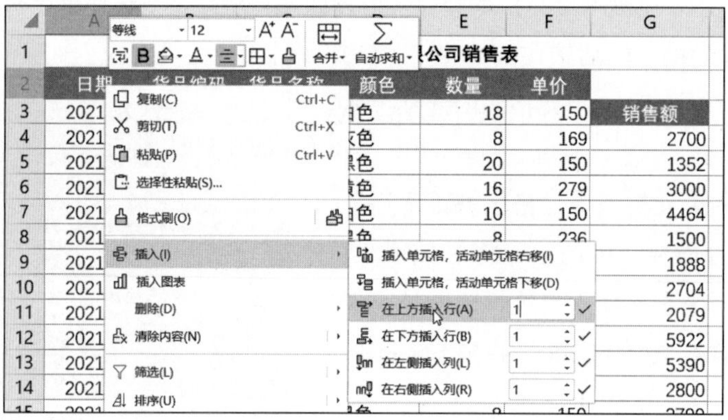

图 4–17　插入单元格

（2）删除单元格

要删除某个单元格，可以首先选中该单元格，然后右击，在弹出的快捷菜单中选择“删除”，在展开的级联菜单中选择“下方单元格上移”，如图 4-18 所示。

图 4–18　删除单元格

提示

删除单元格和删除单元格的内容是不同的。如果要删除单元格的内容，需选中单元格并右击，在弹出的快捷菜单中选择“清除内容”，或者选中单元格后直接按Delete键，而单元格本身并不会被删除。

3. 合并 / 取消合并单元格等

在创建工作表时，若一些内容（如表格的标题）需要跨越多个单元格显示，可以使用合并单元格功能将多个单元格合并为一个单元格。反过来，已合并的单元格在需要时也可以重新拆分为多个单元格。

（1）合并单元格

在工作表中，选择需要合并的多个单元格，在“开始”选项卡中单击“合并居中”下拉按钮，在弹出的下拉菜单中选择“合并居中”选项，被选择的单元格即合并为一个单元格，单元格中的文字在合并后的单元格中居中放置。

（2）取消合并单元格

选中已经合并的单元格，在“开始”选项卡中单击“合并居中”下拉按钮，在弹出的下拉菜单中选择“取消合并单元格”，即可将已合并的单元格恢复原状。

提示

在“合并居中”下拉菜单中包含“合并居中”“合并单元格”“合并内容”“按行合并”“跨列居中”等选项。其中“合并居中”选项和“合并单元格”选项的效果类似，唯一不同的是，在使用“合并单元格”选项合并单元格后，单元格中的数据不会居中放置。“合并内容”选项会将多个单元格合并，且被合并的每个单元格中的内容都被保留并合并到一个单元格中。“按行合并”选项则会将选定的一个单元格区域中的每行分别合并为一个单元格，且每行只保留最左列内容。

（3）跨列居中

假设目前数据位于A1单元格，选中某个单元格区域，例如A1:F1，单击“开始”选项卡中的“合并居中”下拉按钮，在弹出的下拉菜单中选择“跨列居中”，数据会显示在单元格区域的水平居中位置，但单元格并没有合并，数据依然位于A1单元格中。在有些情况下，如果想让标题在居中显示的同时又不破坏单元格的结构，那就可以采用此方法。

案例4-3 批量选中单元格并填入内容

◆ 素材文档：S-03.xlsx。
◆ 结果文档：S-03-R.xlsx。

在本案例中，用户要将成绩单中的空单元格都批量填入文本“缺考”。

步骤1 打开案例素材文档，选中D2: J28单元格区域，单击“开始”选项卡中的“查找”按钮，在弹出的下拉菜单中选择“定位”。

步骤2 在弹出的“定位”对话框中，选中“空值”单选按钮，单击“定位”按钮，如图4-19所示。

步骤3 区域中的所有空单元格即被选中，保持这个状态，直接输入文本“缺考”（出现在第一个空单元格中，这个单元格被称为活动单元格），如图 4-20 所示，按 Ctrl+Enter 组合键，即可完成对所有空单元格同时填入“缺考”的操作。

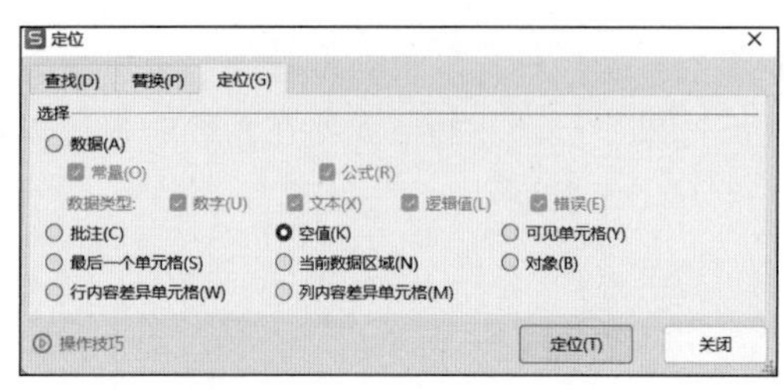

图 4-19 定位到空值

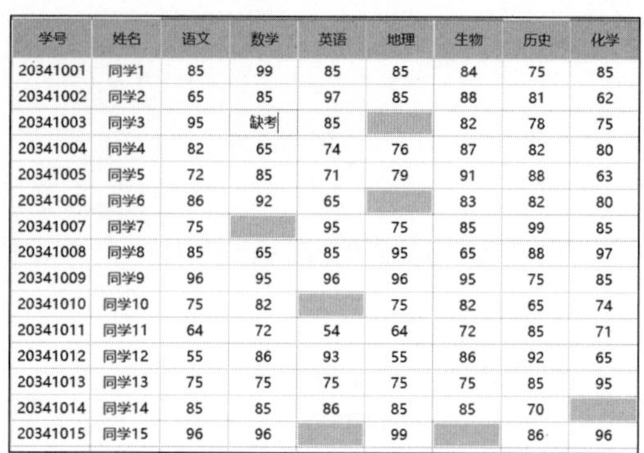

学号	姓名	语文	数学	英语	地理	生物	历史	化学
20341001	同学1	85	99	85	85	84	75	85
20341002	同学2	65	85	97	85	88	81	62
20341003	同学3	95	缺考	85		82	78	75
20341004	同学4	82	65	74	76	87	82	80
20341005	同学5	72	85	71	79	91	88	63
20341006	同学6	86	92	65		83	82	80
20341007	同学7	75		95	75	85	99	85
20341008	同学8	85	65	85	95	65	88	97
20341009	同学9	96	95	96	96	95	75	85
20341010	同学10	75	82		75	82	65	74
20341011	同学11	64	72	54	64	72	85	71
20341012	同学12	55	86	93	55	86	92	65
20341013	同学13	75	75	75	75	75	85	95
20341014	同学14	85	85	86	85	85	70	
20341015	同学15	96	96		99		86	96

图 4-20 在多个单元格中输入相同内容

4.1.4 编辑与格式化数据

在对数据进行处理时，首先需要在工作表的单元格中输入数据；对于已经存在的数据，有时还需要进行各类的编辑操作。本节介绍在单元格中编辑数据的有关知识。

1. 输入数据

工作表中常见的数据类型包括文本、数值、日期和时间等。下面对这些常见的数据类型的输入方式进行详细的介绍。

（1）输入文本

在 WPS 表格中，文本包括中文、英文字母，以及具有文本性质的数字、空格和符号等。文本型数据是十分常用的数据类型。

在工作表中单击需要输入文本的单元格，可以直接使用键盘来输入需要的文本，也可以在选择单元格后单击编辑栏，将插入点光标定位到编辑栏中，然后输入需要的文本，如图 4-21 所示。

如果需要输入数字型文本数据，如学号、手机号码、身份证号码等，在选择单元格后，首先输入一个半角单引号“'”，然后输入文本数据，如图 4-22 所示，完成输入后，按 Enter 键即可。

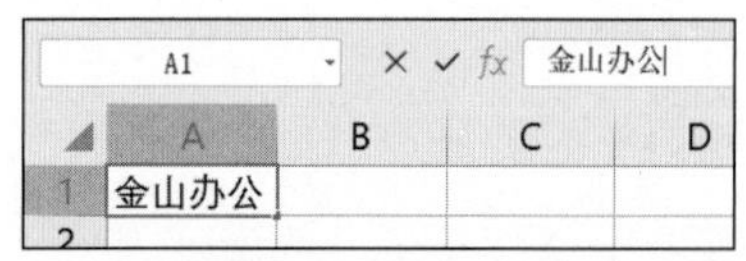

图 4-21 通过编辑栏将文字文本输入单元格中

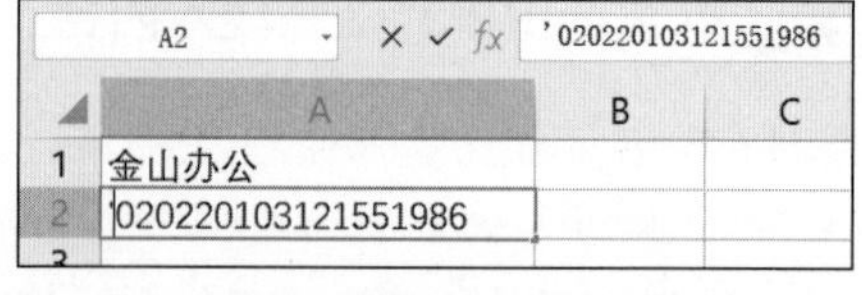

图 4-22 在单元格中输入数字型文本数据

如果要在一个单元格区域中全部输入数字型文本数据，则可以先选中该区域，然后单击“开始”选项卡中的“数字格式”下拉按钮，在下拉列表中选择“文本”，如图 4-23 所示，在这个单元格区域中输入的所有数字都会被作为文本数据来处理。

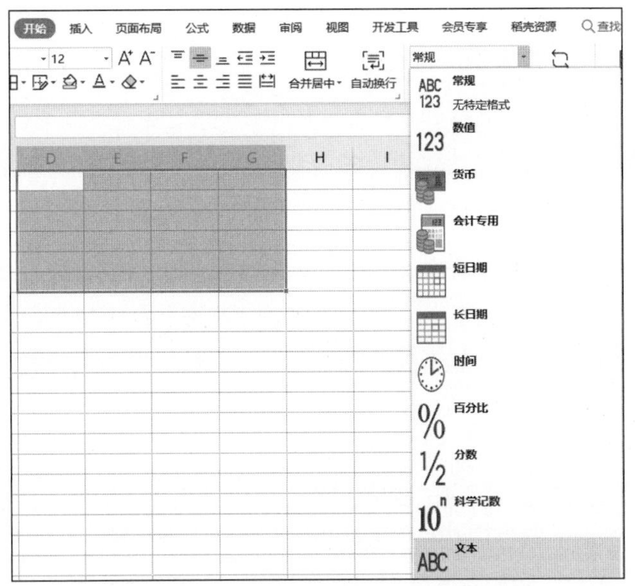

图 4-23 为单元格设置数字型文本格式

（2）输入数值

WPS 表格最突出的能力就是对数据的运算、分析和处理，因此工作表中最常用的数据类型就是数值型数据。在工作表中输入数值非常简单，只需要选中想要输入数值的单元格，使用键盘直接输入数值，完成输入后按 Enter 键即可，且输入的数值会默认在单元格内右对齐。

在一些特殊情况下，例如，要输入一个分数的时候，如果直接以常规方式输入，WPS 表格会自动将其识别为日期。此时，可以先输入数字 0，添加一个空格后再继续输入分数。输入完成后按 Enter 键，即可获得分数形式的数值型数据。

（3）输入日期和时间

日期和时间也是工作表中常见的数据类型。在工作表中选中需要输入时间的单元格，在其中输入时间，时间数值之间使用冒号“：”连接；如果要输入日期数据，则可以在选中的单元格中输入日期数字，数字之间使用“-”或“/”连接。完成输入后，按 Enter 键即可完成日期和时间输入。具体效果如图 4-24 所示。

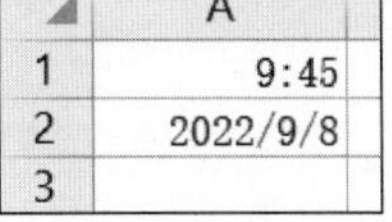

图 4-24 输入日期和时间的效果

2. 填充数据

填充数据指的是使用单元格拖放的方式来快速完成数据的输入。在 WPS 表格中，数据可以以等值、等差和等比的方式自动填充到单元格中。下面介绍具体的操作方法。

（1）等值填充数据

将鼠标指针放置到单元格右下角的填充柄上，当鼠标指针变成十字形（即填充柄）时，按住鼠标左键并向下拖曳，即可在鼠标指针经过的单元格中填充相同的数据，如图 4-25 所示。

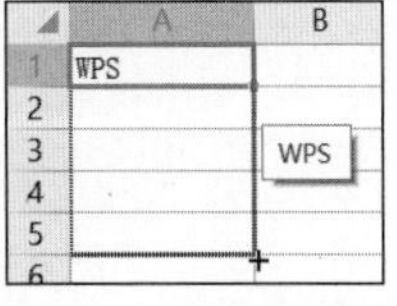

图 4-25 等值填充数据

提示

如果在要填充的数据列左侧或右侧有数据，那么在填充柄上双击，同样可以向下填充。另外，在同一列的连续3个单元格中分别输入文字，例如“你”“我”“他”，若在选中这3个单元格后向下填充单元格，则会按照“你”“我”“他”的顺序在单元格中重复填充这3个字。

（2）等差填充数据

先在两个连续的单元格中分别输入数据，选中这两个单元格，然后将鼠标指针放置到选择区域右下角，当鼠标指针变成十字形时，按住鼠标左键并向下拖曳，在鼠标指针经过的每一个单元格中的数据与其上一个单元格中的数据之差都是最先输入的那两个单元格中的数据的差。

（3）等比填充数据

对于一些更复杂或者很长的数据序列的填充，可以使用“序列”对话框来完成。例如，要从 A1 单元格开始，创建一个等比数列，方法如下。

① 在 A1 单元格中输入起始数值“1”，在“开始”选项卡中单击“填充”按钮，在弹出的下拉菜单中选择“序列”。

② 如图 4-26 所示，在打开的“序列”对话框中，在“序列产生在”选项组中选中“列”单选按钮，在“类型”选项组中选中“等比序列”，在“步长值”文本框中输入“3”，在“终止值”文本框中输入“100”，单击“确定”按钮，关闭对话框，即可在单元格区域 A1:A5 中生成所需的数列。

（4）填充日期

在 WPS 表格中，如果某个单元格中的数据为日期格式，那么在进行填充时，可以自动按照日、月、年等时间单位进行填充。

例如，先在 A1 单元格中输入日期“2022-9-10”，然后向下填充到 A6 单元格，单击右下角的“自动填充选项”按钮，在弹出的下拉菜单中可以选择以天、工作日、月或年进行填充，如果选择“以月填充”，那么在 A1:A6 单元格区域中，将会生成日期序列“2022/9/10，2022/10/10，2022/11/10，2022/12/10，2023/1/10，2023/2/10”，如图 4-27 所示。

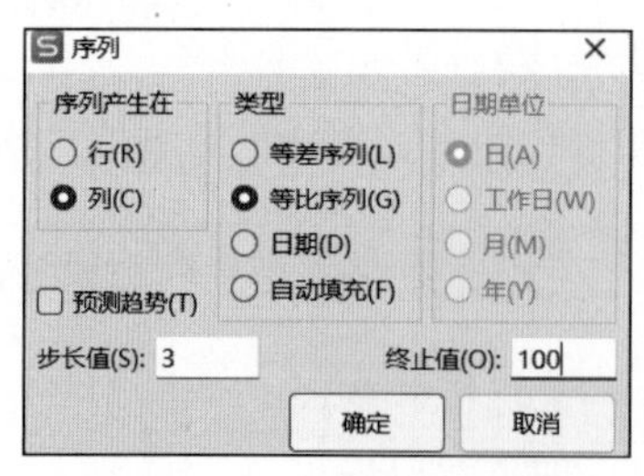

图 4-26 “序列”对话框

图 4-27 “以月填充”生成日期序列

3. 移动单元格中的数据

移动数据是工作表中常见的操作，一般有两种操作方法。下面对这两种方法进行介绍。

第一种方法是使用鼠标直接拖曳数据来实现数据的移动。在工作表中选中需要移动的数据，将鼠标指针放置到选择区域的任意边框线上，当鼠标指针变为双向箭头后，拖曳鼠标，将鼠标指针移到新的区域，如图 4-28 所示。此时数据即被移动到该区域中。

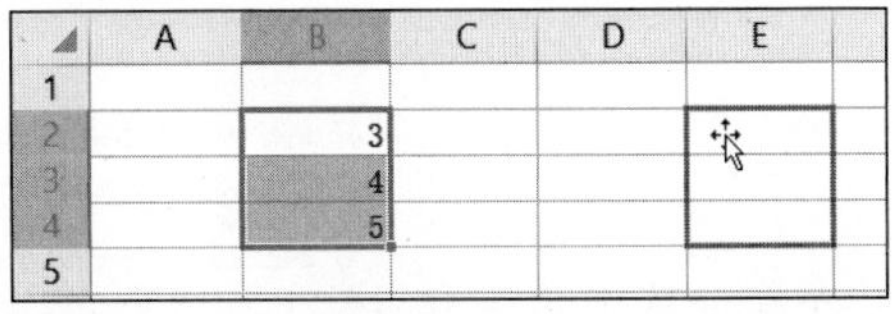

图 4–28 使用鼠标拖曳的方法移动数据

第二种方法是，先选中数据，然后在“开始”选项卡中单击“剪切”按钮（或者按 Ctrl+X 组合键），选中想要放置数据的单元格，然后在“开始”选项卡中单击“粘贴”按钮（或者按 Ctrl+V 组合键），数据即被移动到该位置。

如果先按住Ctrl键，再拖曳鼠标来选定数据区域，或者按Ctrl+C组合键，再进行粘贴，则将会产生原来数据区域的一个副本。

4. 清除数据

当某个单元格或单元格区域中的数据不再需要时，用户就可以将其删除。数据删除操作既可以通过在选中单元格或单元格区域后按 Delete 键来实现，也可以通过单击“开始”选项卡中的“清除”按钮来完成。此外，还可以直接删除空格等不可见的字符，方法如下。

① 选中可能包含不可见字符的单元格区域，在“开始”选项卡中单击“单元格”下拉按钮。

② 在弹出的下拉菜单中选择“清除”→“特殊字符”，如图 4-29 所示。

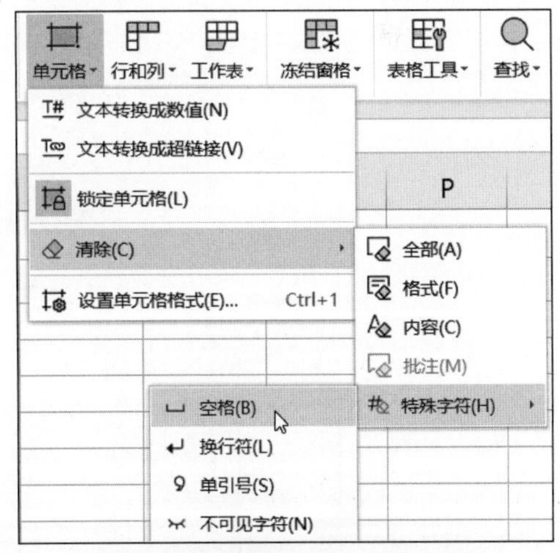

图 4–29 删除单元格中的空格

5. 互换行和列

有时会遇到需要改变表格结构的情况，如将表格中的行和列互换。如果按照新的行列结构重新录入数据，那必然会重复劳动，浪费时间。此时，用户可以使用下面的方法快速地实现行和列互换。

① 选中数据区域中的任意一个单元格，按 Ctrl+A 组合键，将数据区域全选。

② 按 Ctrl+C 组合键，复制数据区域。

③ 右击数据区域外的任意空白单元格，在弹出的快捷菜单中选择“选择性粘贴”→“粘贴内容转置”，即可将表格方向由横向变为纵向，实现行和列互换，如图 4-30 所示。

图 4-30 粘贴内容转置

案例4-4 使用选择性粘贴功能进行计算

◆ 素材文档：S-04.xlsx。

◆ 结果文档：S-04-R.xlsx。

在这个案例中，用户要对“单价（元）”列中的数值进行修改，使得价格变为原来的 90%，使用选择性粘贴中的计算功能，可以快速完成此项工作。

步骤1 打开案例素材文档，在任意单元格（例如 I3）内，输入 0.9，按 Ctrl+C 组合键进行复制，选中单元格区域 E4:E19，单击“开始”选项卡中的“粘贴”下拉按钮，在弹出的下拉菜单中选择“选择性粘贴”，如图 4-31 所示。

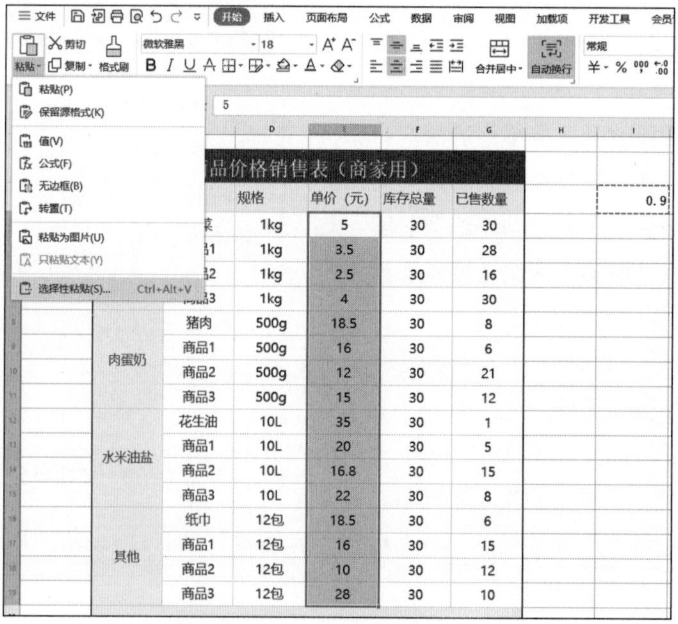

图 4-31 选择“选择性粘贴”

步骤2 在弹出的“选择性粘贴”对话框中，选中“运算”选项组中的“乘”单选按钮，单击“确定”按钮，如图4-32所示，即可完成对“单价（元）”列数值的修改。

步骤3 将I3单元格中的数值0.9删除，并不会影响“单价（元）”列中的数值。

图4-32　通过选择性粘贴进行运算

4.1.5　设置单元格格式

单元格和数据的格式决定了数据在工作表中的存在形式。设置格式不仅能够使工作表美观大方，还是创建各种类型表格的基础。在向单元格中输入数据时，WPS表格会使用默认的格式来显示数据。所以，用户常常需要根据数据表的要求重新对数据的格式进行设置。本节介绍设置单元格格式的常用方法和技巧。

1. 设置数据的对齐方式

一个完善的工作表不但要拥有丰富的数据，而且应该有一个简洁且美观的外观。单元格是数据的存放处，用户通过对单元格样式的设置，在改变表格外观的同时，让数据更加醒目，从而更有利于用户对数据的分析和使用。

在默认情况下，输入单元格中的文本型数据会自动左对齐，输入单元格中的数值型数据会自动右对齐。为了使表格整洁且格式统一，可以根据需要，设置数据在单元格中的对齐方式。

对齐方式通常分为水平和垂直两个方向。例如，要将数据在水平和垂直两个方向上都居中对齐，可以选中单元格，在“开始”选项卡中分别单击“水平居中”和“垂直居中”按钮。

如果需要进一步设置数据的对齐方式，先选中要设置的单元格，然后按Ctrl+1组合键，打开“单元格格式”对话框，切换到“对齐”选项卡，在其中可以设置数据的方向、旋转角度等内容。

2. 设置单元格边框

为单元格设置边框可以从视觉上对数据进行强调和区分，同时使数据区域的外观更接近传统表格。下面介绍为单元格设置边框的操作方法。

选中需要设置边框的单元格区域，在“开始”选项卡中单击“所有框线”下拉按钮，在弹出的下拉菜单中可以选择各种内部和外部框线的样式类型，如图4-33所示，选择“所有框线”，就可以为选定的单元格区域添加完整的内外部边框。

图4-33　设置单元格边框

案例4-5　在单元格中添加斜框线

- 素材文档：S-05.xlsx。
- 结果文档：S-05-R.xlsx。

在本案例中，用户需要为A2单元格添加斜框线，使得“提成比例”位于右上，“销售额”位于左下。

步骤1 选中A2单元格，将插入点光标定位到文本“提成比例”后面，按Alt+Enter组合键，使得文本“销售额”换到下一行，将插入点光标移动到文本“提成比例”之前，按Space键，使第一行文本在单元格中右对齐，如图4-34所示。

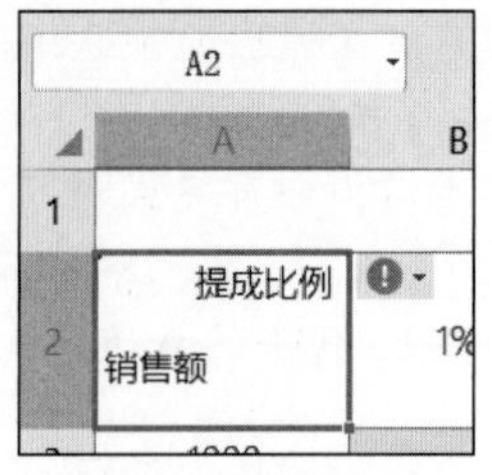

图4-34 为单元格数据手动换行并将“提成比例”右对齐

步骤2 选中此单元格，按Ctrl+1组合键，打开“单元格格式”对话框，切换到“边框”选项卡，单击右侧“边框”选项组中的⧅按钮，添加斜框线，单击“确定”按钮，如图4-35所示。

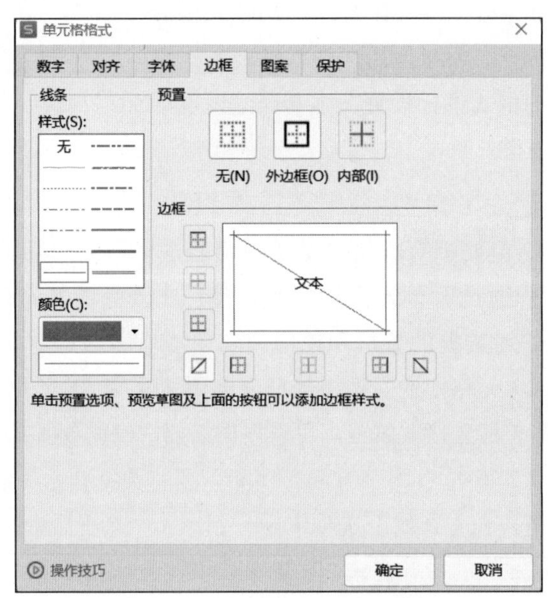

图4-35 为单元格添加内部斜框线

3. 填充单元格

默认情况下，单元格内部的颜色是白色的。在创建工作表时，用户可以根据需要改变单元格的填充颜色，这不仅能使单元格中的数据更加突出，还可以美化表格或满足特殊需要。

选定要填充的单元格区域，单击“开始”选项卡中的“填充颜色”下拉按钮，在展开的颜色库中就可以选择要使用的颜色。颜色分为“主题颜色”和“标准色”，其中主题颜色会随着应用到工作簿中的主题的变化而变化，而标准色在设置之后不会随着主题的变化而变化。

在“单元格格式”对话框中，切换到“图案”选项卡，可以为单元格添加各种底纹，并设置颜色。

4. 使用预设数据格式

对单元格中数据格式进行的设置，并不仅局限于对数字字体、大小和颜色等的设置，还包括调整数据格式，使其符合专业文档的要求。

例如，在制作财务报表时，经常需要使用中文大写数字，如果逐一输入中文大写数字，则工作量巨大且容易出错。此时，用户可以使用 WPS 表格，通过设置单元格数字的格式，快捷且准确地输入中文大写数字。

WPS 表格为用户提供的预设数据格式集包括常规、数值、货币、会计专用、日期、时间、百分比、分数、科学记数、文本等类型。

选中要设置格式的数据区域，在“开始”选项卡中单击“数字格式”下拉按钮，在下拉菜单中选择相应的选项，即可设置所选单元格中数据的格式。

如果用户需要对数据应用更丰富的格式，还可以打开“单元格格式”对话框，在其中做进一步的设置。例如，要将“日期”列数据的格式由“2021/1/1”修改为“1-Jan-01”的格式，并对“单价”和“销售额”列数据应用带欧元符号的货币格式，可以使用如下方法。

① 选中“日期”列数据，单击“开始”选项卡中数据格式组右下角的扩展按钮（或者按 Ctrl+1 组合键），如图 4-36 所示，即可打开“单元格格式”对话框。

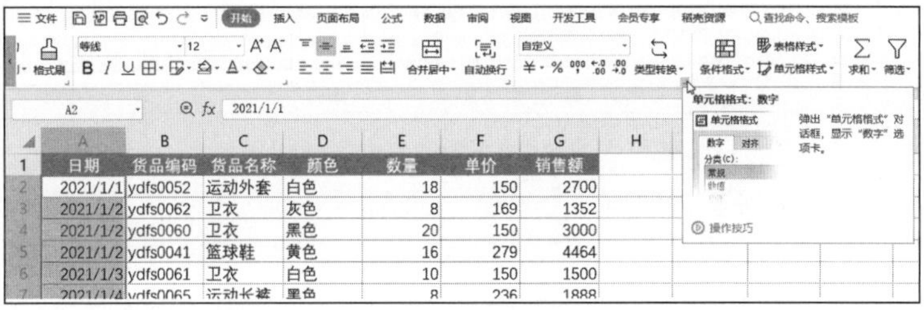

图 4–36 打开“单元格格式”对话框

② 在“单元格格式”对话框中，在左侧“分类”列表框中选择“日期”，在右侧“类型”列表框中选择“7-Mar-01”，单击“确定”按钮，如图 4-37 所示。

③ 选中“单价”列和“销售额”列数据，按 Ctrl+1 组合键打开“单元格格式”对话框，在左侧“分类”列表框中选择“货币”，在右侧“货币符号”下拉列表中选择欧元货币符号“€”，单击“确定”按钮，如图 4-38 所示，即可完成格式设置。

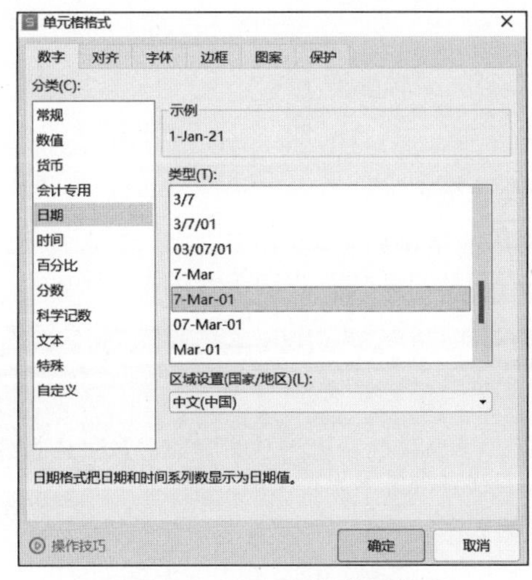

图 4–37 设置日期数据格式

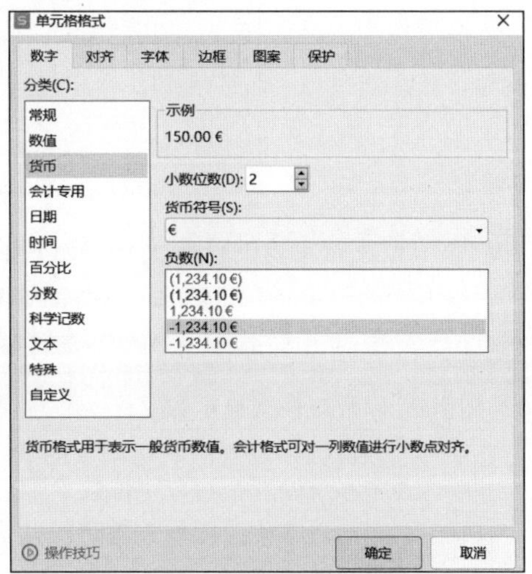

图 4–38 设置货币数据格式

5. 设置自定义数字格式

如果预设格式中并无用户所需要的数据格式，还可以使用自定义格式来设置。例如，某个单元格中的数据为“572899”，如果想要将其显示为“ISBN: 57289-9”，那么可以使用自定义格式代码“"ISBN:"00000"-"0”来表示。

案例4-6 在自定义数字格式中进行判断

◆ 素材文档：S-06.xlsx。

◆ 结果文档：S-06-R.xlsx。

在本案例中，用户需要将“签到”列中等于1的值用“男”来表示，字体颜色为蓝色；等于0的值用“女”来表示，字体颜色为绿色。

步骤1 选中B2:B15单元格区域，按Ctrl+1组合键，打开“单元格格式”对话框。

步骤2 在左侧“分类”列表框中选择“自定义”，在右侧“类型”文本框中直接输入代码“[蓝色][=1]"男";[绿色][=0]"女"”，单击“确定”按钮，如图4-39所示。上面的代码中，[=1]和[=0]代表判断条件，[蓝色]和[绿色]代表数据的字体颜色，而要显示的文本则放在引号之中。在这里需要注意的是，只有在英文半角状态下输入，中括号、引号和分号才能够被识别。

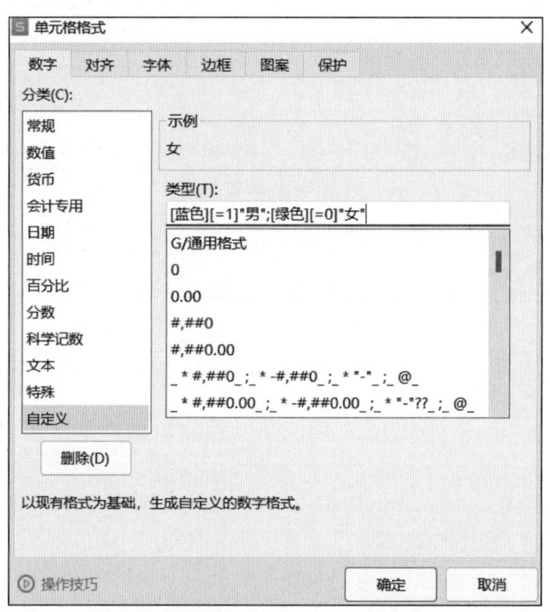

图4-39 设置自定义数字格式

WPS表格支持丰富的自定义数字格式的设置，常用的字符如表4-1所示。

表4-1 自定义数字格式设置的常用字符

字符	含义
G/通用格式	以常规格式显示数字
0	预留数字位置；确定小数的数字显示位置，按小数点右边的0的个数对数字进行四舍五入处理，当数字位数少于格式中0的个数时将显示无意义的0
#	预留数字位置；与0相同，只显示有意义的数字
?	预留数字位置；与0相同，允许通过插入空格来对齐数字位，并去除无意义的0

续表

字符	含义
.	小数点，用来标记小数点的位置
%	百分比，其结果值是数字乘 100 并添加%符号
,	千位分隔符，标记出数字中千位、百万位等的位置
_（下画线）	对齐；留出等于下一个字符的宽度，对齐封闭在括号内的负数，并使小数点保持对齐
: ￥- ()	字符；表示可以直接被显示的字符
/	分数分隔符，表示分数
""	文本标记符，表示括号内引述的是文本
*	填充标记，表示用星号后的字符填满单元格剩余部分
@	格式化代码，表示将标识出输入文字显示的位置
[颜色]	颜色标记，表示将用标记出的颜色显示字符
H	代表小时，其值以数字进行显示
D	代表日，其值以数字进行显示
M	代表分，其值以数字进行显示
S	代表秒，其值以数字进行显示

6. 套用单元格样式

若每次在处理数据的时候，用户都要进行单元格的边框及底纹的格式设置，就比较麻烦。WPS 表格提供了多种已经设置好的单元格样式，可以供用户直接使用。先选中要应用单元格样式的单元格区域，然后单击“开始”选项卡中的“单元格样式”按钮，如图 4-40 所示，在展开的单元格样式库和菜单中就可以选择所需要的样式。

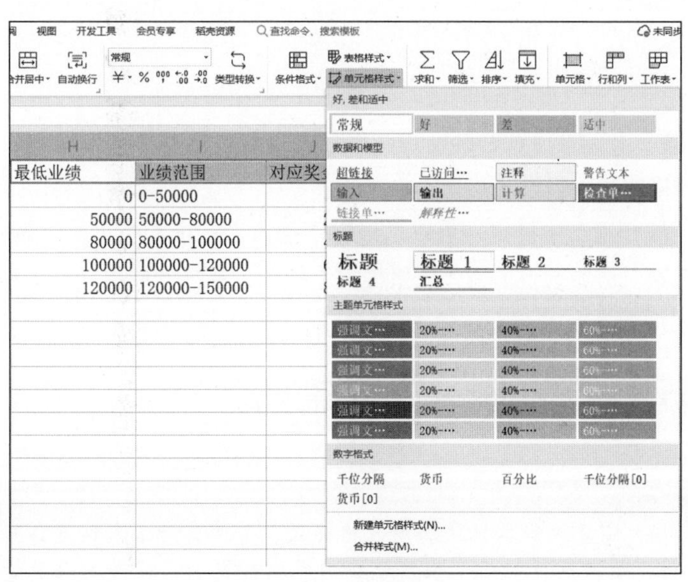

图 4-40　单元格样式

在实际工作中，经常需要为不同的表格设置统一的风格。此时，用户除了直接使用 WPS 表格提供的各种预设的单元格样式，还可以自定义单元格样式，并将其保存下来反复使用。

案例4-7 创建自定义标题样式

◆ 素材文档：S-07.xlsx。

◆ 结果文档：S-07-R.xlsx。

在本案例中，用户需要创建一个自定义的标题样式，并在 H1:J1 单元格区域应用。

步骤1 单击“开始”选项卡中的“单元格样式”按钮，在展开的单元格样式库和菜单下方选择“新建单元格样式”。

步骤2 在打开的“样式”对话框中，修改“样式名”为“自定义标题”，单击右侧的“格式”按钮，如图 4-41 所示。

步骤3 在弹出的“单元格格式”对话框中，可以按照此前介绍的方法设置样式的字体、对齐方式、边框和底纹等格式，在这里将文本颜色设置为“白色，背景 1”，对齐方式设置为“水平居中”，单元格的底纹设置为标准蓝色，单击“确定”按钮，回到“样式”对话框，再次单击“确定”按钮，完成设置。

步骤4 选中 H1:J1 单元格区域，单击“开始”选项卡中的“单元格样式”按钮，在展开的单元格样式库和菜单中就可以找到刚刚创建的名为“自定义标题”的单元格样式，单击该样式，即可完成对标题样式的设置，如图 4-42 所示。

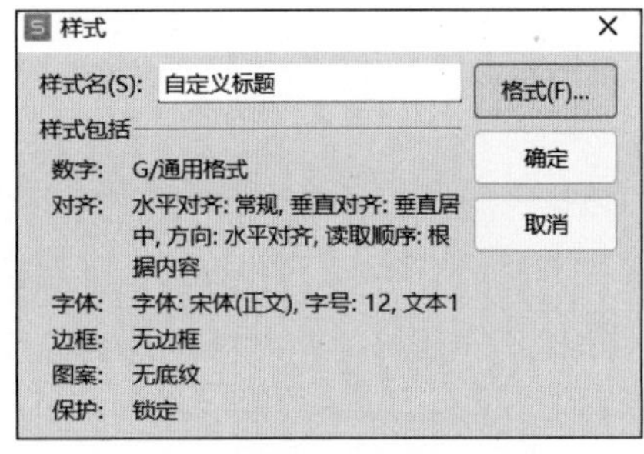

图 4-41 创建自定义单元格样式

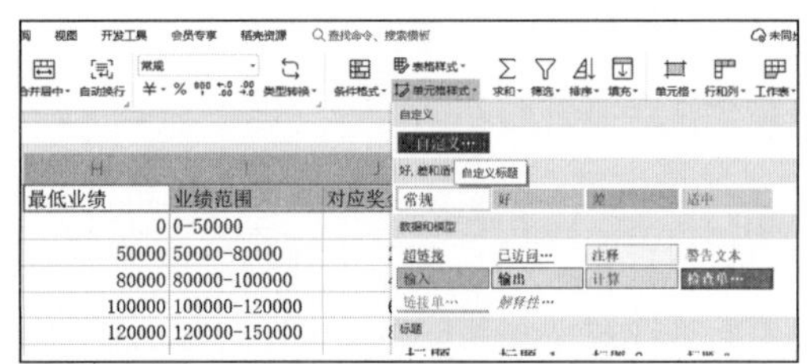

图 4-42 应用自定义单元格样式

4.1.6 套用表格样式

WPS 表格提供了丰富的预设表格样式，用户可以直接选择将其应用于表格，从而快速地完成对单元格区域格式的整套设置。

要为单元格区域套用表格样式，可以通过在“插入”选项卡中单击“表格”按钮来实现，也可以直接在“开始”选项卡中单击“表格样式”按钮，在展开的单元格样式库和菜单中选择任意一种样式来实现。

案例4-8 为“办公用品采购明细表”套用表格样式

◆ 素材文档：S-08.xlsx。

◆ 结果文档：S-08-R.xlsx。

在本案例中，用户需要为数据区域套用表格样式，并为其命名和设置各种相关的选项。

步骤1 选中单元格区域 A2:I22（如果要套用表格样式的区域没有和其他区域相连，那么只需要选中区域中的任意一个单元格即可），单击“插入”选项卡中的“表格”按钮，如图 4-43 所示。

	A	B	C	D	E	F	G	H	I
1				用品采购明细表					
2	序号			称	单位	物品编号	数量	单价	金额
3	1	2		（黑）	支	FT-002	100	¥0.80	¥80.00
4	2	2020/9/2	唐昊	固体胶	支	FT-006	48	¥3.20	¥153.60
5	3	2020/9/3	林木森	复印纸（A4）	包	FT-024	20	¥35.60	¥712.00
6	4	2020/9/4	唐昊	起钉器	个	FT-031	78	¥3.30	¥257.40
7	5	2020/9/7	顾佳佳	中性笔（黑）	支	FT-002	78	¥0.80	¥62.40
8	6	2020/9/8	顾佳佳	2B铅笔	支	FT-010	48	¥0.50	¥24.00
9	7	2020/9/9	林木森	复印纸（A4）	包	FT-024	33	¥35.60	¥1,174.80
10	8	2020/9/10	唐昊	长尾票价（中）	盒	FT-023	25	¥10.00	¥250.00
11	9	2020/9/11	顾佳佳	长尾票价（小）	盒	FT-024	30	¥7.50	¥225.00
12	10	2020/9/14	林木森	中性笔（黑）	支	FT-002	30	¥0.80	¥24.00
13	11	2020/9/15	唐昊	百事贴	包	FT-012	26	¥19.90	¥517.40
14	12	2020/9/16	顾佳佳	复印纸（A4）	包	FT-024	59	¥35.60	¥2,100.40
15	13	2020/9/17	林木森	起钉器	个	FT-031	44	¥3.30	¥145.20
16	14	2020/9/18	顾佳佳	中性笔（黑）	支	FT-002	50	¥0.80	¥40.00
17	15	2020/9/21	林木森	笔筒	个	FT-007	22	¥13.75	¥302.50
18	16	2020/9/22	顾佳佳	复印纸（A4）	包	FT-024	10	¥35.60	¥356.00
19	17	2020/9/23	林木森	档案盒（中）	个	FT-019	33	¥13.20	¥435.60
20	18	2020/9/24	唐昊	中性笔（黑）	支	FT-002	35	¥0.80	¥28.00
21	19	2020/9/25	顾佳佳	长尾票价（中）	盒	FT-023	25	¥10.00	¥250.00
22	20	2020/9/26	唐昊	复印纸（A4）	包	FT-024	30	¥35.60	¥1,068.00

图 4-43 单击“表格”按钮创建表

步骤2 在弹出的“创建表”对话框中，直接单击“确定”按钮，即可完成对表格样式的套用。

提示

除上述方式外，也可以通过按Ctrl+T组合键或Ctrl+L组合键来套用表格样式。

步骤3 在为单元格区域应用了表格样式后，在功能区会出现“表格工具”选项卡，如图 4-44 所示，在此选项卡左侧的“表名称”文本框中，将表格的名称修改为“采购表”，取消对中间的“镶边行”复选框的勾选，在右侧表格样式库中，将表格的样式修改为“浅色系”中的“表样式浅色 6”。

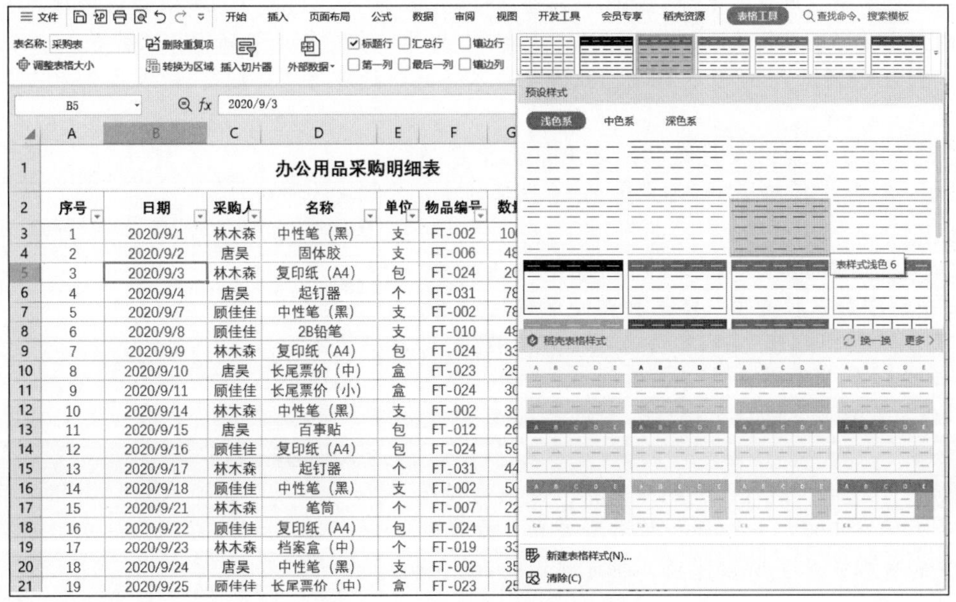

	A	B	C	D	E	F
1				办公用品采购明细表		
2	序号	日期	采购人	名称	单位	物品编号
3	1	2020/9/1	林木森	中性笔（黑）	支	FT-002
4	2	2020/9/2	唐昊	固体胶	支	FT-006
5	3	2020/9/3	林木森	复印纸（A4）	包	FT-024
6	4	2020/9/4	唐昊	起钉器	个	FT-031
7	5	2020/9/7	顾佳佳	中性笔（黑）	支	FT-002
8	6	2020/9/8	顾佳佳	2B铅笔	支	FT-010
9	7	2020/9/9	林木森	复印纸（A4）	包	FT-024
10	8	2020/9/10	唐昊	长尾票价（中）	盒	FT-023
11	9	2020/9/11	顾佳佳	长尾票价（小）	盒	FT-024
12	10	2020/9/14	林木森	中性笔（黑）	支	FT-002
13	11	2020/9/15	唐昊	百事贴	包	FT-012
14	12	2020/9/16	顾佳佳	复印纸（A4）	包	FT-024
15	13	2020/9/17	林木森	起钉器	个	FT-031
16	14	2020/9/18	顾佳佳	中性笔（黑）	支	FT-002
17	15	2020/9/21	林木森	笔筒	个	FT-007
18	16	2020/9/22	顾佳佳	复印纸（A4）	包	FT-024
19	17	2020/9/23	林木森	档案盒（中）	个	FT-019
20	18	2020/9/24	唐昊	中性笔（黑）	支	FT-002
21	19	2020/9/25	顾佳佳	长尾票价（中）	盒	FT-023

图 4-44 修改表格样式

提示

为单元格区域套用表格样式后，原来的数据区域就转为工作表中单独的表格对象，在其中还能进行各种数据分析。例如，为这个表格对象命名后，这个名称可以在公式中使用；当勾选了“汇总行”复选框后，在表格底部会出现汇总行，可以对数据进行求和、计数等一系列聚合运算。正是由于这个原因，这种WPS表格又被称为智能表或者超级表。

4.1.7 使用数据有效性规范数据的录入

数据有效性用于指定向单元格中输入的数据的权限范围，该功能不仅可以避免在输入数据的过程中出现的重复、类型错误、小数位数过多等异常情况，而且在输入的数据为一个序列中的某一个的时候，可以在下拉列表中进行选择，从而提升录入的效率。

1. 使用下拉列表输入数据

在 WPS 表格中输入数据的时候，如果某列要输入的数据是一个序列（例如“男”或者“女”），那么用户就可以使用下拉列表进行输入，从而避免逐一打字的工作和该过程中可能产生的录入错误。

2. 规范数值和日期数据的录入

在 WPS 表格中，除了为要输入的数据序列设置下拉列表之外，还可以为其他类型的数据（例如数值、文本和日期等）规范最大值、最小值、文本长度和起止日期等。

案例4-9 设置数据有效性来规范地区和日期数据的录入

◆ 素材文档：S-09.xlsx。

◆ 结果文档：S-09-R.xlsx。

在本案例中，用户需要对“地区”列进行设置，以便可以通过下拉列表输入数据，下拉列表中的内容为“北京”“上海”“深圳”“成都”。此外，在“日期”列中，只能输入 2019 年 1 月 1 日至 2019 年 1 月 31 日的日期，且设置输入信息的标题为“日期”，输入信息为“格式须为 20××-×-×”。

步骤1 打开案例素材文档，选中单元格区域 C2:C90，单击“数据”选项卡中的“下拉列表”按钮。

步骤2 在弹出的“插入下拉列表”对话框中，保持“手动添加下拉选项”单选按钮处于选中状态，并在下方列表框中输入所需的选项（输入完一行内容后，单击上方绿色加号，即可输入下一行内容），输入完成后，单击“确定”按钮，如图 4-45 所示。

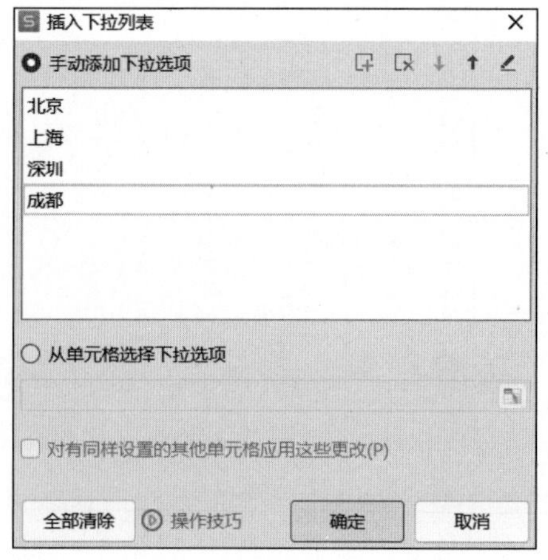

图 4-45 设置下拉列表选项

步骤3 选中“地区”列的单元格，可以看到在单元格右侧会出现下拉按钮，单击展开后，就是刚刚设置的选项，单击所需选项，即可完成输入，如图 4-46 所示。

步骤4 选中单元格区域 B2:B90，单击“数据”

选项卡中的“有效性”下拉按钮，在弹出的下拉菜单中选择“有效性”。

步骤5 在弹出的“数据有效性”对话框中，在“允许”下拉列表中选择“日期”，在“数据”下拉列表中选择“介于”，在下方设置“开始日期”为“2019-1-1”,“结束日期”为“2019-12-31”，如图 4-47 所示。

图 4-46 通过下拉列表输入数据

图 4-47 使用“数据有效性”对话框规范日期数据的录入

步骤6 切换到“输入信息”选项卡，在“标题”文本框中输入“日期”，在下方“输入信息”文本框中输入“格式须为 20× ×-×-×”，单击“确定”按钮，如图 4-48 所示。

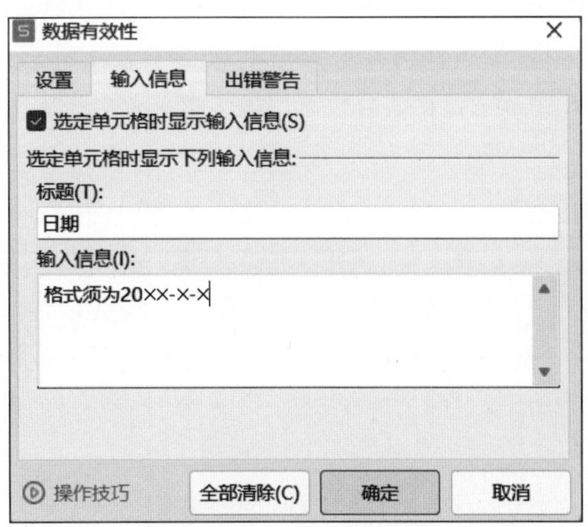

图 4-48 设置输入信息

提示

如果要清除一个区域中已经设置的数据有效性，那么在选中该区域后，打开“数据有效性”对话框，单击下方的“全部清除”按钮即可。

项目4.2 使用公式与函数计算数据

WPS 表格是一款具有强大计算功能的电子表格软件，它内置了数百个函数，这些函数可以在工作表中直接使用，帮助用户对数据进行汇总求和，实现数据的筛选和查找，对工作表中的各类数据进行各种处理，以及进行各种复杂计算，等等，从而提高工作效率。本项目介绍 WPS

表格中函数与公式的使用方法和技巧。

4.2.1 认识运算符和公式引用

公式是 WPS 表格重要的组成部分和功能，是对数据进行分析处理的重要手段。

公式是对工作表中的数据进行计算和操作的等式，一般以等号“=”开始。通常，一个公式包含运算符、单元格引用、值或常量、相关参数和括号等。在公式中，运算符用来阐述运算对象该进行怎样的操作，可以对公式中的数据进行特定类型的计算。运算符一般包括算术运算符、比较运算符、文本连接运算符和引用运算符。

1. 运算符

（1）算术运算符

算术运算符用于进行基本的算术运算，包括加（+）、减（-）、乘（*）、除（/）、负号（-）、百分号（%）和幂（^）等。

（2）比较运算符

比较运算符用于比较两个数值，其运算结果是逻辑值，即真（True）和假（False）。比较运算符包括等于（=）、大于（>）、小于（<）、大于或等于（>=）、小于或等于（<=）和不等于（<>）。

（3）文本连接运算符

文本连接运算符可用于加入或者连接一个或多个文本字符串，使它们形成一个字符串。单元格中的数据在使用文本连接运算符后，将按照文本型数据进行处理。文本连接运算符是 &。

（4）引用运算符

引用运算符用于表示单元格在工作表中位置的坐标集，用于为计算公式标明引用的单元格在工作表中的位置。引用运算符包括冒号（：）、逗号（,）和空格。

在公式中，当使用多个运算符进行计算时，WPS 表格将按照运算符的优先级进行顺序运算，优先级高的先进行运算，优先级低的后进行运算。与数学运算符号的优先级相类似，运算符的优先级如表 4-2 所示。

表 4-2 运算符的优先级

优先级	1	2	3	4	5	6
运算符类型	百分号（%）	幂运算（^）	乘（*）或除（/）	加（+）或减（-）	连接符（&）	比较运算符

当公式包含括号时，和数学运算一样，括号能够改变运算优先级，即在计算时，先进行括号内的计算，获得结果后再按运算符优先级进行运算。

2. 公式引用

在 WPS 表格中使用公式时，首先要在工作表中选择需要输入公式的单元格，然后输入等号“=”，接着输入带有对数据所在单元格的引用和运算符的公式。完成公式输入后，按 Enter 键即可获得计算结果。用户在公式中引用单元格，并不需要手动输入地址，而可以直接单击数据所在的单元格，获得单元格地址，这种引用单元格的方式比用键盘手动输入更方便。

提示

在公式中引用单元格后，如果在计算过程中需要改变计算数据，只需要更改引用单元格中的数据即可，无须对公式进行更改。选中带有公式的单元格后，按Delete键，会将计算结果和单元格中的公式同时删除。

单元格地址通常是由该单元格位置所在的行号和列号组合而成的，能够指明单元格在工作表中的位置，如A1、B2和C3等。在WPS表格中，公式引用单元格地址来获取单元格中数据的方式一共有4种，它们分别是相对引用、绝对引用、混合引用和三维引用。

（1）相对引用

在输入公式时，WPS表格默认的单元格引用方式就是相对引用。相对引用将单元格所在的列号放置在前，单元格所在的行号放置在后，例如，在H2单元格中，输入公式“=F2*G2”。

公式中使用相对引用后，当向下拖曳填充柄填充公式时，公式中引用单元格地址的行标签会随着单元格的变化而变化；当向右填充公式时，公式中引用单元格地址的列标签会随着单元格的变化而变化。相对引用如图4-49所示。

fx =F2*G2

E	F	G	H
配件名称	销售量/台	单价/元	销售额
空调压缩机	12	1523	=F2*G2
冷凝器	15	466	=F3*G3
空调压缩机	3	1630	=F4*G4
空调压缩机	15	1523	=F5*G5
冷凝器	13	621	=F6*G6
冷凝器	6	621	=F7*G7
减震器	8	3210	=F8*G8
冷凝器	7	466	=F9*G9
冷凝器	14	621	=F10*G10
冷凝器	12	621	=F11*G11
冷凝器	9	621	=F12*G12

图4-49 相对引用

要想在单元格中显示公式而不是计算的结果，只需在“公式”选项卡中单击“显示公式”按钮即可。

（2）绝对引用

在单元格列标签或行标签前加上一个符号“$”，如$A$1，这种引用方式即为绝对引用。绝对引用与相对引用的区别在于，绝对引用指定的单元格是固定的，不会随着公式的填充而发生改变。

例如，要在I列中计算每笔订单的提成，提成率保存在L1单元格中，在I2中输入的公式应为“=H2*$L$1”，如图4-50所示，这样在拖曳填充柄向下填充时，$L$1的行标签将不会发生变化。

=H2*$L$1

E	F	G	H	I	J	K	L
配件名称	销售量/台	单价/元	销售额	提成		提成率	0.1
空调压缩机	12	¥1,523.00	¥18,276.00	¥1,827.60			
冷凝器	15	¥466.00	¥6,990.00	¥699.00			
空调压缩机	3	¥1,630.00	¥4,890.00	¥489.00			
空调压缩机	15	¥1,523.00	¥22,845.00	¥2,284.50			
冷凝器	13	¥621.00	¥8,073.00	¥807.30			
冷凝器	6	¥621.00	¥3,726.00	¥372.60			
减震器	8	¥3,210.00	¥25,680.00	¥2,568.00			

图4-50 绝对引用

提示

要将单元格的相对引用地址切换为绝对引用地址，只需要选定单元格地址，然后按F4快捷键即可，不必手动输入$符号。

（3）混合引用

混合引用指的是在引用单元格地址时既有绝对引用也有相对引用，如 A$1，在填充使用了这种引用方式的公式时，绝对引用部分不发生改变，而相对引用部分会随着公式的填充而改变。

（4）三维引用

有时，工作簿中有多个工作表。若用户遇到需要跨工作表引用公式的情况，就需要使用三维引用。三维引用就是指引用其他工作表中单元格中的数据。三维引用的格式为“工作表名！单元格地址”。

混合引用和三维引用的应用较为复杂，下面通过案例加以说明。

案例4-10 使用混合引用和三维引用进行计算

◆ 素材文档：S-10.xlsx。

◆ 结果文档：S-10-R.xlsx。

在本案例中，用户首先要在“金额”工作表中计算不同价格和销量的销售金额总和，然后要在“折扣后金额”工作表中计算根据销量等级打折后的销售金额。

步骤1 打开案例素材文档，在“金额”工作表中，选中 C3 单元格，输入公式“=$B3*C$2”，并按 Enter 键确认，如图 4-51 所示。

C3　fx　=$B3*C$2

	A	B	C	D
1	产品	价格		
2			10	20
3	产品_1	1900	19000	
4	产品_2	2600		

图 4-51　公式的混合引用

提示

从B3单元格开始向下填充时，行标签3要随之变动，而在向右填充时，列标签B不需要变化，因此只在B前面添加符号$。同样的道理，从C2单元格开始向下填充时，行标签2不应发生变化，而在向右填充时，列标签C应随之变化，因此仅在行标签2前面添加符号$。

步骤2 重新选中 C3 单元格，向右填充到 H3 单元格。

步骤3 选中 C3:H3 单元格区域，向下填充到 C23:H23 单元格区域，即可完成整个表格的运算。

步骤4 切换到“折扣后金额”工作表，选中 B3 单元格，在其中输入公式“= 金额 !C3* 折扣 !A$3”。

提示

在上面的三维引用中，公式中的“金额!”或“折扣!”的含义为“金额工作表”或“折扣工作表”，用户在输入公式的过程中只需要选择对应工作表的单元格，即可在公式中引用地址。

步骤5 将 B3 单元格中的公式向右填充到 G3 单元格，选中 B3:G3 单元格区域，向下填充到 B23:G23 单元格区域，完成的效果如图 4-52 所示。

B3 =金额!C3*折扣!A$3

	A	B	C	D	E	F	G
1	产品	销量					
2		10	20	30	40	50	60
3	产品_1	19000	36100	51300	64600	76000	85500
4	产品_2	26000	49400	70200	88400	104000	117000
5	产品_3	11000	20900	29700	37400	44000	49500
6	产品_4	29000	55100	78300	98600	116000	130500
7	产品_5	6000	11400	16200	20400	24000	27000
8	产品_6	1000	1900	2700	3400	4000	4500
9	产品_7	16000	30400	43200	54400	64000	72000
10	产品_8	20000	38000	54000	68000	80000	90000
11	产品_9	27000	51300	72900	91800	108000	121500
12	产品_10	16000	30400	43200	54400	64000	72000
13	产品_11	13000	24700	35100	44200	52000	58500
14	产品_12	21000	39900	56700	71400	84000	94500
15	产品_13	26000	49400	70200	88400	104000	117000
16	产品_14	15000	28500	40500	51000	60000	67500
17	产品_15	24000	45600	64800	81600	96000	108000
18	产品_16	2000	3800	5400	6800	8000	9000
19	产品_17	21000	39900	56700	71400	84000	94500
20	产品_18	29000	55100	78300	98600	116000	130500
21	产品_19	1000	1900	2700	3400	4000	4500
22	产品_20	26000	49400	70200	88400	104000	117000
23	产品_21	27000	51300	72900	91800	108000	121500

图 4-52 三维引用

4.2.2 使用简单的数学和统计函数

WPS 表格中的函数是一些预定义的功能模块，这些功能模块使用一些被称为参数的特定数值，并按特定的顺序或结构进行计算。熟练使用函数处理电子表格中的数据，可以节省手动输入公式的时间，提高工作效率。

一个完整的函数主要由标识符、函数名称和函数参数组成。下面以求和函数“=SUM（A2:A10）”为例进行简单的介绍。

（1）标识符

在表格中输入函数时，必须先输入“=”。“=”通常被称为函数的标识符。

（2）函数名称

函数名称代表要执行的函数，通常是其对应功能的英文单词缩写。本例中，函数名称为“SUM”，意为求和。

（3）函数参数

紧跟在函数名称后面的是一对半角圆括号“()”，被括起来的内容是函数的处理对象，即参数。本例中，函数参数为“A2:A10”，即 A2 到 A10 单元格区域。

在进行数据处理的时候，最常用到的数据计算和统计的函数包括求和（SUM）、求平均值（AVERAGE）、求最大值和最小值（MAX 和 MIN）、计数（COUNT 和 COUNTA）、四舍五入（ROUND）等。

案例4-11 对销售数据进行简单统计和排名

◆ 素材文档：S-11.xlsx。

◆ 结果文档：S-11-R.xlsx。

在本案例中，用户要使用函数计算销售额的最大值和最小值、订单的数量和销售额平均值，并按降序对所有订单进行排名。

步骤1 打开案例素材文档，选中 L2 单元格，在其中输入计算最大值的函数“=MAX(H2:

H303)”，并按 Enter 键。

提示

在公式中，要选择H2:H303单元格区域，只需先选中H2单元格，然后按Ctrl+Shift+↓组合键即可。

步骤2 在 L3 单元格中插入计算最小值的函数“=MIN(H2:H303)”，并按 Enter 键。

步骤3 在 L4 单元格中插入计数函数“=COUNT(H2:H303)”，并按 Enter 键。

提示

使用COUNTA函数，可以统计单元格区域中所有非空的单元格的个数；在步骤3中，也可以使用公式“=COUNTA(C2:C303)”来完成。

步骤4 在 L5 单元格中，使用 AVERAGE 函数计算销售额的平均值，该平均值可能会包含多位小数，如果希望结果仅保留两位小数，则需要在外层再添加计算四舍五入值的 ROUND 函数。单击“公式”选项卡中的“数学和三角”按钮，在弹出的下拉菜单中选择“ROUND”。

步骤5 在打开的“函数参数”对话框中，在“数值”文本框中输入“average(H2:H303)”，计算销售额的平均值，在“小数位数”文本框中输入“2”，代表保留两位小数，单击“确定”按钮，如图 4-53 所示。

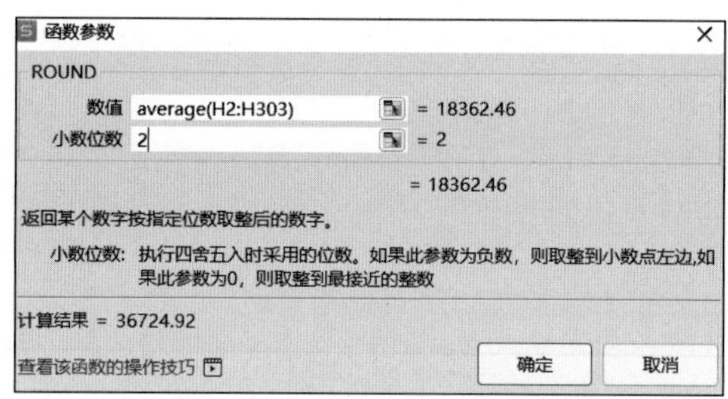

图 4-53 计算保留两位小数的平均值

步骤6 选中 I2 单元格，单击“公式”选项卡中的“其他函数”按钮，在下拉菜单中选择“统计”，在展开的列表中选择“RANK.EQ”函数。

步骤7 在打开的“函数参数”对话框中，在“数值”文本框中输入“H2”（代表要排名的单元格），在“引用”文本框中输入“$H$2:$H$303”（用于在该区域中进行排名，由于要向下填充公式，而这个区域需要保持不变，因此引用方式应设置为绝对引用），在“排位方式”文本框中输入“0”（代表降序排列），单击“确定”按钮，如图 4-54 所示。

函数参数
RANK.EQ
数值 H2 = 18276
引用 $H$2:$H$303 = {18276;6990;4890;22845;807...
排位方式 0 = 0
= 115
返回某数字在一列数字中相对于其他数值的大小排名；如果多个数值排名相同，则返回该组数值的最佳排名
排位方式：指定排位的方式。如果为 0 或忽略，降序；非零值，升序
计算结果 = 115
查看该函数的操作技巧
确定 取消

图 4-54 排名

步骤8 选中 I2 单元格，双击单元格右下角的填充柄，将公式填充到 I303 单元格，完成整个排名工作。

提示

在WPS表格中，还有另外一个排名函数RANK.AVG。在使用这个函数时，如果两个值相同，那么返回的将是两个值排名的平均值，例如两个值分别占据了排名的第4位和第5位，那么它们的排名将都显示为4.5。

4.2.3 条件统计函数

在一些复杂的统计场景下，前面介绍的简单的数学和统计函数并不一定能完全满足用户处理和分析数据的需要。例如，要统计某个公司的总销售额，可以使用 SUM 函数，但如果要统计某种特定的产品或者某产品在某个特定地区的销售额，SUM 函数就不够用了。这里就涉及条件统计。

在 WPS 表格中，用户如果要对符合一定条件的数据行（也称为记录）进行求和，就可以使用 SUMIF 函数或者 SUMIFS 函数，前者只能进行单一条件求和，而后者可以进行多条件求和。除了求和之外，WPS 表格还提供了更多的条件汇总函数，如表 4-3 所示。

表 4–3　常用条件汇总函数

函数名称	函数说明
SUMIF	单条件求和
SUMIFS	多条件求和
AVERAGEIF	单条件求平均值
AVERAGEIFS	多条件求平均值
COUNTIF	单条件计数
COUNTIFS	多条件计数

案例4–12 对销售数据进行多条件汇总

- 素材文档：S–12.xlsx。
- 结果文档：S–12–R.xlsx。

在本案例中，用户首先要使用 SUMIFS 函数分别计算华南地区冷凝器的销售额和 2019 年 11 月的销售额，然后计算订单金额大于 20000 元的订单数量，最后计算华南地区冷凝器的平均销售额。

步骤1 打开案例素材文档，选中 K2 单元格，单击“公式”选项卡中的“数学和三角”按钮，在下拉菜单中选择“SUMIFS”函数。

步骤2 在弹出的“函数参数”对话框中，在“求和区域”文本框中输入“H2:H303”，代表要求和的区域；在“区域 1”文本框中输入“B2:B303”，代表第一个条件所在的区域；在“条件 1”文本框中输入“华南”，代表第一个条件；在“区域 2”文本框中输入“E2:E303”，代表第二个条件所在区域；在“条件 2”文本框中输入“冷凝器”，代表第二个条件；单击“确定”按钮，如图 4–55 所示。

提示

如果条件1和条件2的内容为文本，则需要将文本放置在英文半角的双引号中。在“函数参数”对话框中进行输入时，WPS表格会自动添加引号，但如果手动输入函数参数，此处的引号则需要手动添加。

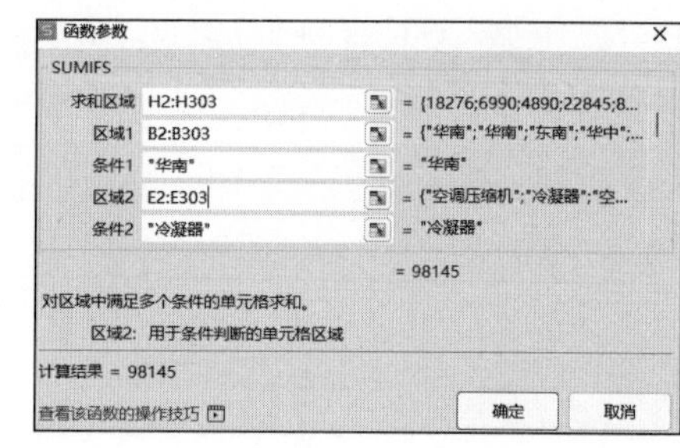

图 4-55 计算华南地区冷凝器的销售额

步骤3 选中K3单元格，使用和上一步骤相同的方法打开SUMIFS函数的“函数参数”对话框，设置“求和区域”为“H2:H303”，条件“区域1”和“区域2”都是“A2:A303”，也就是“日期”列数据，“条件1”为“">2019/10/31"”，“条件2”为“"<2019/12/1"”，输入完成后单击“确定”按钮，如图4-56所示。

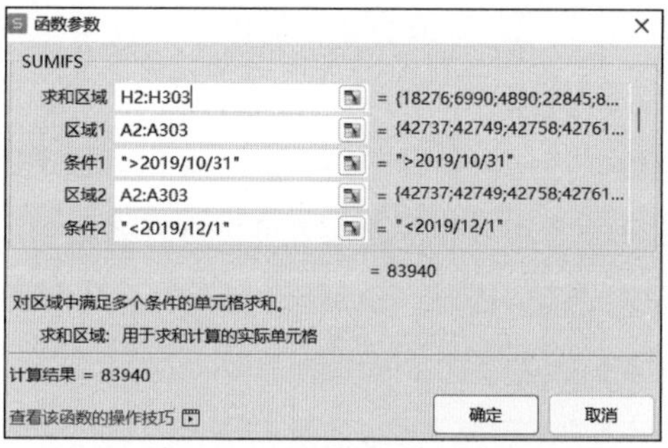

图 4-56 计算 2019 年 11 月的销售额

步骤4 选中K4单元格，直接输入函数“=COUNTIF(H2:H303,">20000")”，并按Enter键。在COUNTIF函数中，第一个参数“H2:H303”是要进行计数的条件区域，第二个参数“>20000”为具体的条件，这里的意思是大于20000元。

步骤5 选中K5单元格，单击“公式”选项卡中的“其他函数”按钮，在下拉菜单中选择“统计”，在展开的列表中选择“AVERAGEIFS”函数，在弹出的“函数参数”对话框中，在“求平均值区域”文本框中输入“H2:H303”，在“区域1”文本框中输入“B2:B303”，在“条件1”文本框中输入“华南”，在“区域2”文本框中输入“E2:E303”，在“条件2”文本框中输入“冷凝器”，单击“确定”按钮。AVERAGEIFS函数各个参数的含义和SUMIFS函数的基本一致，这一点已经在步骤2中详细说明，这里不再赘述。

4.2.4 逻辑函数

逻辑函数主要包括逻辑与（AND）、逻辑或（OR）、逻辑非（NOT）和条件判断（IF和IFS）等函数，常用于进行真假值判断并返回结果。

IF函数是逻辑判断中常使用的函数，如果指定条件的计算结果为TRUE，IF函数将返回某个值；如果该条件的计算结果为FALSE，则返回另一个值。例如：如果A1大于或等于60，则公式“= IF(A1>=60,"及格","不及格")”将返回“及格”；如果A1小于60，则返回“不及格”。具体设置如图4-57所示。在“公式”选项卡中单击“逻辑”按钮，在下拉列表中即可选择“IF”函数进行使用。

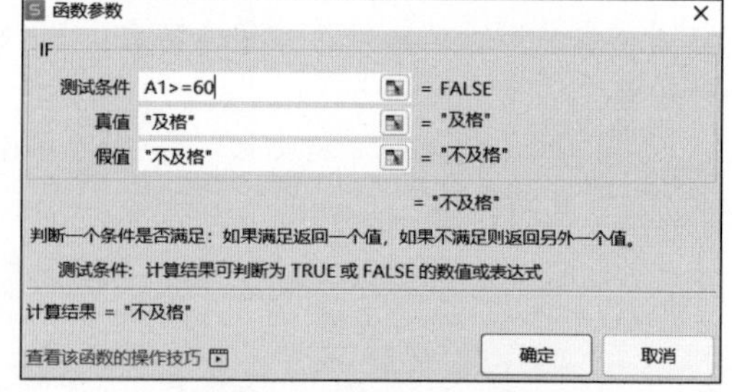

图 4-57 IF 函数的设置

在有些场景下，需要多个条件同时满足才能返回一个结果，例如，必修课都必须超过60分才可以毕业；或者在另一些场景下，多个条件只要有一个满足即可返回某个结果，例如，在多门选修课中，只要有一门合格就可以拿到学分。对于这种多条件判断来说，使用单纯的 IF 函数就非常烦琐了。在这种情况下通常会在 IF 函数的判断条件中嵌套 AND 函数或者 OR 函数来达到目的。AND 函数可用于判断多个分支，如果这些分支全部为真，那么最终的结果才为真（返回 TRUE）；OR 函数与 AND 函数相反，在它判断的多个分支中，只要有一个为真，最终的结果就为真（返回 FALSE）。

此外，在进行多个等级的判断时，如果使用 IF 函数，就需要对多个 IF 函数进行嵌套，过程比较烦琐；而使用 WPS 表格所提供的 IFS 函数，就可以将问题简化，从而一次性完成判断。

案例4-13 判断符合条件的特殊订单和订单等级

◆ 素材文档：S-13.xlsx。
◆ 结果文档：S-13-R.xlsx。

在本案例中，用户首先要使用 IF 函数和 AND 函数来判断同时满足销量大于 10 件和销售额大于 20000 元的订单，若满足条件，则显示“关注”；否则，显示空值。此外，还要将各个订单按照金额分为不同的等级。

步骤1 打开案例素材文档，选中 I2 单元格，单击“公式”选项卡中的“逻辑”按钮，在弹出的下拉列表中选择“IF”。

步骤2 在打开的“函数参数”对话框中，在“测试条件”文本框中输入“and(F2>10,H2>20000)”，在“真值”文本框中输入“"关注"”，在“假值”文本框中输入一对英文半角的引号“""”，其含义为保留空值，单击“确定”按钮，如图 4-58 所示。

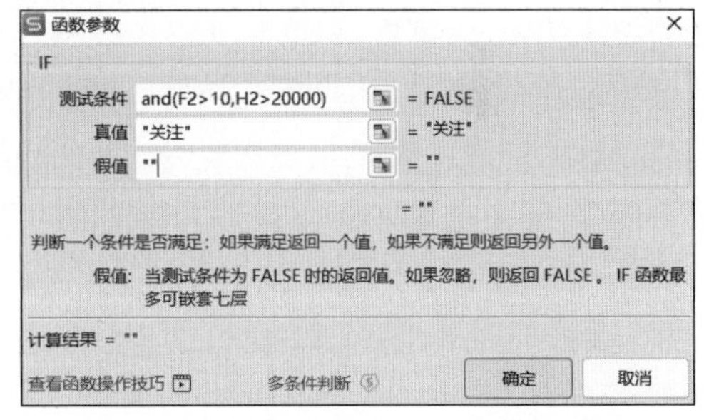

图 4-58 在 IF 函数中嵌套 AND 函数

提示

如果在“真值”和“假值”文本框中输入的内容是文本，就需要放在英文半角的双引号中。在对话框的输入环境下，WPS表格会自动添加双引号。

步骤3 双击 I2 单元格右下角的填充柄，将公式填充到该列的末尾。

步骤4 选中 J2 单元格，单击“公式”选项卡中的“逻辑”按钮，在弹出的下拉菜单中选择“IFS”。

步骤5 在弹出的“函数参数”对话框中，在“测试条件 1”文本框中输入“H2<5000”，在“真值 1”文本框中输入“"Level 1"”，在“测试条件 2”文本框中输入“H2<15000”，在“真值 2”文本框中输入“"Level 2"”，在“测试条件 3”文本框中输入“H2<25000”，在“真值 3”文本框中输入“"Level 3"”，在“测试条件 4”文本框中输入“H2<35000”，在“真值 4”文本框中输入“"Level 4"”，在“测试条件 5”文本框中输入“TRUE”，在“真值 5”文本框中输入“"Level 5"”，单击“确定”按钮完成设置，如图 4-59 所示，可滑动滚动条查看完整设置。

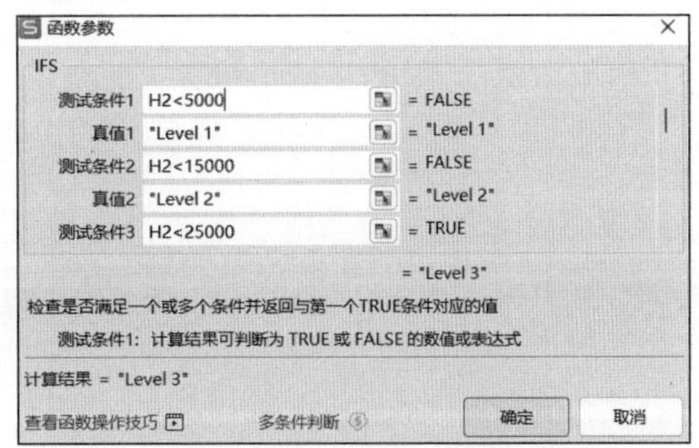

图 4-59 使用 IFS 函数进行多级判断

提示

"测试条件5"文本框中输入的"TRUE"的含义为，在这一步的判断永远为真，也就意味着不属于前面判断情况的所有值都属于"Level 5"，这里的"TRUE"也可以替换为1，含义完全相同。

步骤6 双击J2单元格右下角的填充柄，将公式填充到该列的末尾。

4.2.5 查找与引用函数

WPS表格中的查找与引用函数的功能主要是对工作表中的数据进行查找和引用，包括查找数据本身或数据在区域中的位置并返回值，查找单元格地址、行号和列号等信息。查找与引用函数是WPS表格的函数中应用相当广泛的一个类别，在各种函数中都能起到连接和组合的作用。本节主要介绍查找和引用函数中应用广泛的VLOOKUP函数。

VLOOKUP函数用于在表格数值的首列查找指定的值，并由此返回表格数组当前行中的指定列的值，在WPS表格处理数据的过程中，主要起到在多个表之间进行数据匹配的作用。VLOOKUP函数有近似匹配和精确匹配两种模式。

VLOOKUP函数的语法格式为"VLOOKUP（查找值,数据表,列序数,匹配条件）"。

- 查找值（Lookup_value）为需要在数据表第一列中进行查找的数值。查找值可以为数值、引用或文本字符串。
- 数据表（Table_array）为需要在其中查找数据的数据表。数据表使用对区域或区域名称的引用。
- 列序数（col_index_num）为第二个参数数据表中所查找数据的列号。当值为1时，返回数据表第一列的数值；当值为2时，返回数据表第2列的数值；以此类推。
- 匹配条件(Range_lookup）为逻辑值，指明VLOOKUP函数查找时是精确匹配，还是近似匹配。如果结果为FALSE或0，则为精确匹配；如果找不到，则返回错误值#N/A。如果匹配条件为TRUE或1，VLOOKUP函数将查找近似匹配值，也就是说，如果找不到精确匹配值，则返回小于查找值的最大数值。如果匹配条件省略，则默认为1。

1. 近似匹配查询

前面的章节在介绍IFS函数时，讨论了如何根据不同的金额判断其所属的等级。虽然IFS函数在IF函数的基础上极大降低了公式的复杂程度，但如果把等级划分得很细，公式依然比较烦琐。此时，使用VLOOKUP函数的近似匹配查询功能，可以更加高效地解决问题。在使用VLOOKUP函数进行近似匹配查询时，所查询的数据表的第一列数据需要升序排列。

案例4-14 使用VLOOKUP函数的近似匹配查询功能判断成绩等级

◆ 素材文档：S-14.xlsx。

◆ 结果文档：S-14-R.xlsx。

在本案例中，用户需要使用VLOOKUP函数，根据表4-4来判断成绩（假定成绩的范围为整数0～100）等级。

表 4-4 成绩等级表

分数段	成绩等级
0 ～ 60	9 级
61 ～ 65	8 级
66 ～ 70	7 级
71 ～ 75	6 级
76 ～ 80	5 级
81 ～ 85	4 级
86 ～ 90	3 级
91 ～ 95	2 级
96 ～ 100	1 级

步骤1 打开案例素材文档，在“教务处数据”工作表中选中 E2 单元格，单击“公式”选项卡中的“查找与引用”按钮，在弹出的下拉菜单中选择“VLOOKUP”，打开“函数参数”对话框。

步骤2 在“查找值”文本框中输入“D2”，在“数据表”文本框中输入“成绩等级表!$A$2:$B$10”，此公式需要向下填充，而数据表需要保持固定不变，因此引用方式应为绝对引用；因为要返回的成绩等级位于数据表的第 2 列，所以“列序数”为“2”，在“匹配条件”文本框中输入“1”，代表近似匹配查询，单击“确定”按钮，如图 4-60 所示。

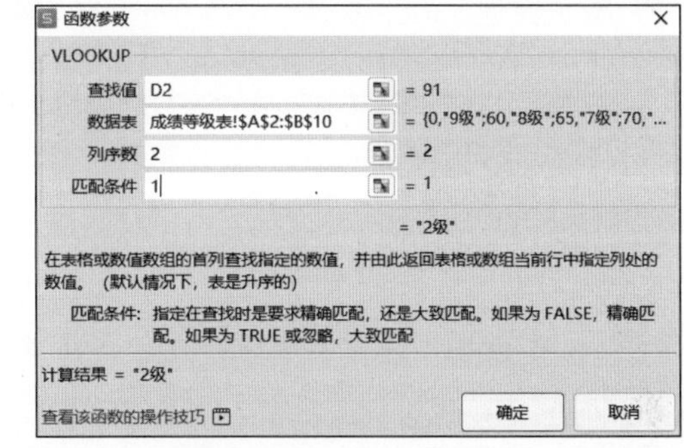

图 4-60 使用 VLOOKUP 函数进行近似匹配查询

步骤3 双击 E2 单元格右下角的填充柄，将公式填充到数据列的末尾。

提示

VLOOKUP函数的首字母V的含义为“vertical”，也就是纵向，其所查询的表格也需要是纵向的。如果要查询的表格方向为横向（标题在第1列），那么可以使用HLOOKUP函数。两种函数的差别只是方向不同，除此之外，各个参数的含义和使用方法完全一致。

2. 精确匹配查询

如果要查询的信息在数据表中有对应的值，例如，根据工号查询员工信息、根据产品编号查询产品信息等，则必须使用精确匹配查询功能。如果查询不到信息，则返回错误值 #N/A，从而提示用户，数据表中不存在所查询的对应信息。

案例4-15 使用VLOOKUP函数精确匹配查询员工信息

- 素材文档：S-15.xlsx。
- 结果文档：S-15-R.xlsx。

在本案例中，用户需要使用 VLOOKUP 函数，根据“参数表”中的信息查询工号所对应的姓名。

步骤1 打开案例素材文档，在“业绩提成表”工作表中，选中C2单元格，单击“公式”选项卡中的“查找与引用”按钮，在弹出的下拉菜单中选择“VLOOKUP”，打开“函数参数”对话框。

步骤2 在“查找值”文本框中输入“B2”，在“数据表”文本框中输入“参数表!$A$2: $D$35”，此公式需要向下填充，而数据表需要保持固定不变，因此引用方式应为绝对引用；因为要返回的姓名信息位于数据表的第二列，所以“列序数”为“2”，最后在“匹配条件”文本框中填入“0”，代表精确匹配查询，单击“确定”按钮，如图4-61所示。

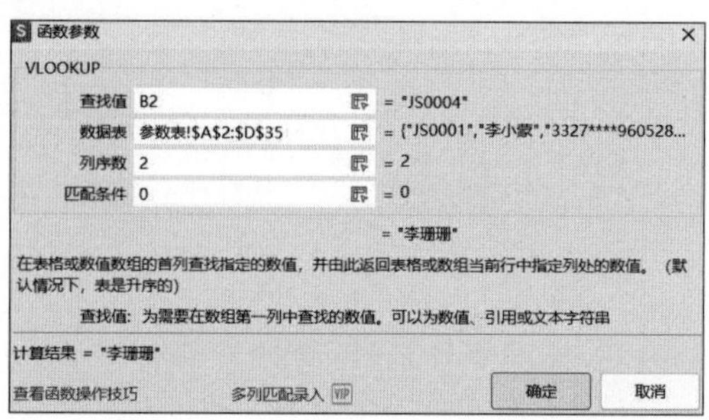

图4-61 使用VLOOKUP函数进行精确匹配查询

步骤3 双击C2单元格右下角的填充柄，将公式填充到数据列的末尾。

在完成公式填充后，可以看到C19单元格返回的结果为“#N/A”，说明在数据表中并不存在工号JS0096。如果觉得显示为“#N/A”不美观，可以将C2单元格中的公式修改为“=IFERROR(VLOOKUP(B2,参数表!$A$2:$D$35,2,0),"")”，然后向下填充。IFERROR函数是WPS表格中的一个容错函数，其第二个参数可以指定如果第一个参数中的公式报错将如何显示。这里的英文半角的空引号“""”用于不显示任何内容。

4.2.6 文本处理函数

在WPS表格中，文本可以是文字、字符，也可以是文本型的数字，但不能是数字的值、日期或时间值，也不能是公式。特别要指出，若数字值以撇号（'）开头或单元格格式为“文本”，也属于文本。文本值也被称为字符串。

在处理数据的过程中，所使用的字符串通常包含更小的字符串，后者称为“子串”。举例来说，在一列姓名中，可能只需要用“姓”来对数据分类。同样，有时候需要从公司名称中提取每个字的拼音的首字母，将其放入公司账号中。

WPS表格提供了LEFT、RIGHT和MID函数来提取字符串中的子串。其中LEFT函数会从字符串的左边开始返回指定编号的字符，RIGHT函数会从字符串的右边开始返回指定编号的字符，MID函数会从字符串的任意处开始返回指定编号的字符。

案例4-16 使用文本函数处理员工信息

- 素材文档：S-16.xlsx。
- 结果文档：S-16-R.xlsx。

在本案例中，用户需要分离每个人的姓和名，并从身份证号码中提取出生年、月、日和性别信息。

步骤1 打开案例素材文档，在C2单元格中输入公式“=LEFT(B2,1)”并按Enter键，提取姓氏，LEFT函数的第一个参数为要处理的单元格，第二个参数为要从左侧提取的字符个数。

步骤2 在D2单元格中输入公式“=RIGHT (B2,LEN(B2)−1)”并按Enter键，提取名字，RIGHT函数的第一个参数为要处理的单元格，第二个参数为要从右侧提取的字符个数。由于名的字数不确定，因此这里使用LEN函数来判断单元格中的总字符数，然后减去1(假设姓的长度总为1)，即为名的长度。

步骤3 选中C2:D2单元格区域，双击右下角的填充柄，完成公式填充。

步骤4 选中F2单元格，输入公式“=MID (E2,7,4)”并按Enter键，提取出生年，MID函数的第一个参数为要处理的单元格，第二个参数为开始提取字符的位置，第三个参数为右侧提取的字符个数。

步骤5 选中G2单元格，输入公式“=MID (E2,11,2)”并按Enter键，提取出生月。

步骤6 选中H2单元格，输入公式“=MID (E2,13,2)”并按“Enter”键，提取出生日。

步骤7 选中I2单元格，单击“公式”选项卡中的“逻辑”按钮，在弹出的下拉列表中选择“IF”，在弹出IF函数的“函数参数”对话框后，在“测试条件”文本框中输入“ISODD(MID(E2,17,1))”，其中内层函数“MID(E2,17,1)”用于提取身份证号码的第17位数字，外层的ISODD函数用于判断此数是不是奇数。根据我国身份证号码的设定规则，如果第17位数字为奇数，性别为男；否则，为女。在下面的“真值”文本框中输入“"男"”，在“假值”文本框中输入“"女"”，单击“确定”按钮，如图4−62所示。

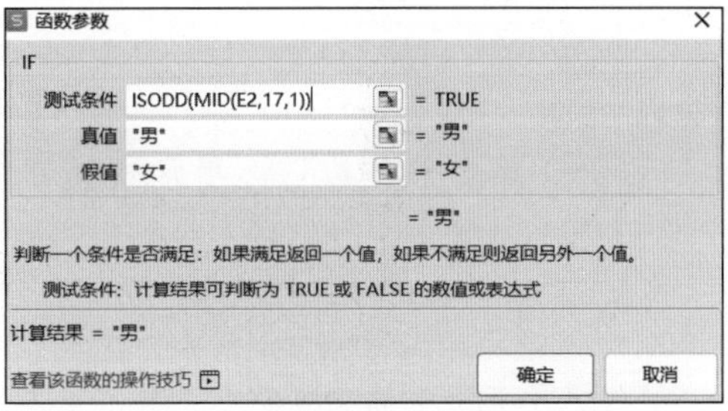

步骤8 选中F2:I2单元格区域，双击右下角的填充柄，完成公式填充。

图4−62 从身份证号码中提取性别信息

4.2.7 日期与时间函数

在使用WPS表格处理一些实际问题时，如果需要对日期和时间进行处理，就需要用到日期和时间函数。WPS表格的日期和时间函数既可以对年、月、日和星期进行处理，也能够对时、分和秒进行处理。

WPS表格使用序列号来显示指定的日期和时间。例如，对于日期序列号，WPS表格以1899年12月31日为起始点，其后的日期接着往下数，即1900年1月1日的序列号为1，1900年1月2日的序列号为2，以此类推。

对于时间序列号，WPS表格把一天的24小时用0～1的小数来表示。起始点（也就是午夜）的序列号为0；中午（也就是一天的一半）的序列号为0.5。

日期序列号和时间序列号可以结合使用，例如，37286.2代表“2002/1/30 4:48:00”。

用户可以使用日期和时间函数对日期或时间进行数学上任意数字的操作。在跟踪运输日期、监控应收账款或应付账款、根据出生日期计算年龄，以及计算发票折扣日期时，使用日期和时间函数十分方便。

WPS表格既可以生成计算机系统当前的日期或时间，也可以生成特定的日期或时间。

（1）生成计算机系统当前的日期或时间

WPS表格提供了TODAY函数和NOW函数。前者可以生成计算机系统当前的日期，例如，输入公式“=TODAY()”并按Enter键，就可以得到当前的日期，TODAY函数不需要参数，但括号“()”不可省略；输入公式“=NOW()”并按Enter键，可以得到当前的日期和时间。

（2）生成特定的日期或时间

有时需要根据特定的年、月、日或者小时、分钟、秒来生成时间和日期。在 WPS 表格中用户可以使用 DATE 函数和 TIME 函数来完成这项工作。

在处理日期数据的过程中，经常会遇到的一个问题，就是计算两个日期之间的年份、月份或天数差。而 WPS 表格专门提供了 DATEDIF 函数来解决这个问题。

案例4-17 计算员工的生日和年龄

- 素材文档：S-17.xlsx。
- 结果文档：S-17-R.xlsx。

在本案例中，用户需要先在 F 列根据出生年、月、日来生成完整的日期格式的生日，然后在 G 列计算每位员工的年龄。

步骤1 选中 F2 单元格，单击“公式”选项卡中的“日期和时间”按钮，在弹出的下拉菜单中选择“DATE”函数。

步骤2 在弹出的 DATE 函数的“函数参数”对话框中，在“年”“月”“日”文本框中分别输入“C2”“D2”“E2”，单击“确定”按钮，如图 4-63 所示，即可完成对日期的组合。

步骤3 单击“公式”选项卡中的“日期和时间”按钮，在弹出的下拉列表中选择“DATEDIF”函数。

步骤4 在弹出的“函数参数”对话框中，在“开始日期”文本框中输入“F2”，在“终止日期”文本框中输入“TODAY()”，获取当前的日期，在“比较单位”文本框中输入“"Y"”，用于计算两个日期之间间隔的整年数，单击“确定”按钮，完成计算，如图 4-64 所示。

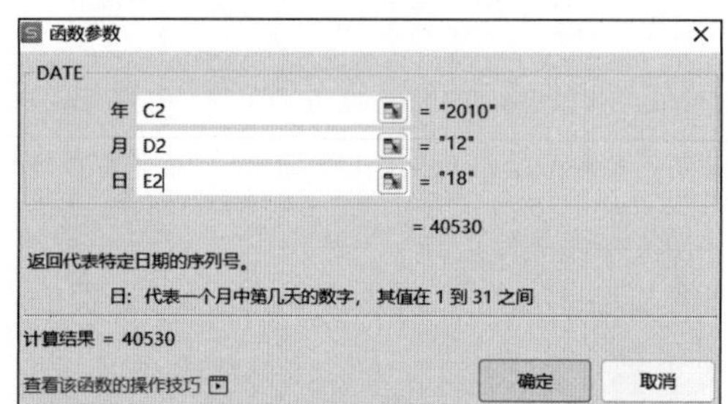

图 4-63 使用 DATE 函数完成日期的组合

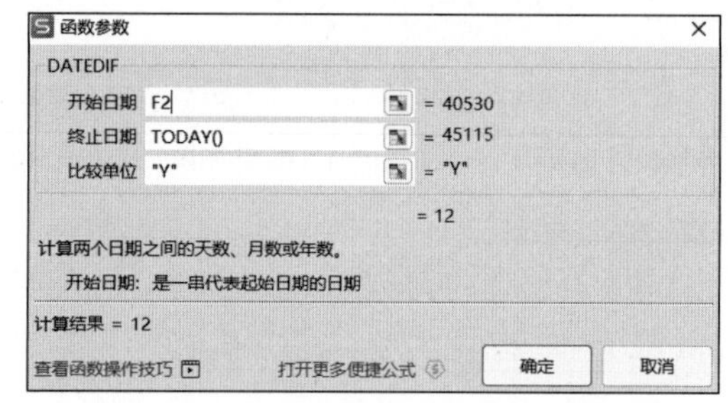

图 4-64 使用 DATEDIF 函数计算年龄

提示

TODAY函数返回的是计算机系统当前的日期，因此所计算的年龄也是动态可变的。

步骤5 选中 F2:G2 单元格区域，双击右下角的填充柄，将公式填充到数据列的末尾。

4.2.8 在典型数据处理场景中使用WPS表格的常用公式

计算所得税，从身份证号码中提取信息，都是日常数据处理中遇到的一些典型问题。这些问题当然可以使用前面介绍的逻辑函数、文本函数和查找与引用函数来进行处理。除此之外，WPS 表格还提供了一组常用的预设公式，让用户可以在无须手动输入公式的情况下，完成这些典型的计算。

这些典型的计算包含计算个人所得税，计算个人年终奖所得税，提取身份证号码中的年龄、生日和性别信息，多条件求和，查找其他表数据等。例如，个人所得税涉及多个纳税等级，如果直接使用公式或者函数进行计算，过程则较为复杂。WPS 表格预设了计算个人所得税的公式，能够根据我国现行的税法，自动计算出个人所得税的应税金额。

案例4-18 使用常用公式计算个人所得税

◆ 素材文档：S-18.xlsx。

◆ 结果文档：S-18-R.xlsx。

在本案例中，用户要在 D 列中计算每个员工的个人所得税。

步骤1 选中 D2 单元格，单击“公式”选项卡中的“常用函数”按钮，在弹出的下拉菜单中选择“插入函数”。

步骤2 在打开的“插入函数”对话框中，切换到“常用公式”选项卡，在“公式列表”中选中“计算个人所得税（2019-01-01 之后）”选项，在下方“本期应税额”文本框中输入“C2”，在“前期累计应税额”文本框中输入“0”，在“前期累计扣税”文本框中输入“0”，这里假设只考虑本期，单击“确定”按钮，完成计算，如图 4-65 所示。

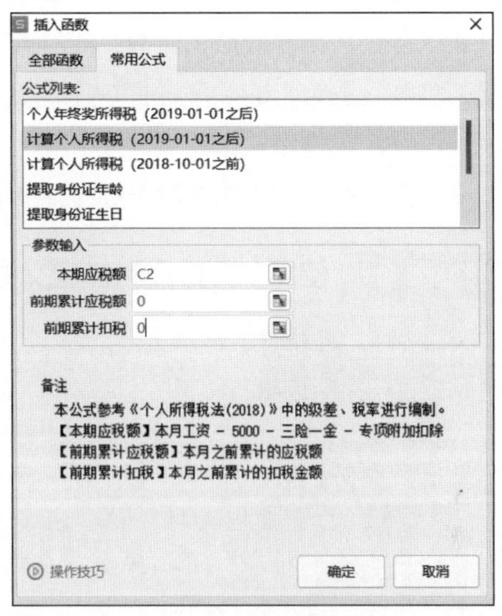

图 4-65 使用 WPS 表格常用公式计算个人所得税

步骤3 选中 D2 单元格，双击右下角的填充柄，完成整列公式的计算。

项目4.3 应用常用数据处理与分析工具

WPS 表格具有强大的数据分析和处理能力，能够快捷高效地获得需要的结果。数据的排序、筛选和对数据进行分类汇总等都是 WPS 表格中常用的数据分析和处理方法。本项目介绍使用 WPS 表格分析和处理数据的方法与技巧。

4.3.1 数据排序

数据排序是数据分析中比较常见的操作。WPS 表格能够对文本、数据、日期和时间等不同类型的数据进行升序或降序排列。下面介绍单列排序、多列排序和自定义排序这 3 种排序的方法。

1. 单列排序

如图 4-66 所示，如果需要对数据按照日期从早到晚进行排序，那么在工作表中选中作为排序依据的 B 列中的任意一个单元格，在“数据”选项卡中单击“排序”下拉按钮，在弹出的下拉菜单中选择“升序”，可以完成对表格的自动排序。

	A	B	C	D	E
1	订单ID	日期	地区	型号	显示器品牌
2	ZTG1907	2019/1/4	北京	耀灵P70	草莓
3	ZTG1943	2019/1/16	深圳	耀灵P70	草莓
4	ZTG1974	2019/1/25	深圳	耀灵P70	草莓
5	ZTG1912	2019/1/6	上海	耀灵P40	草莓
6	ZTG1916	2019/1/6	北京	耀灵P70	草莓

图 4-66 单列排序

2. 多列排序

在制作工作表时，经常遇到需要根据多个关键字来对数据进行排序的情况，例如，销售数据先要按照省份（这里假设不涉及自治区、直辖市、特别行政区）排序，再对每个省份中的各个市（和县）的销售数据进行排序。

3. 自定义排序

在进行数据的排序操作时，如果 WPS 表格默认的排序方式无法满足要求，那么用户还可以通过自定义排序方法来对数据进行排序。例如，要对某个公司的员工按照“总经理、副总经理、总监、主管”的顺序进行排序，这种排序既不是升序也不是降序，需要首先创建自定义的序列，再进行排序操作。

下面通过实际案例介绍多列排序和自定义排序方法。

案例4-19 使用多列排序和自定义排序方法为表格数据排序

- 素材文档：S-19.xlsx。
- 结果文档：S-19-R.xlsx。

在本案例中，首先要对“地区”列进行排序，并且顺序为“上海、北京、深圳、成都”，如果地区相同，则按照“数量 / 台”降序排列。

步骤1 打开案例素材文档，在工作表中选中表格区域中的任意一个单元格，在“数据”选项卡中单击“排序”下拉按钮，在弹出的下拉菜单中选择“自定义排序”。

步骤2 如图 4-67 所示，在弹出的“排序”对话框中，将“主要关键字”设置为“地区”，将“次序”设置为“自定义序列”。

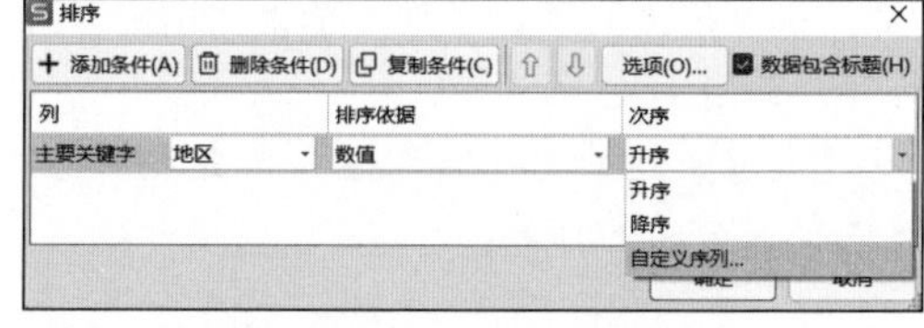

图 4-67 “排序”对话框

步骤3 如图 4-68 所示，在弹出的“自定义序列”对话框中，在右侧的文本框中依次输入“上海”“北京”“深圳”“成都”，每个城市单独占一行，单击“添加”按钮，将创建的这个自定义列表添加到“自定义序列”中，再单击“确定”按钮，完成添加。

步骤4 回到“排序”对话框后，可以看到“次序”已经变为刚刚创建的自定义序列，单击“添加条件”按钮，将“次要关键字”设置为“数量 / 台”，将“次序”设置为“降序”，单击“确定”按钮，如图 4-69 所示。

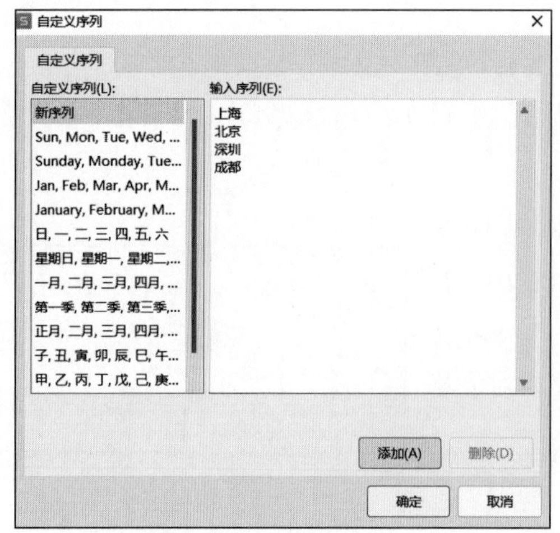

图 4-68 “自定义序列”对话框

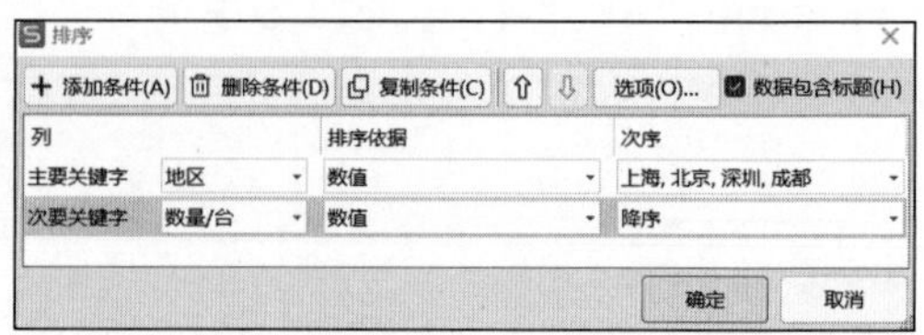

图 4-69 添加次要关键字，设置排序依据和次序

提示

在WPS表格中，文本默认按照拼音排序，但也可以按照笔画进行排序。在“排序”对话框中，单击“选项”按钮，打开“排序选项”对话框，选中“笔画排序”单选按钮，单击“确定”按钮，即可实现对文本按照笔画进行排序，如图4-70所示。

图 4-70　按照笔画排序

4.3.2　数据筛选

通过数据筛选功能，用户可以从表格的数据中选出满足条件的数据并使其显示出来，而其他不符合条件的数据则会隐藏起来。数据筛选功能是数据分析中常用的一个功能。WPS 表格对数据的筛选分为自动筛选和高级筛选。

1. 自动筛选

在 WPS 表格中，大多数情况下，用户所需要的数据可以通过自动筛选来获得。用户可以根据所需要的内容来进行筛选，也可以根据数据的特征（例如，是否包含或者不包含某些内容），以及排在前面或后面的若干名等规则来筛选数据，甚至还可以根据单元格的格式（如字体颜色、填充颜色等）来筛选数据。下面通过实际案例来介绍自动筛选的方法。

案例4-20　自动筛选工作表的数据信息

- 素材文档：S-20.xlsx。
- 结果文档：S-20-R.xlsx。

在本案例中，用户需要筛选出数据区域中地区为“北京”、显示器品牌为“草莓”、日期是 2019 年 1 月 1 日—15 日且数量大于或等于 10 台的订单。

步骤1 打开案例素材文档，在工作表中选中表格区域中的任意一个单元格，在“数据”选项卡中单击“筛选”按钮，在数据区域标题行的每个单元格的右侧都会出现下拉按钮。

步骤2 单击“地区”列的下拉按钮，在下拉列表中仅勾选“北京”复选框，单击下方的“确定”按钮，如图 4-71 所示。使用同样的方法，对“显示器品牌”列进行筛选，只选择品牌为“草莓”的数据。

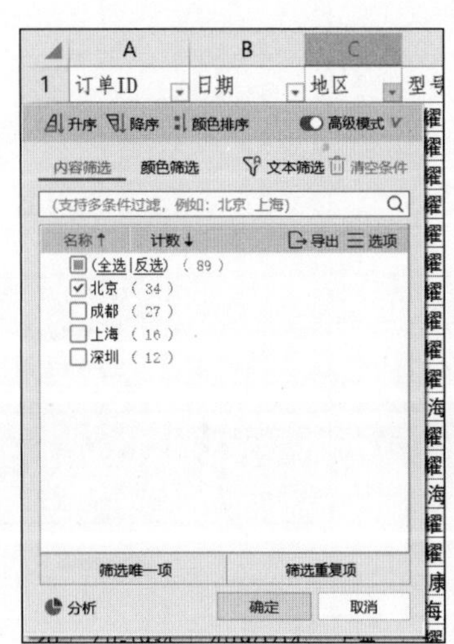

图 4-71　筛选地区

步骤3 单击“日期”列的筛选下拉按钮，如果逐一勾选

“1 日”～“15 日”复选框是比较烦琐的，可以选择“日期筛选”，在展开的级联菜单中选择“介于”，在弹出的“自定义自动筛选方式”对话框中，在第一个下拉列表中选择“在以下日期之后或与之相同”，在右侧的文本框中输入“2019/1/1”，在第二个下拉列表中选择“在以下日期之前或与之相同”，在右侧文本框中输入“2019/1/15”，两者的关系是同时满足，因此在中间的单选按钮中选中“与”，单击“确定”按钮，如图 4–72 所示。

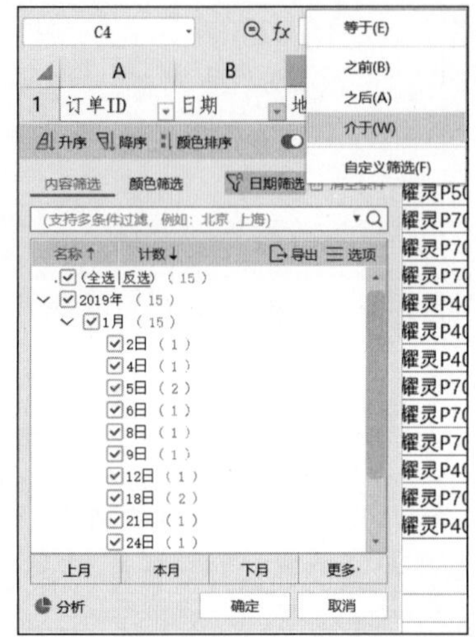

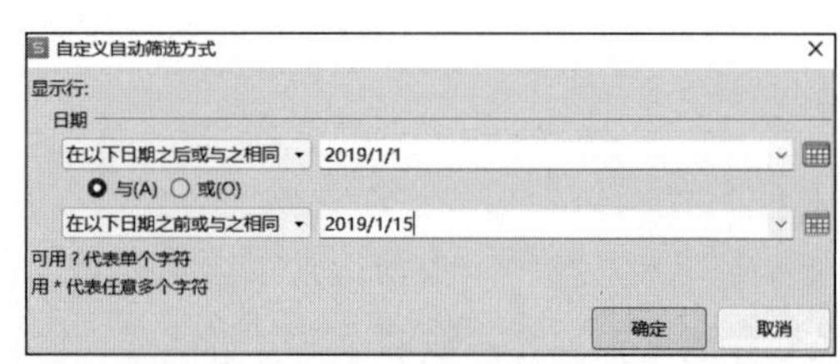

图 4–72 筛选日期

步骤4 单击“数量 / 台”列的筛选下拉按钮，在弹出的下拉菜单中选择“数字筛选”，在展开的级联菜单中选择“大于或等于”，在打开的“自定义自动筛选方式”对话框中，在第一个下拉列表中选择“大于或等于”，在右侧的文本框中输入“10”，单击“确定”按钮，如图 4–73 所示。

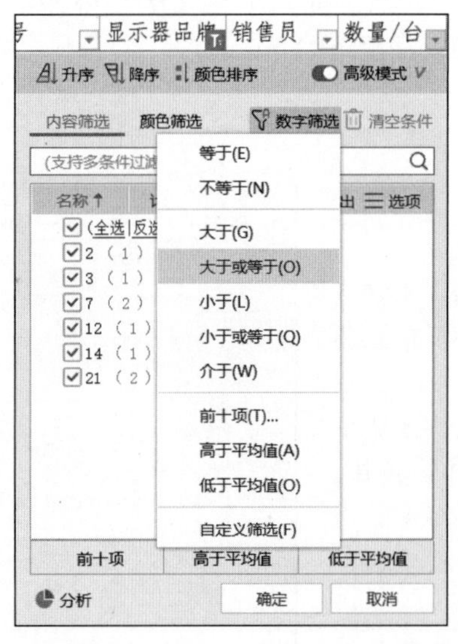

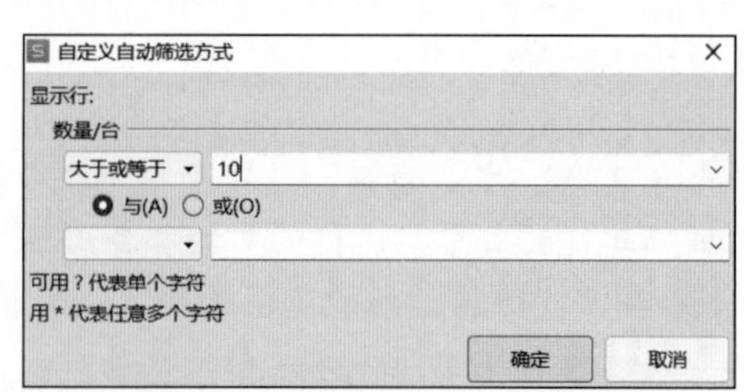

图 4–73 筛选数字

步骤5 筛选的结果如图 4–74 所示。可以看到，应用了自动筛选的列的右侧下拉按钮由下三角形变为漏斗形状。

	A	B	C	D	E	F	G
1	订单ID	日期	地区	型号	显示器品牌	销售员	数量/台
29	ZTG1908	2019/1/5	北京	耀灵P40	草莓	林木森	12
34	ZTG1919	2019/1/8	北京	耀灵P40	草莓	林木森	14
52	ZTG1904	2019/1/2	北京	耀灵P40	草莓	唐昊	21
53	ZTG1921	2019/1/9	北京	耀灵P70	草莓	王燕妮	21

图 4–74 筛选结果

单击“数据”选项卡中的“全部显示”按钮，即可取消当前的筛选结果，重新显示全部的数据。

2. 高级筛选

高级筛选与自动筛选不同，它不在数据表格内设置筛选条件，而需要在工作表中设置一个区域来存放筛选条件，WPS 表格将根据这些条件来进行筛选，并将筛选结果复制到工作表的指定区域。

案例4–21 使用高级筛选功能

◆ 素材文档：S–21.xlsx。

◆ 结果文档：S–21–R.xlsx。

在本案例中，用户要筛选出在 6 个考试科目中，至少有 1 科的成绩在 90 分及以上的记录。

步骤1 复制单元格区域 F2:K2 到任意的空白区域，例如单元格区域 M2:R2。

步骤2 在 M3 单元格、N4 单元格、O5 单元格、P6 单元格、Q7 单元格、R8 单元格分别输入条件“>=90”，如图 4–75 所示。注意，必须将条件输入不同行中，如果 6 个条件输入在同一行，那么含义就是要筛选所有科目的成绩都大于或等于 90 分的记录。

步骤3 选中工作表中的一个空白单元格，例如 M12，作为存放筛选结果的起点单元格，单击“数据”选项卡中的“筛选”下拉按钮，在弹出的下拉菜单中选择“高级筛选”。

步骤4 如图 4–76 所示，在打开的“高级筛选”对话框中，将筛选方式设置为“将筛选结果复制到其他位置”单选按钮；在“列表区域”文本框中选中单元格区域“Sheet1!$B$3:$K$43”，也就是需要筛选的表格区域；在“条件区域”文本框中选中单元格区域“Sheet1! $M$3:$R$9”，也就是刚刚建立的筛选条件区域；在“复制到”文本框中选中单元格“Sheet1!$M$12”，单击“确定”按钮，完成筛选。

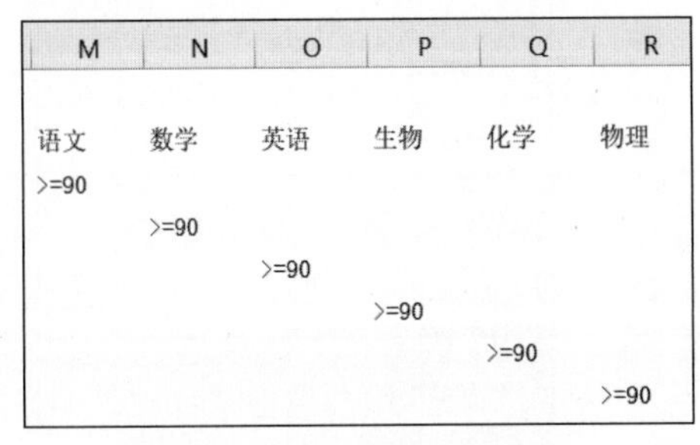

M	N	O	P	Q	R
语文	数学	英语	生物	化学	物理
>=90					
	>=90				
		>=90			
			>=90		
				>=90	
					>=90

图 4–75 输入高级筛选条件

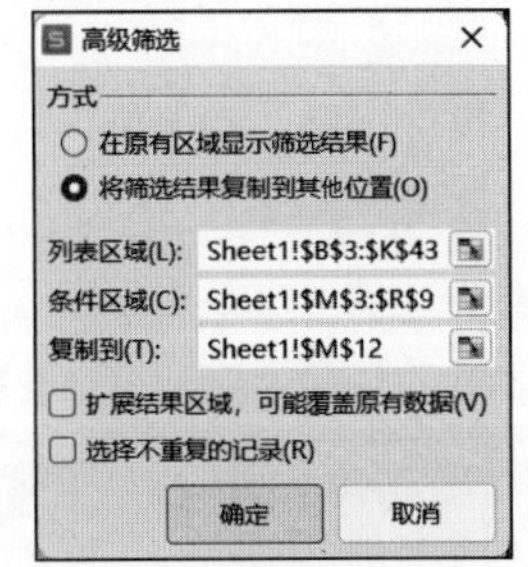

图 4–76 “高级筛选”对话框

4.3.3 分类汇总数据

WPS 表格提供的分类汇总功能可用于对大量的明细数据按照指定的类别进行汇总，并进一步从数据中获取价值。

下面通过实际案例介绍在工作表中分类汇总数据的方法。

案例4-22 分类汇总数据

◆ 素材文档：S-22.xlsx。

◆ 结果文档：S-22-R.xlsx。

在本案例中，用户要对数据按照“客户所在地”和“产品名称”进行分类汇总，计算每个所在地中每个产品的“数量”和“金额”之和。

步骤1 对分类字段进行排序，否则将无法得到正确的汇总结果。选中表格区域的任意单元格，单击“数据”选项卡中的“排序”下拉按钮，在弹出的下拉菜单中选择“自定义排序”。

步骤2 在打开的“排序”对话框中，将“主要关键字”设置为“客户所在地”，再单击“添加条件”按钮，添加“次要关键字”，并将其设置为“产品名称”，无论排序方法是升序还是降序，都不影响汇总结果，因此这里保持默认的升序排列即可，单击“确定”按钮，如图 4-77 所示。

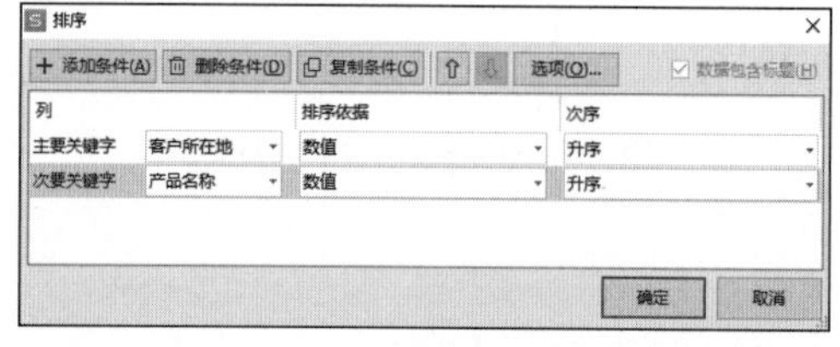

图 4-77 在分类汇总前对数据进行排序

步骤3 选中要分类汇总的数据表格中的任意单元格，单击“数据”选项卡中的“分类汇总”按钮。

步骤4 如图 4-78 所示，在弹出的“分类汇总”对话框中，将“分类字段”设置为“客户所在地”，将“汇总方式”设置为“求和”，在“选定汇总项”列表框中，勾选“数量”和“金额”复选框，其他选项保持默认，单击“确定”按钮。

步骤5 可以看到，我们已经完成了按“客户所在地”进行的分类汇总。再次单击“分类汇总”按钮，打开“分类汇总”对话框，这一次将“分类字段”设置为“产品名称”，“汇总方式”和“选定汇总项”与上一步的设置相同，但是要取消对“替换当前分类汇总”复选框的勾选，否则将会删除之前按照地区设置的分类，单击“确定”按钮，如图 4-79 所示。

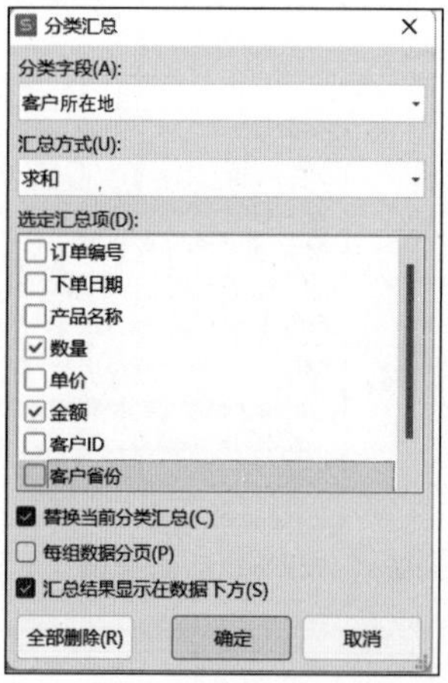

图 4-78 “分类汇总”对话框

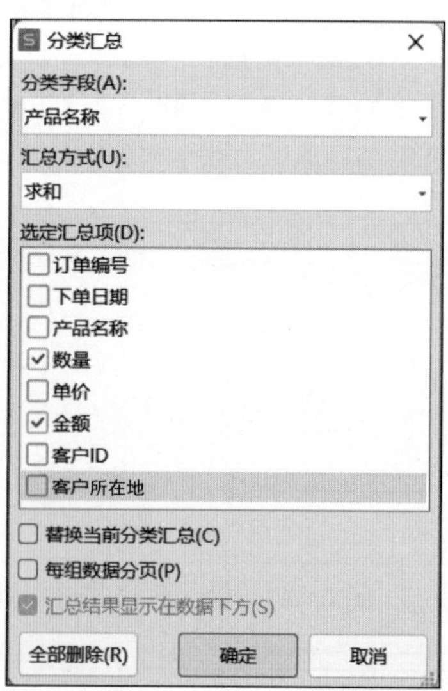

图 4-79 在“分类汇总”对话框中设置分类汇总

步骤6 如果只希望显示汇总数据，则可以单击左侧分组区域上方的“3”按钮，如图 4-80 所示。

	A	B	C	D	E	F	G	H
1	订单编号	下单日期	产品名称	数量	单价	金额	客户ID	客户所在地
19			帽子 汇总	39		240.31		
71			山地自行车 汇总	239		399786.26		
88			水壶 汇总	16		79.84		
107			运动头盔 汇总	21		631.17		
123			长袖运动衫 汇总	23		747.93		
124				338		401485.50		安徽 汇总
157			帽子 汇总	88		500.39		
208			山地自行车 汇总	482		644997.18		
227			水壶 汇总	30		117.76		
279			运动头盔 汇总	195		4396.62		
303			长袖运动衫 汇总	145		4204.93		
304				940		654216.89		北京 汇总
324			帽子 汇总	81		438.05		
357			山地自行车 汇总	251		331844.29		
372			水壶 汇总	14		65.87		
402			运动头盔 汇总	144		3206.16		
418			长袖运动衫 汇总	114		3379.33		
419				604		338933.69		福建 汇总
437			帽子 汇总	45		251.10		
466			山地自行车 汇总	306		414010.15		
473			水壶 汇总	12		43.91		
486			运动头盔 汇总	66		1437.28		
499			长袖运动衫 汇总	63		1875.39		
500				492		417617.83		甘肃 汇总
513			帽子 汇总	63		335.05		
557			山地自行车 汇总	62		104296.44		
574			水壶 汇总	16		79.84		
604			运动头盔 汇总	145		3193.51		
617			长袖运动衫 汇总	82		2449.51		

图 4-80 调整分类汇总的显示级别

在创建分类汇总后，表格的最下方会显示总计行。总计的数据是从明细数据计算而来的，而不是从分类汇总的值中得来的。例如，以平均值来进行汇总，总计行会显示所有明细的平均值，而不是分类汇总行的平均值。

4.3.4 数据透视分析

用户使用数据透视表可以全面地对数据清单进行重新组织，以便统计数据。数据透视表是一种对大量数据进行快速汇总并创建交叉列表的交互式表格，它不仅可以通过转换行和列来显示源数据的不同汇总结果，还可以显示不同页面以实现对数据的筛选，同时可以根据用户的需要，显示数据区域中的明细数据。

1. 创建数据透视表

数据透视表的源数据区域可以是工作表中的数据清单，也可以是导入的外部数据。下面通过实际案例来介绍使用工作表中的数据创建数据透视表的操作方法。

案例4-23 使用数据透视表汇总销售数据

◆ 素材文档：S-23.xlsx。

◆ 结果文档：S-23-R.xlsx。

在本案例中，用户需要使用数据透视表按照产品名称和月份对销售额进行汇总。

步骤1 打开案例素材文档，在“本年销售表”工作表中，选中数据区域中的任意单元格，单击“数据”选项卡中的“数据透视表”按钮。

步骤2 在打开的“创建数据透视表”对话框中，选中“现有工作表”单选按钮，并在下方文本框中引用“汇总表!$A$1”，用于从“汇总表”工作表的A1单元格开始创建数据透视表，单击“确定”按钮。

步骤3 在WPS表格窗口的右侧出现“数据透视表”窗格，在窗格上方的“字段列表”框中，勾选“日期”“货品名称”和“销售额”3个复选框，并将这3个选项分别拖曳到“行”“列”和“值”列表框中，如图4-81所示。

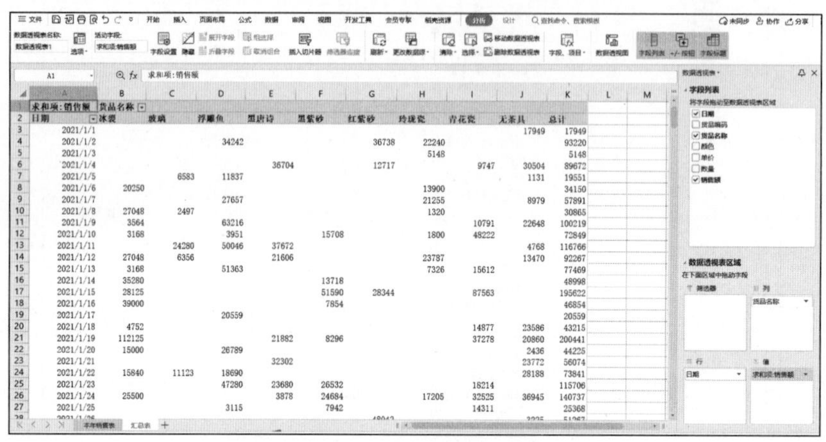

图4-81 选择汇总字段

步骤4 选择数据透视表中“日期”列的任意单元格，在数据透视表的“分析”选项卡中单击“组选择”按钮。

步骤5 在打开的“组合”对话框中，确认起始日期为“2021/1/1”，终止日期为“2022/1/1”，在下方“步长”列表框中选择“月”和“季度”作为组合的单位，单击“确定”按钮，如图4-82所示。

步骤6 在数据透视表的“分析”选项卡左侧的“数据透视表名称”文本框中，输入“按日期和时间汇总”，这个名称未来将作为这个数据透视表对象的名称，并可以被进一步引用。

步骤7 在数据透视表的“设计”选项卡中，展开数据透视表样式库，在其中可以选择适合的样式，例如“中色系”大类中的“数据透视表样式中等深浅2”，如图4-83所示。

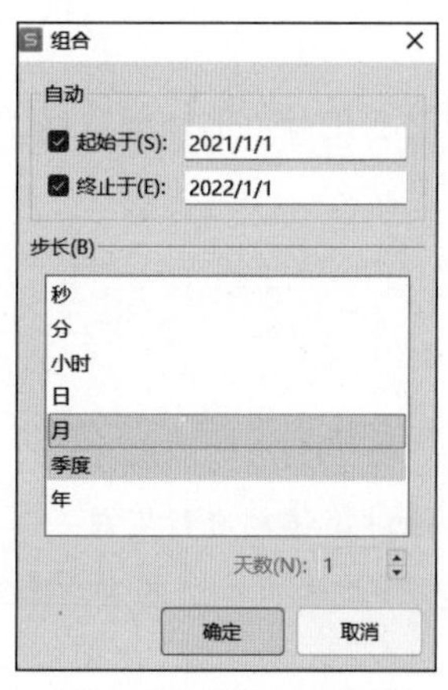

图4-82 组合数据透视表字段

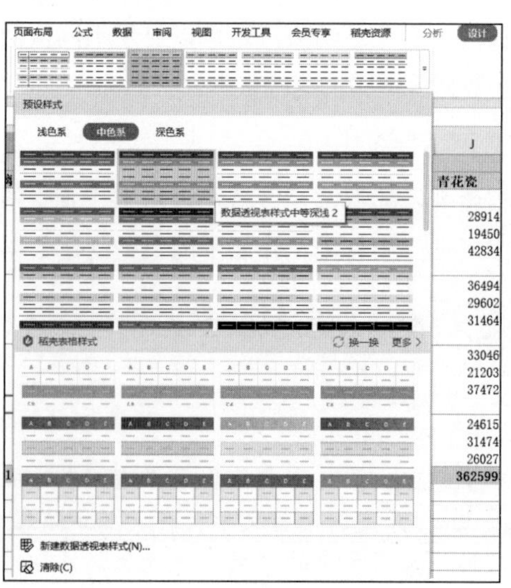

图4-83 设置数据透视表样式

步骤8 单击数据透视表“设计”选项卡中的“分类汇总”按钮，在弹出的下拉菜单中选择“在组的底部显示所有分类汇总”。

步骤9 单击数据透视表“设计”选项卡中的“报表布局”按钮，在弹出的下拉菜单中选择“以表格形式显示”，完成的效果如图 4-84 所示。

求和项:销售额		货品名称									
季度	日期	冰裂	玻璃	浮雕鱼	黑唐诗	黑紫砂	红紫砂	玲珑瓷	青花瓷	无茶具	总计
第一季	1月	383493	50839	455105	177724	210862	257840	150656	289140	266082	2241741
	2月	411225	64720	336130	125106	77545	106181	108264	194500	296656	1720327
	3月	364851	167315	272663	181368	45165	151324	153153	428345	323696	2087880
第一季 汇总		1159569	282874	1063898	484198	333572	515345	412073	911985	886434	6049948
第二季	4月	451656	132795	200391	162952	111489	33916	114249	364943	330063	1902454
	5月	245649	32817	432896	226286	73454	183493	233053	296023	195978	1919649
	6月	348474	89860	457107	141998	197687	216310	180770	314640	409018	2355864
第二季 汇总		1045779	255472	1090394	531236	382630	433719	528072	975606	935059	6177967
第三季	7月	497850	80847	299656	201666	110390	123190	254606	330469	258423	2157097
	8月	268359	49898	443340	185214	112891	177967	223234	212031	295030	1967964
	9月	533646	122252	242841	239138	112483	166468	201332	374723	345919	2338802
第三季 汇总		1299855	252997	985837	626018	335764	467625	679172	917223	899372	6463863
第四季	10月	177480	908	282021	235712	114071	159779	121130	246158	396789	1734048
	11月	366246	124408	400949	72768	263391	89585	117286	314749	321280	2070662
	12月	490356	96086	339110	219700	72870	130772	232571	260272	300609	2142346
第四季 汇总		1034082	221402	1022080	528180	450332	380136	470987	821179	1018678	5947056
总计		4539285	1012745	4162209	2169632	1502298	1796825	2090304	3625993	3739543	24638834

图 4-84 数据透视表完成效果

2. 设置数据透视表的汇总和显示方式

在创建数据透视表时，默认情况下会对数值进行求和汇总，对文本进行计数汇总。但是如果需要对数据进行更多维度的汇总，从不同的角度对数据进行分析，并以更多的形式显示，就需要对值字段进行进一步设置。下面通过实际案例来介绍具体的操作方法。

案例4-24 设置数据透视表的汇总方式和值显示方式

- 素材文档：S-24.xlsx。
- 结果文档：S-24-R.xlsx。

在本案例中，用户要对数据透视表进行修改，使其中包含订单笔数的总计值，以及每种产品及颜色在销售额中的占比。

步骤1 打开案例素材文档，在“数据透视表”窗格中，将“货品名称”字段拖曳到下方的“值”区域中，由于该列使用文本的数据格式，因此数据透视表就会默认以计数方式进行汇总，显示的就是订单的笔数。

步骤2 将“销售额”再次拖曳到下方的“值”区域，由于这个字段之前已经存在，因此新拖曳进来的字段会显示为“求和项：销售额 2”，单击该字段，在弹出的菜单中选择“值字段设置”，如图 4-85 所示。

图 4-85 设置值字段

步骤3 如图 4-86 所示，在打开的“值字段设置”对话框中，将“自定义名称”修改为“销售额占比”，在下方的“值显示方式”下拉列表中选择“总计的百分比”，单击“确定”按钮。

步骤4 再次将字段列表中的“销售额”字段拖曳到下方的“值”区域，单击该字段，在弹出的菜单中选择“值字段设置”，打开“值字段设置”对话框，将“自定义名称”修改为“销售额占比 2”，在下方的“值显示方式”下拉列表中选择“父行汇总的百分比”，单击“确定”按钮。完成的数据透视表效果如

图 4-87 所示。

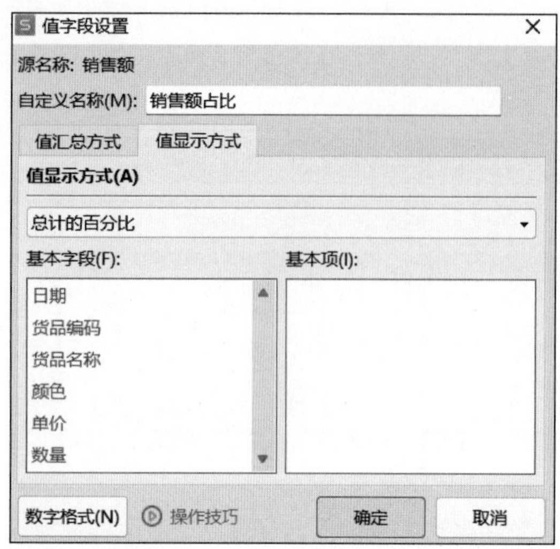

图 4-86 “值字段设置”对话框

	A	B	C	D	E	F
1	日期	(全部)				
2						
3	货品名称	颜色	求和项:销售额	计数项:货品名称	销售额占比	销售额占比2
4	⊟冰裂		4539285	184	18.42%	18.42%
5		柴烧	946125	44	3.84%	20.84%
6		檀木色	304128	36	1.23%	6.70%
7		原色	2340000	68	9.50%	51.55%
8		棕红色	949032	36	3.85%	20.91%
9	⊟玻璃		1012745	80	4.11%	4.11%
10		檀木色	230405	44	0.94%	22.75%
11		原色	348942	20	1.42%	34.46%
12		棕红色	433398	16	1.76%	42.79%
13	⊟浮雕鱼		4162209	180	16.89%	16.89%
14		黑木	760683	52	3.09%	18.28%
15		檀木色	1380216	52	5.60%	33.16%
16		原色	1011882	40	4.11%	24.31%
17		棕红色	1009428	36	4.10%	24.25%
18	⊟黑唐诗		2169632	104	8.81%	8.81%
19		檀木色	1160320	40	4.71%	53.48%
20		原色	508496	20	2.06%	23.44%
21		棕红色	500816	44	2.03%	23.08%
22	⊟黑紫砂		1502298	112	6.10%	6.10%

图 4-87 完成的数据透视表的效果

提示

可以看到“销售额占比”和“销售额占比2”两列在货品一级上的数值是相同的，但在“颜色”级别上的数值是不同的，以货品“冰裂”中的“柴烧”为例，3.84%为在全部销售额中的占比，而20.84%为在“冰裂”货品中的占比，这是两个不同但都经常会用到的分析维度。

4.3.5 合并计算数据

利用 WPS 表格的合并计算功能，用户可以对多个工作表中的数据进行汇总。在进行合并计算时，计算结果所在的工作表称为“目标工作表”，接收合并数据的区域称为“源区域”。下面通过实际案例介绍合并计算的操作过程。

案例4-25 合并多个年份的销售数据

- 素材文档：S-25.xlsx。
- 结果文档：S-25-R.xlsx。

在本案例中，用户需要使用合并计算功能，将 2018—2021 年的销售数据合并到“汇总”工作表中。

步骤1 打开案例素材文档，选中“汇总”工作表中的任意单元格，例如 A1，单击“数据”选项卡中的“合并计算”按钮。

步骤2 如图 4-88 所示，在弹出的“合并计算”对话框中，在“函数”下拉列表中选择“求和”，在“引用位置”文本框中输入单元格区域“'2018 年 '!$A$1:$C$6”（注意，先选中“2018 年”工作表标签，再选择对应区域），然后单击“添加”按钮，将该数据区域添加到下方的列表框中。再使用同样的方法将“2019 年”“2020 年”“2021 年”工作表中的数据也添加进来，勾选下方的“首行”和“最左列”复选框，单击“确定”按钮，完成合并。

步骤3 合并计算的效果如图 4-89 所示，可以看到 WPS 表格已经自动对各个城市 4 年的销售数据进行了汇总计算。

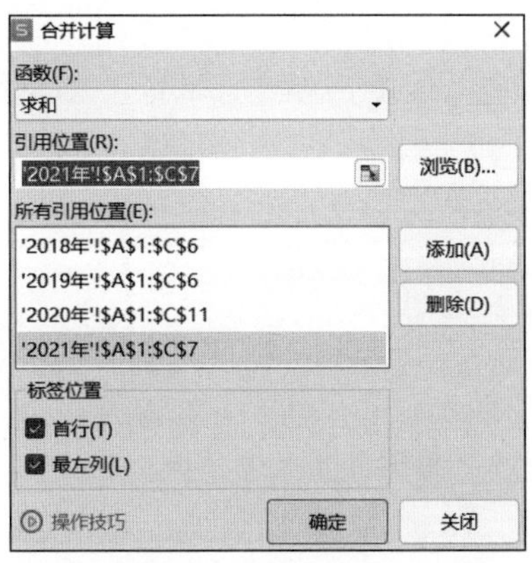

图 4-88 “合并计算”对话框

	A	B	C
1		销售数量	销售金额
2	常德	14113.1	448811.6
3	衡阳	1605.8	15152.64
4	浏阳	8765.2	175908.2
5	株洲	11723	623411.5
6	总计	36701.4	1304314.74
7	长沙	65	1332.5
8	郴州	382	36610.8
9	邵阳	33.3	1831.5
10	永州	10	1104
11	岳阳	4	152

图 4-89 合并计算的效果

提示

在“数据”选项卡中单击“合并表格”按钮，在弹出的下拉菜单中有多种合并表格的选项，其功能比上面所介绍的“合并计算”的功能更加强大。“合并表格”功能在WPS中属于会员功能，已经成为WPS会员的读者可以自行尝试。

项目4.4 使用条件格式和图表可视化数据

作为一款功能强大的电子表格软件，除了对数据进行处理和计算外，WPS 表格还具有丰富的数据可视化功能。数据可视化是指将抽象的数据通过图表和其他可视化方法展示出来，以便用户理解和分析。在 WPS 表格中，用户主要可以通过条件格式、迷你图和图表等方式来可视化数据。

4.4.1 使用条件格式在单元格中可视化数据

在 WPS 表格中，除了为数据应用固定的格式，用户还可以使用另一类格式设置方法，即条件格式。顾名思义，使用条件格式可以根据数据的“条件”（也就是具体的情况）来动态地显示其格式。在 WPS 表格中，用户可以使用条件格式，根据数值范围或特定规则，对数据进行渐变色填充、颜色标记或图标集显示，从而将数据转换为直观的图形，帮助用户更好地理解数据的分布和变化趋势。

1. 设置突出显示单元格规则

突出显示单元格规则是指运用 WPS 表格中的条件格式，突出显示单元格中指定范围的数据。例如，要将一张成绩单中低于 60 的数据的字体颜色设置为红色，在应用了条件格式后，如果某个单元格中的数据低于 60，其字体颜色就为红色，当将其修改为 60 时，则字体颜色会自动不再以红色显示。下面通过实际案例来介绍具体的操作方法。

案例4-26 突出显示大于特定值的数据

◆ 素材文档：S-26.xlsx。

◆ 结果文档：S-26-R.xlsx。

在本案例中，用户要把G列中数据大于50的单元格设置格式为填充色RGB（35，180，185），字体颜色为“白色，背景1”。

步骤1 打开案例素材文档，选中单元格区域G2:G90，单击“开始”选项卡中的“条件格式”按钮，在下拉菜单中选择“突出显示单元格规则”→“大于”。

步骤2 在弹出的“大于”对话框中，在左侧文本框中填入“50”，在右侧下拉列表中选择“自定义格式”，如图4-90所示。

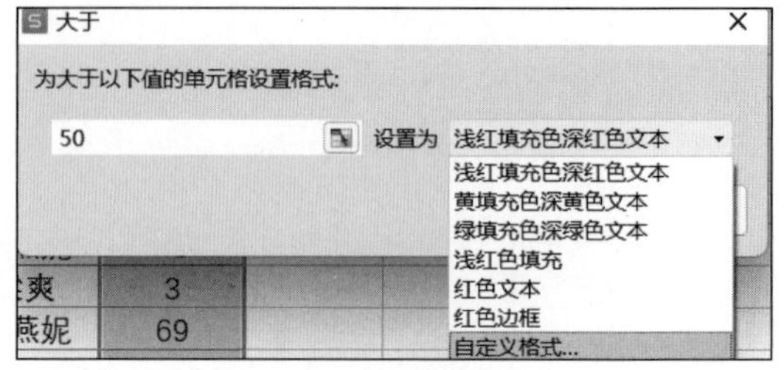

图4-90 在“大于”对话框中设置突出显示单元格规则

步骤3 在弹出的“单元格格式”对话框中，首先在“字体”选项卡中将字体颜色设置为“白色，背景1”，然后切换到“图案”选项卡，单击“其他颜色”按钮，在“颜色”对话框中，将RGB颜色模式的红（R）、绿（G）、蓝（B）3种颜色分别设置为“35”“180”和“185”，单击“确定”按钮，回到“单元格格式”对话框中，再次单击“确定”按钮，回到“大于”对话框，再次单击“确定”按钮，完成在条件格式中对单元格格式的设置，如图4-91所示。

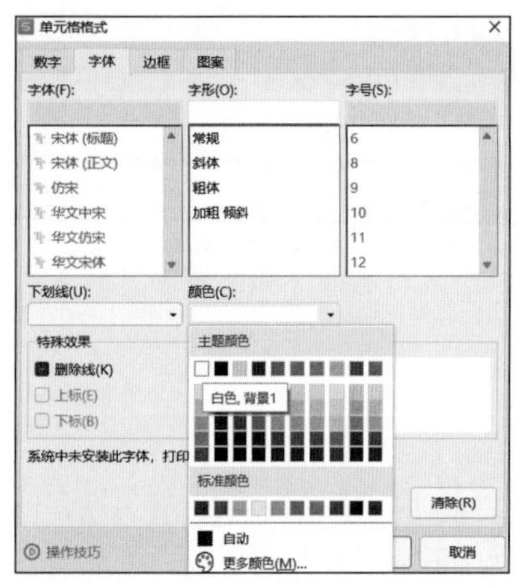

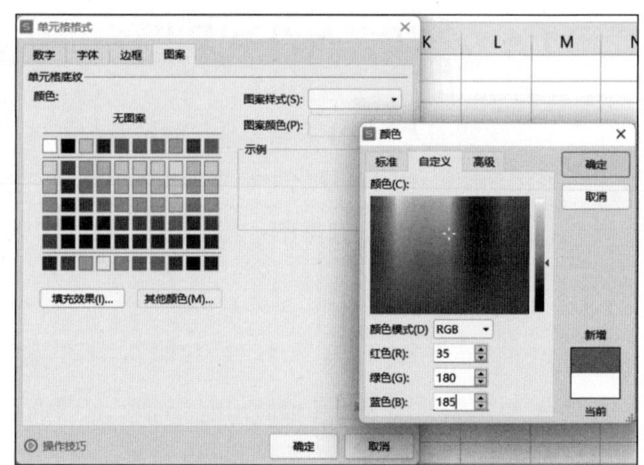

图4-91 在条件格式中设置单元格格式

2. 设置项目选取规则

在WPS表格中，用户可以使用条件格式中的项目选取规则，分析数据区域中的最大值、最小值与平均值等指标。

案例4-27 标记高于平均水平的数据

◆ 素材文档：S-27.xlsx。

◆ 结果文档：S-27-R.xlsx。

在本案例中，用户需要将G列中所有高于平均值的单元格都标记为特殊的格式。

步骤1 选中单元格区域 G2:G90，单击“开始”选项卡中的“条件格式”按钮，在弹出的下拉菜单中选择“项目选取规则”→“高于平均值”。

步骤2 在打开的“高于平均值”对话框中，在下拉列表中将格式设置为“绿填充色深绿色文本”，如图 4-92 所示，单击“确定”按钮，完成对规则的设置。

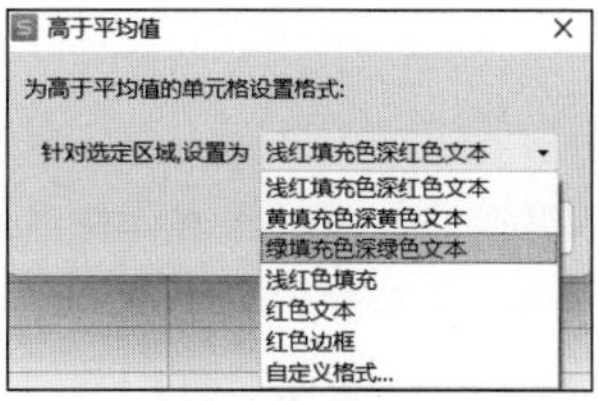

图 4-92　在“高于平均值”对话框中设置项目选取规则

3. 其他规则

除了项目选取规则和突出显示单元格规则之外，WPS 表格还为用户提供了数据条、图标集和色阶规则，便于用户以图形的方式显示数据集。下面以数据条为例进行介绍。

案例4-28 使用数据条展示数据大小

- 素材文档：S-28.xlsx。
- 结果文档：S-28-R.xlsx。

在本案例中，用户需要将 G 列中的所有数据隐藏，并以数据条的长短来表示数值的大小。

步骤1 打开案例素材文档，选中单元格区域 G2:G90，单击“开始”选项卡中的“条件格式”按钮，在弹出的下拉菜单中选择“数据条”→“其他规则”。

步骤2 在弹出的“新建格式规则”对话框中，勾选“仅显示数据条”复选框，其他选项保持默认值，单击“确定”按钮，如图 4-93 所示，即可完成对条件格式规则的设置。

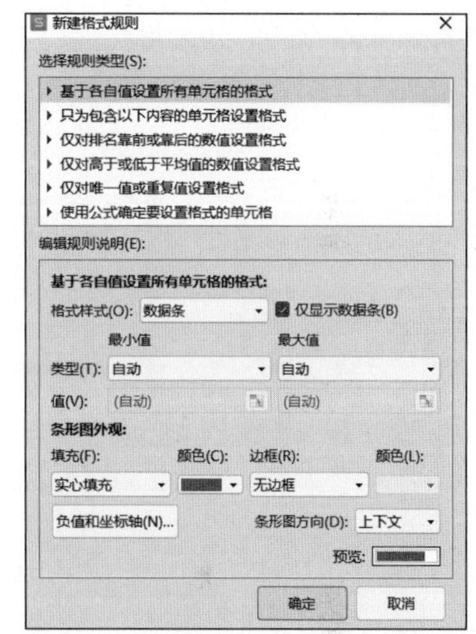

图 4-93　设置数据条的条件格式规则

提示

如果想要清除已经设置好的条件格式规则，可以单击“开始”选项卡中的“条件格式”按钮，在弹出的下拉菜单中选择“清除规则”→“清除所选单元格的规则”或者“清除整个工作表的规则”，前者将只对选定的单元格区域进行清除，后者则将整个工作表的条件格式全部删除。

4.4.2　使用迷你图在单元格中可视化数据

在工作表中，用户如果需要用较小的空间来展示数据大致的变化情况，可以选择使用迷你图。

在 WPS 表格中，可以以单个的单元格作为迷你图的绘制区域来绘制图表，将工作表中的数据简单快捷地图形化。在 WPS 表格中有 3 种迷你图，分别是折线迷你图、柱形迷你图和盈亏迷你图。本节介绍如何在工作表中使用迷你图。

案例4-29 使用迷你图展示全年销售趋势

◆ 素材文档：S–29.xlsx。

◆ 结果文档：S–29–R.xlsx。

在本案例中，用户要在“全年趋势”列插入迷你图，展示当年 1 月到 12 月的销售趋势。

步骤1 打开案例素材文档，选中单元格区域 N2:N7，单击“插入”选项卡中的“柱形”按钮，如图 4–94 所示。

步骤2 在打开的“创建迷你图”对话框中，在“数据范围”文本框中输入单元格区域“B2:M7”，在“位置范围”文本框中，之前选中的单元格区域“$N$2:$N$7”保持不变，单击“确定”按钮。

步骤3 保持迷你图所在单元格为选中状态，单击“迷你图工具”选项卡中的“标记颜色”下拉按钮，在弹出的下拉菜单中选择“高点”，在展开的级联菜单中选择“标准色”大类中的“红色”，如图 4–95 所示。

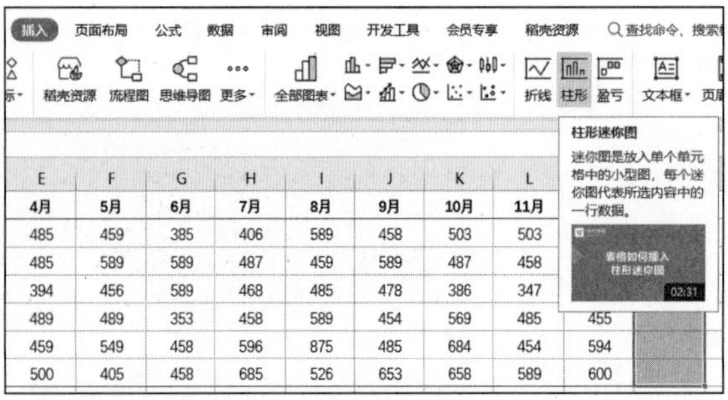

图 4–94　插入柱形迷你图

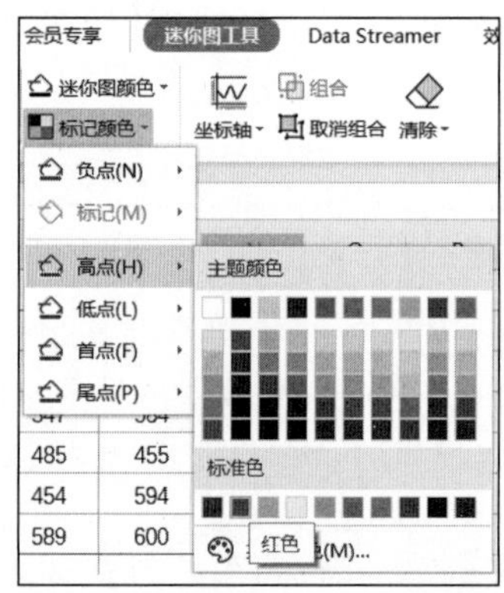

图 4–95　设置迷你图高点颜色

> **提示**
> 如果要更改迷你图类型，只需选中迷你图，在“迷你图工具”选项卡中单击左侧的“折线”按钮或者“盈亏”按钮即可。

4.4.3 创建及设置常用图表

WPS 表格为用户提供了丰富的图表类型，每一种图表类型均具有多种组合和变化，灵活应用它们可以满足各种数据分析和显示的需要。

1. 使用柱形图比较数值的大小

柱形图是在比较数据大小的时候常用的图表。下面介绍如何创建柱形图，以及如何修改其图表元素。

案例4-30 使用柱形图比较数值大小

◆ 素材文档：S–30.xlsx。

◆ 结果文档：S–30–R.xlsx。

在本案例中，用户需要创建柱形图来比较产品 A 和产品 B 的销售情况。

步骤1 打开案例素材文档，选中数据区域中的任意单元格，单击“插入”选项卡中的“插入柱形图”按钮，在展开的柱形图库中选择“簇状柱形图”，如图 4–96 所示。

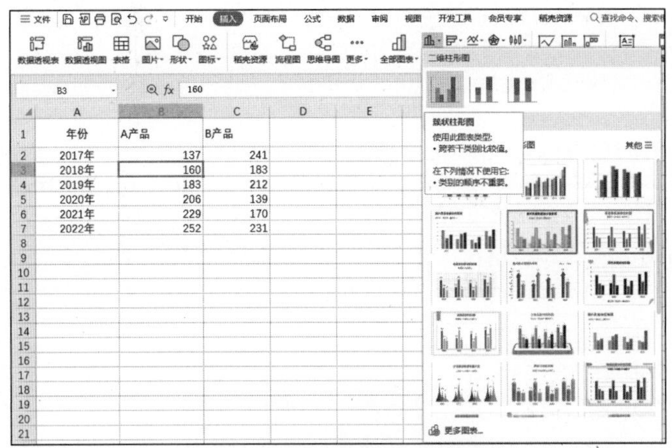

图 4–96 创建簇状柱形图

步骤2 选中图表，在“图表工具”选项卡中展开样式库，在其中选择合适的样式，例如“样式 2”，如图 4–97 所示。

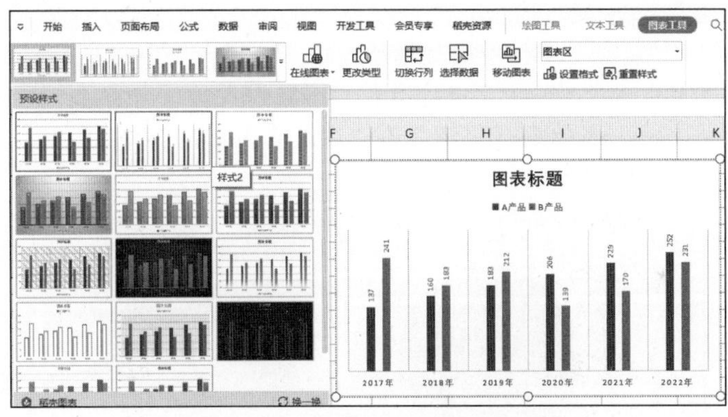

图 4–97 为图表应用预设样式

步骤3 选中图表标题，将标题内容修改为“产品 A 和产品 B 销售比较”。

步骤4 双击图表系列中的任意形状，在右侧会出现“属性”窗格，在“系列选项”选项卡下，切换到“系列”选项卡，在“系列选项”子选项组中，将“系列重叠”设置为“-50%”，“分类间距”设置为“180%”，如图 4–98 所示。

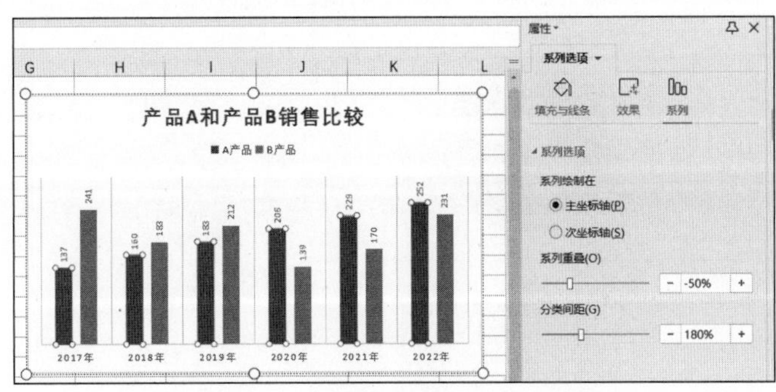

图 4–98 调整系列重叠和分类间距

提示

将柱形图旋转90°，其实就得到了条形图，条形图也是在比较数据大小时经常使用的图表类型，其创建和设置方法与柱形图的类似。

2. 使用饼图展示百分比

在进行数据分析的过程中，经常要分析部分和整体的比例关系，而 WPS 表格中的饼图是进行这类数据分析的首选图表。下面通过实际案例介绍饼图的创建和格式化方法。

案例4-31 使用饼图展示百分比

- 素材文档：S-31.xlsx。
- 结果文档：S-31-R.xlsx。

在本案例中，用户需要创建饼图，分析各个城市的销售占比。

步骤1 打开案例素材文档，选中数据区域中的任意单元格，单击“插入”选项卡中的“插入饼图或圆环图”按钮，在展开的饼图库中选择“二维饼图”大类中的“饼图”。

步骤2 在生成的饼图中，选中图表下部的图例，按 Delete 键将其删除。

步骤3 单击图表右侧“快速工具栏”中的“图表元素”按钮，在弹出的下拉菜单中选择“数据标签”→“更多选项”，如图 4-99 所示。

步骤4 在打开的“属性”窗格中的“标签选项”选项卡下，切换到右侧的“标签”子选项卡，勾选“类别名称”和“百分比”两个复选框，在图表的每个扇区中都会显示城市名称和占比，适当调整文本颜色，将图表标题修改为“广东省各市销售占比”，完成图表的创建，如图 4-100 所示。

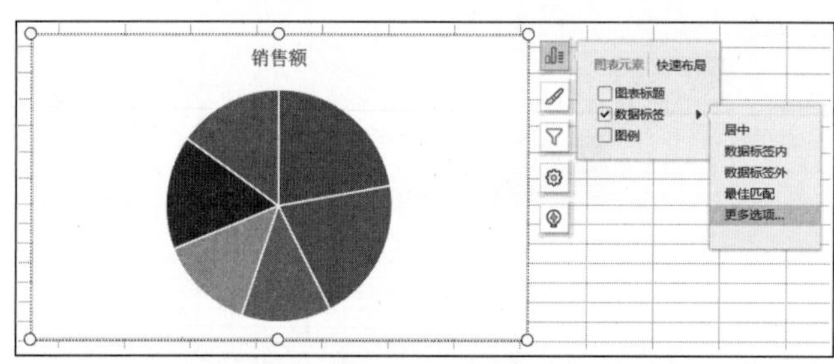

图 4-99 插入图表元素

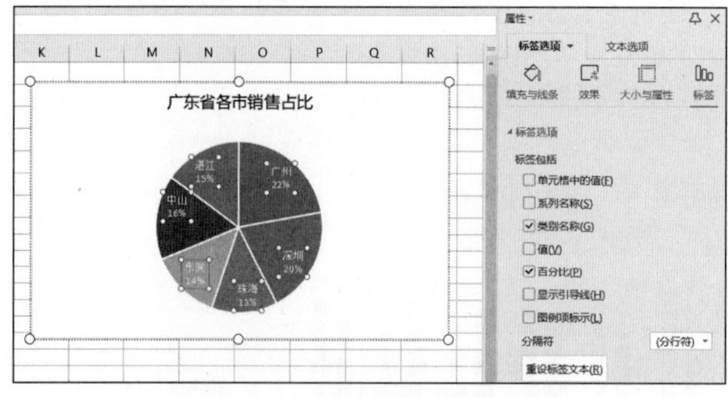

图 4-100 设置饼图的数据标签

提示

在使用饼图展示数据的百分比关系时，通常需要将各个部分的名称和占比标记于扇区之上，才能更加清晰地展示数据和信息。

3. 使用折线图展示时间序列的变化趋势

在涉及日期或时间类的数据时，一般会使用折线图来进行数据的可视化。下面通过实际案例介绍折线图的创建和设置方法。

案例4-32 使用折线图分析价格差异

- 素材文档：S-32.xlsx。
- 结果文档：S-32-R.xlsx。

在本案例中，用户需要创建折线图，分析A国和B国汽油价格的差异。

步骤1 打开案例素材文档，选中单元格区域A1:C152，单击“插入”选项卡中的“插入折线图”按钮，在展开的折线图库中选择“二维折线图”大类中的“折线图”。

步骤2 将图表标题内容修改为“A国与B国汽油价格比较”，并适当调整字体格式。

步骤3 双击图表的纵坐标轴，在打开的“属性”窗格的“坐标轴选项”选项卡下，切换到“坐标轴”子选项卡，将边界的最大值修改为“8”，将主要单位设置为“2”，如图4-101所示，纵坐标轴最大值已经变为8，刻度单位变为2。

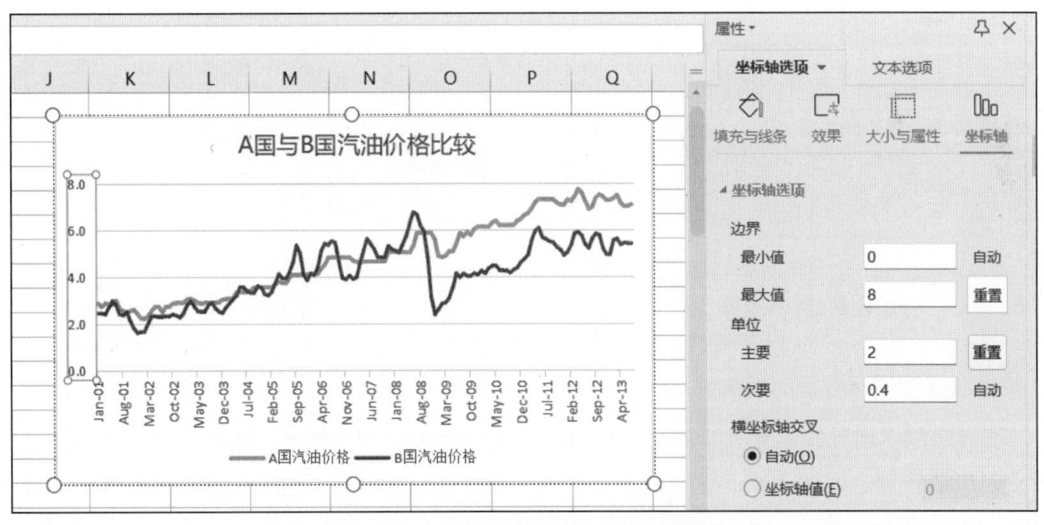

图4-101 修改折线图纵坐标轴参数

步骤4 选中图表中的网格线（单击任意一条网格线即可），按Delete键将其删除。

步骤5 选中“A国汽油价格”系列，在“绘图工具”选项卡中单击“轮廓”下拉按钮，在展开的轮廓颜色库中选择“标准色”中的“红色”，如图4-102所示。

步骤6 选中“B国汽油价格”系列，使用和上一步骤相同的方法，将轮廓颜色修改为“主题颜色”大类中的某个灰色类颜色，效果如图4-103所示。

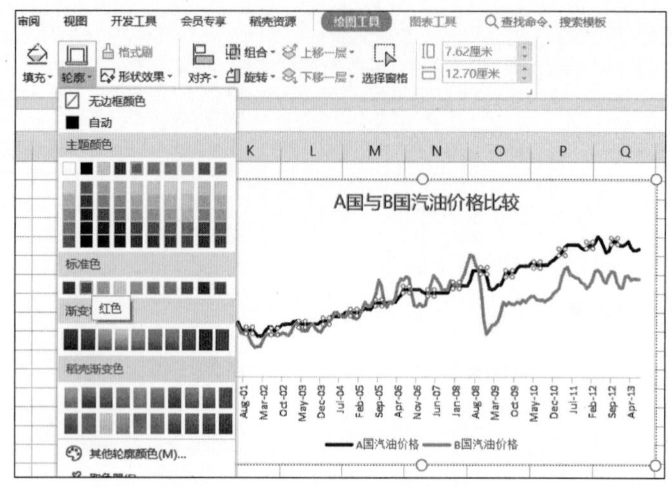

图 4-102　修改折线图线条颜色

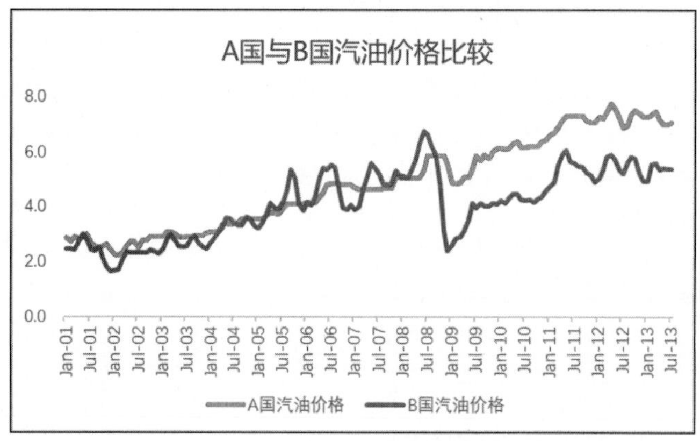

图 4-103　折线图效果

提示

当要突出展示多个数据系列中的某一个系列（例如这里的“A国汽油价格”）时，可以将其颜色设置为暖色调，而将其他系列的颜色设置为冷色调，例如灰色。

4. 使用散点图展示数据的相关性

在一些学术研究和商业分析的场合，用户经常需要分析两个变量之间的关系，例如，广告的投入和销售额之间的关系。这种情况下，常使用的是散点图。下面通过实际案例介绍使用 WPS 表格创建散点图的方法。

案例4-33 使用散点图分析数据的相关性

- 素材文档：S-33.xlsx。
- 结果文档：S-33-R.xlsx。

在本案例中，用户需要创建散点图，分析身高和鞋码之间的相关性。

步骤1 打开案例素材文档，选中单元格区域 C2:D26，单击“插入”选项卡中的“插入散点图（X、Y）”按钮，在展开的散点图库中选择“散点图”。

步骤2 将图表的标题修改为“身高和鞋码之间的关系”，并适当调整字体格式。

步骤3 默认生成的图表中所有数据点都集中在了图表的右上角，这样不够美观。双击纵坐标轴，打开“属性”窗格，在“坐标轴选项”选项卡下，切换到“坐标轴”子选项卡，将坐标轴的边界最小值修改为“30”，边界最大值修改为“45”，主要单位修改为“3”，如图 4–104 所示。

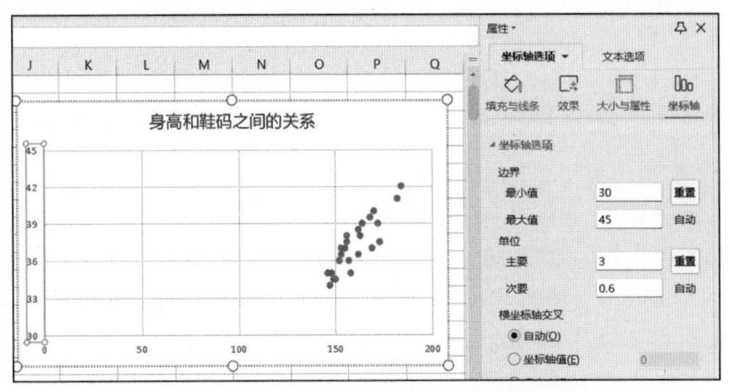

图 4–104 修改散点图纵坐标轴参数

步骤4 使用相同的方法，将横坐标轴的边界最小值修改为“145”，边界最大值修改为“185”，刻度单位保持“50”不变。

步骤5 单击图表右侧快速工具栏中的“图表元素”按钮，在弹出的菜单中选择“趋势线”→“更多选项”。

步骤6 在打开的“属性”窗格的“趋势线选项”选项卡下，切换到“趋势线”子选项卡，选中“线性”单选按钮，勾选“显示公式”和“显示R平方值”两个复选框，如图 4–105 所示，图表中已经添加了趋势线和对应的公式。

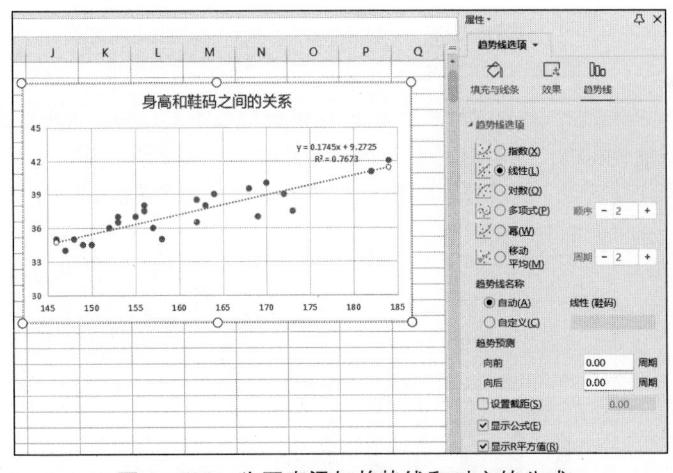

图 4–105 为图表添加趋势线和对应的公式

提 示

在趋势线中，添加的公式就是趋势线对应的方程；R平方值为相关系数，在0到1之间，相关系数越接近0，说明两个变量之间越缺乏相关性，反之，说明相关性越强。在这个案例中，R平方值超过了0.7，说明身高和鞋码之间确实存在着相关关系。

5. 使用组合图表来展示多个数量悬殊的数据系列

很多时候，若单一的图表不足以展示数据间的关系，用户可以尝试使用组合图表，将多个逻辑相关的图表放置于一张大图表中，从而让所有的数据都能够显示出来。在实际使用中，灵活应用组合图表可以创建很多实用的图表类型。下面通过实际案例进行讲解。

案例4-34 使用组合图表同时展示金额和百分比

◆ 素材文档：S-34.xlsx。

◆ 结果文档：S-34-R.xlsx。

在本案例中，用户需要创建组合图表，同时展示销售额的数值和增长百分比。

步骤1 打开案例素材文档，选中数据区域中的任意单元格，单击“插入”选项卡中的“全部图表”下拉按钮，在弹出的下拉菜单中选择“全部图表”。

步骤2 在打开的“图表”对话框中，在左侧导航栏中选择“组合图”，将右侧“A 产品”系列设置为“簇状柱形图”，“增长率”系列设置为“折线图”，并勾选其右侧的“次坐标轴”复选框，单击“插入预设图表”按钮，如图 4-106 所示。

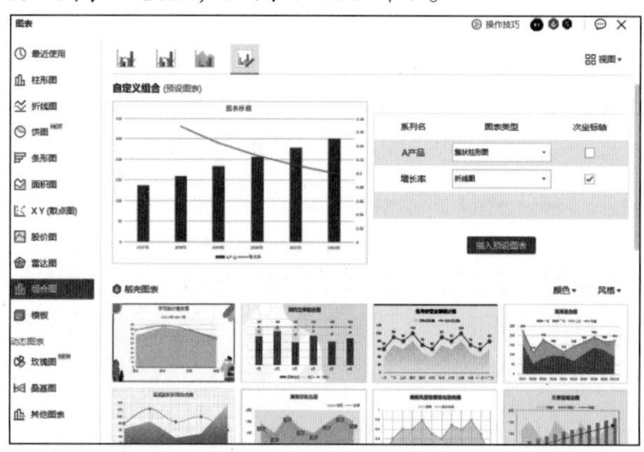

图 4-106 通过“图表”对话框插入组合图表

步骤3 将图表的标题修改为“A 产品的销售额和增长率”，并适当调整其字体格式。

步骤4 双击图表右侧的次坐标轴，在“属性”窗格的“坐标轴选项”选项卡下，切换到“坐标轴”子选项卡，展开下方的“数字”选项组，将“类别”修改为“百分比”，“小数位数”修改为“0”，如图 4-107 所示。

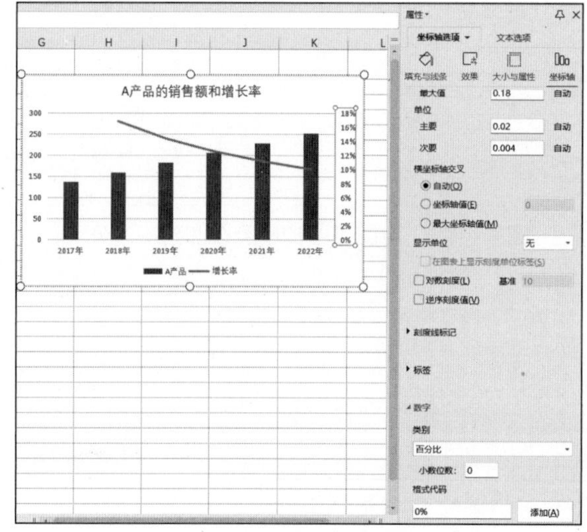

图 4-107 修改次坐标轴的数字格式

项目4.5 保护和发布数据

发布数据的方式包括将工作表打印和通过互联网与他人进行数据共享等。此外，在发布数据前，用户经常需要对数据加以审阅和保护。

4.5.1 保护数据

在 WPS 表格中，用户可以通过加密工作簿、保护工作簿结构和保护工作表等方式来保护已经存储的数据。其中，加密工作簿就是给 WPS 表格文档添加一个密码，防止没有密码的用户随意开启表格和查看数据。给 WPS 表格文档加密的方法和给 WPS 文档加密的方法完全一致。下面主要介绍保护工作簿结构和保护工作表的相关知识。

1. 保护工作簿结构

WPS 表格提供了保护工作簿结构的功能，用户可以利用该功能来防止他人随意对工作簿结构进行更改，例如随意插入、删除工作表等。下面通过实际案例介绍保护工作簿结构的操作方法。

案例4-35 通过保护工作簿隐藏工作表

◆ 素材文档：S-35.xlsx。

◆ 结果文档：S-35-R.xlsx。

在本案例中，用户需要隐藏“销售数据”工作表，并设置密码“123abc”来对工作簿结构进行保护。

步骤1 打开案例素材文档，右击“销售数据”工作表标签，在弹出的快捷菜单中选择“隐藏工作表”。

步骤2 在“审阅”选项卡中，单击“保护工作簿”按钮。

步骤3 在打开的“保护工作簿”对话框中，输入密码“123abc”，单击“确定”按钮，如图 4-108 所示。

图 4-108 在“保护工作簿”对话框中设置密码

步骤4 在弹出的“确认密码”对话框中，再次输入密码，单击“确定”按钮，完成对工作簿的保护。

步骤5 在对工作簿结构进行保护之后，再次右击该工作表标签，会发现有关工作表的操作命令的颜色全部变成灰色，无法再被执行了。要想取消工作表的隐藏状态，需要在“审阅”选项卡中单击“撤销工作簿保护”按钮并输入密码。

2. 保护工作表

如果想要让任何用户都可查看但不允许随意编辑工作表，可以为工作表添加操作密码，这样只有知晓密码的人才能够编辑工作表，而不知晓密码的人就只能查看工作表。此外，还可以在工作表中进行设置，使得其他用户只能编辑某些特定的单元格。下面通过实际案例介绍保护工作表的方法。

案例4-36 只允许其他用户在特定单元格中进行编辑

◆ 素材文档：S-36.xlsx。

◆ 结果文档：S-36-R.xlsx。

在本案例中，用户需要对工作表进行保护使得其他用户除非使用密码“123ABC”，否则只能在特定单元格中进行编辑。

步骤1 打开案例素材文档，选中B2:B15单元格区域，在“审阅”选项卡中单击“锁定单元格”按钮。请注意，执行这个命令的作用为解除对单元格的锁定。因为在WPS表格中任意单元格在默认状态下都是处于“锁定”状态的，所以在未操作的情况下“锁定单元格”按钮默认是突出显示的，而在单击后，该按钮则不再突出显示。

步骤2 单击“审阅”选项卡中的“保护工作表”按钮。

步骤3 在打开的“保护工作表”对话框中，保持“选定锁定单元格”和“选定未锁定单元格”两个复选框的勾选状态不变，在“密码”文本框中输入“123ABC”，单击“确定”按钮，如图4-109所示。

步骤4 在弹出的“确认密码”对话框中，再次输入密码，单击“确定”按钮，执行对工作表的保护。此时可以看到，除刚刚解除锁定的B2:B15单元格区域外，其他区域均无法再进行编辑了。

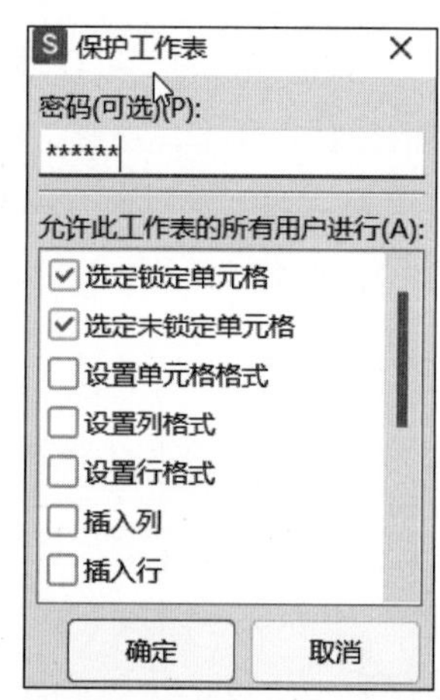

图4-109 在“保护工作表”对话框中设置允许其他用户修改的工作表区域

4.5.2 打印和共享数据

在打印或发布工作表之前，用户需要对打印的页面进行设置，如设置页边距、纸张方向、纸张大小和打印区域等，设置完成后，就可以通过打印机打印工作表或者直接在网上进行发布了。

1. 设置工作表的页面布局

页面布局包含页边距、纸张方向、纸张大小、页眉页脚和打印标题等方面的内容。

页边距指的是需要打印的内容距离页面上、下、左、右边界的距离，纸张方向分为横向和纵向两种。对页边距和纸张大小及方向的设置可以通过“页面设置”对话框或“页面布局”选项卡中的按钮来实现。

如果需要打印的工作表有多页，那么用户通常会希望在每一页的顶端都显示表格的标题或表头字段，这样能够使工作表各页之间更加连贯、条理清晰。页眉是显示在打印页面顶部的内容，页脚是显示在打印页面底部的内容。在多页面的工作表中页眉和页脚常用于标记页码、提示打印时间和提示显示内容等。下面通过实际案例介绍如何进行以上设置。

案例4-37 设置“学生成绩单”的页面布局

◆ 素材文档：S-37.xlsx。

◆ 结果文档：S-37-R.xlsx。

在本案例中，用户需要设置“学生成绩单”工作表的页边距和纸张方向，将表格的标题行设置为打印时在每页顶端重复出现，以及添加页眉内容为“学生成绩单”，页脚显示当前页码和总页数。

步骤1 在“页面布局”选项卡中，单击“页边距”按钮，在弹出的下拉菜单中选择“自定义页边距”。

步骤2 在弹出的“页面设置”对话框中，切换到“页边距”选项卡，将上、下、左、右 4 个方向的页边距都设置为“1.8”（单位：厘米），勾选“居中方式”选项组中的“水平”复选框，如图 4–110 所示。

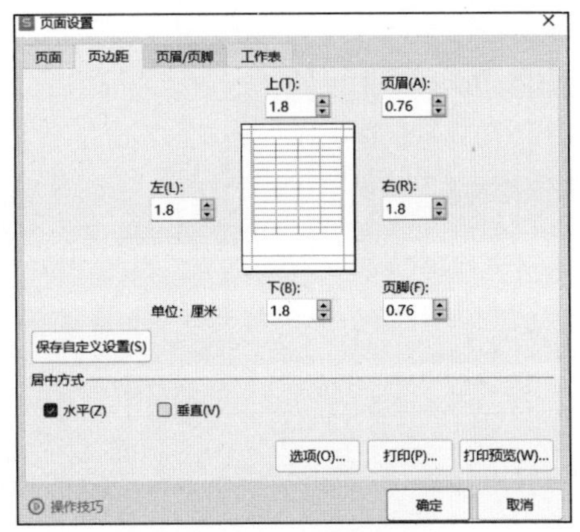

图 4–110 设置页边距

提示

在“居中方式”选项组中，如果“水平”复选框处于勾选状态，则工作表在页面中水平居中显示；如果“垂直”复选框处于勾选状态，则工作表在页面中垂直居中显示；如果同时勾选这两个复选框，则工作表将位于页面的中间位置。

步骤3 切换到“页面”选项卡，将纸张方向设置为“横向”，如果有需要，还可以在“纸张大小”下拉列表中设置自定义的纸张大小。

步骤4 切换到“工作表”选项卡，将插入点光标定位到“顶端标题行”文本框，通过单击左侧第三行的行标签，将单元格的引用“$3:$3”填入该文本框中，如图 4–111 所示，这样在打印时，标题行就可以显示在每页的顶端了。

步骤5 切换到“页眉 / 页脚”选项卡，单击“自定义页眉”按钮。

步骤6 在打开的“页眉”对话框中，将插入点光标定位到中间的文本框，单击上方的“工作表名”按钮，将其添加进来，单击“确定”按钮，如图 4–112 所示。

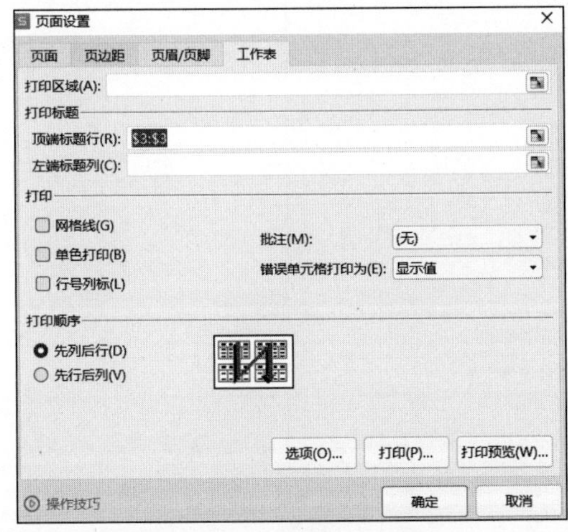

图 4–111 设置打印标题

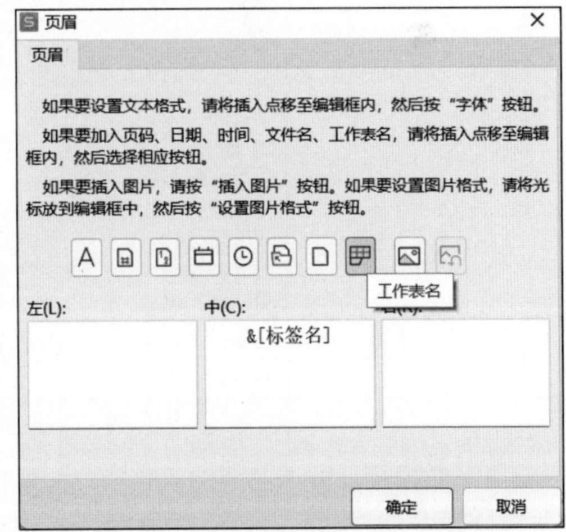

图 4–112 将工作表名添加到页眉

步骤7 回到“页面设置”对话框，在“页脚”下拉列表中选择“第 1 页，共？页”样式的页脚，单击“确定”按钮，完成设置，如图 4–113 所示。

步骤8 在 WPS 表格中单击窗口左上方的快速访问工具栏中的“打印预览”按钮，可以看到打印效果，如图 4–114 所示。

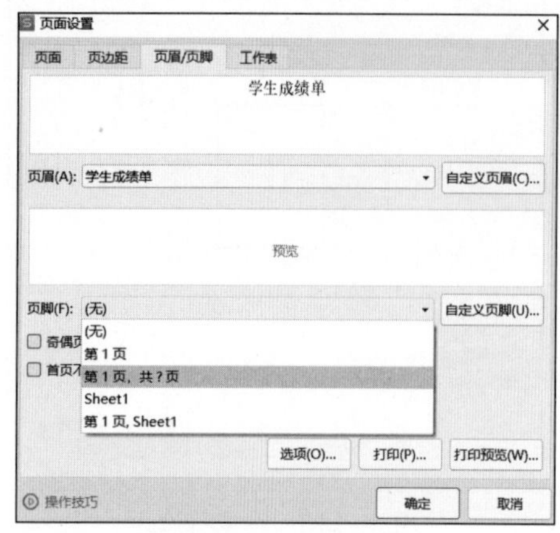

图 4-113　设置页脚

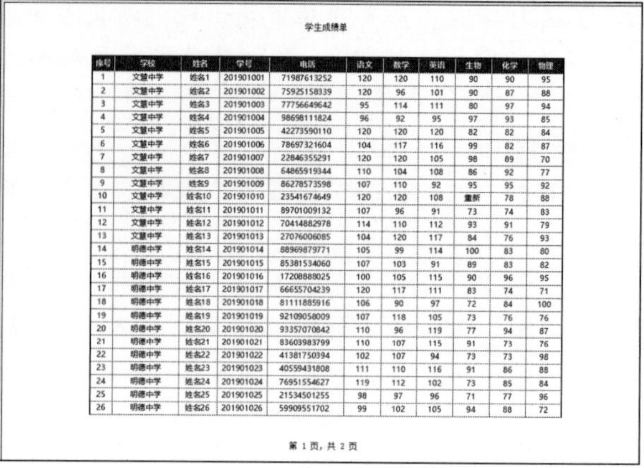

学生成绩单

序号	学校	姓名	学号	电话	语文	数学	英语	生物	化学	物理
1	文慧中学	姓名1	201901001	71987613252	120	120	110	90	90	95
2	文慧中学	姓名2	201901002	75925158339	120	96	101	90	87	88
3	文慧中学	姓名3	201901003	77756649642	95	114	111	80	97	94
4	文慧中学	姓名4	201901004	98698111824	96	92	95	97	93	85
5	文慧中学	姓名5	201901005	42273590110	120	120	120	82	82	84
6	文慧中学	姓名6	201901006	78697321604	104	117	116	99	82	87
7	文慧中学	姓名7	201901007	22846355291	120	120	105	98	89	70
8	文慧中学	姓名8	201901008	64865919344	110	104	108	86	92	77
9	文慧中学	姓名9	201901009	86278573598	107	110	92	95	95	92
10	文慧中学	姓名10	201901010	23541674649	120	120	108	重新	78	88
11	文慧中学	姓名11	201901011	89701009132	107	96	91	73	74	83
12	文慧中学	姓名12	201901012	70414882978	114	110	112	93	91	79
13	文慧中学	姓名13	201901013	27076006085	104	120	117	84	76	93
14	明德中学	姓名14	201901014	88969879771	105	99	114	100	83	80
15	明德中学	姓名15	201901015	85381534060	107	103	91	89	83	82
16	明德中学	姓名16	201901016	17208888025	100	105	115	90	96	95
17	明德中学	姓名17	201901017	66655704239	120	117	111	83	74	71
18	明德中学	姓名18	201901018	81111885916	106	90	97	72	84	100
19	明德中学	姓名19	201901019	92109058009	107	118	105	73	76	76
20	明德中学	姓名20	201901020	93357070842	110	96	119	77	94	87
21	明德中学	姓名21	201901021	83603983799	110	107	115	91	73	76
22	明德中学	姓名22	201901022	41381750394	102	107	94	73	73	98
23	明德中学	姓名23	201901023	40559431808	111	110	116	91	86	88
24	明德中学	姓名24	201901024	76951554627	119	112	102	73	85	84
25	明德中学	姓名25	201901025	21534501255	98	97	96	71	77	96
26	明德中学	姓名26	201901026	59909551702	99	102	105	94	88	72

第 1 页，共 2 页

图 4-114　打印效果预览

2. 打印数据

完成数据发布前的准备工作后，用户就可以通过打印的方式输出数据了。方法如下。

单击左上角的“文件”，在弹出的下拉菜单中选择“打印”，在展开的级联菜单中选择“打印”，即可弹出“打印”对话框，如图 4-115 所示，在其中可以设置打印的页码范围和打印内容等。设置完成后，单击“确定”按钮，即可开始打印。

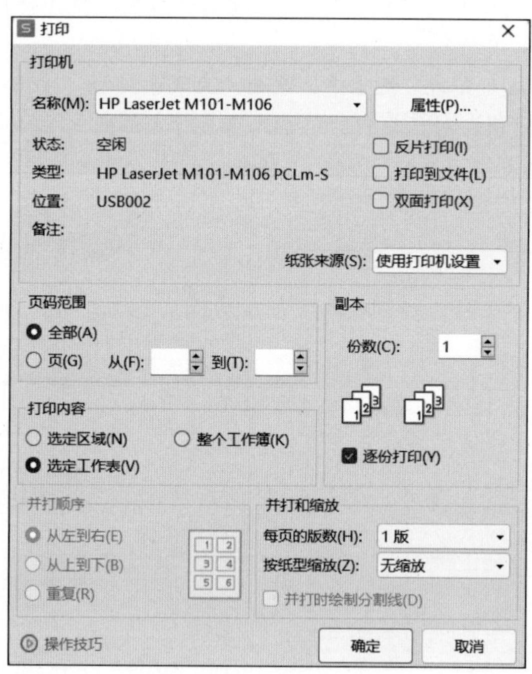

图 4-115 “打印”对话框

3. 共享数据

在很多场景下，用户需要通过互联网将数据分享给同事或者客户，甚至需要共同在线编辑数据。使用 WPS表格可以方便地进行团队协作，并设置不同权限。

案例4-38 在网上发布与共享数据

◆ 素材文档：S-38.xlsx。

在本案例中，用户需要将数据通过云端共享给其他用户，允许其他用户查看并且编辑数据。

步骤1 单击 WPS 表格窗口右上角的“分享”分享按钮，弹出“另存云端开启‘分享’”对话框（WPS 必须处于登录状态），确定上传位置后，单击“上传到云端”按钮。

步骤2 在弹出的对话框中，选中“任何人可编辑”单选按钮，单击“创建并分享”按钮，如图 4-116 所示。

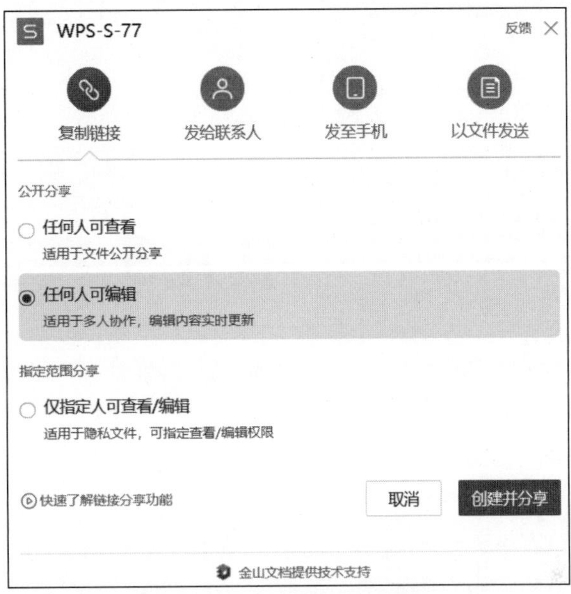

图 4-116 创建并分享数据

步骤3 在打开的对话框中，单击“复制链接”，将复制的链接分享给其他用户，即可与这些用户共同查看和编辑该文档中的数据。

拓展阅读

身处数字时代，我们可以获得各种各样的数据，但是如何从庞大冗杂的数据中快速发现并提取出真正有价值的信息呢？从哲学的角度来分析，我们可以把提取数据的过程分解为提出问题、发现问题和解决问题 3 个步骤，提取数据是面，提出问题、发现问题和解决问题是不同的点，首先要由面及点，想清楚要提取的数据是什么数据，可以利用什么工具，然后用这个工具解决问题，完成由点及面的回溯。具体到实践中，就是可以利用数据表将一组已知数据中的有用内容突出显示出来，从而轻松洞察数据背后的信息。

单元5

使用 WPS 演示设计演示文稿

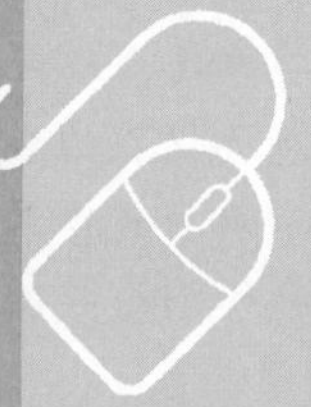

WPS 演示是 WPS 系列办公软件中的一个重要组件，用于制作和播放多媒体演示文稿。本单元将详细讲解 WPS 演示的基本操作方法和演示文稿的编辑制作等方面的知识与技能。

知识目标

- 了解 WPS 演示的工作界面、视图和常用操作；
- 熟悉并掌握添加和编辑文本、艺术字、表格、图表、智能图形、图片的操作方法；
- 熟练运用多媒体和动画来丰富演示文稿的内容。

素养目标

提升将信息形象化的设计能力，并能与他人进行协作与共享。

项目5.1 查看与操作幻灯片

演示文稿通常是由多张幻灯片组成的，因此用户首先需要掌握幻灯片的相关操作，如幻灯片的选择、添加、复制和移动等。除此之外，在编辑演示文稿的过程中，用户还可以用不同模式来查看演示文稿。

5.1.1 设置演示文稿的视图

启动 WPS 后，切换到“首页”选项卡，单击“新建”按钮，在弹出的菜单中选择“演示”，即可创建一个空白的演示文稿；单击“打开”按钮，选择计算机中已存在的演示文稿来打开。

对于新创建的演示文稿，用户通常需要通过另存文件的方式，在指定的位置，以指定的文件名和文件类型加以保存。操作方法为在新建的文档内单击左上角的“文件”，在弹出的下拉菜单中选择“另存为”，在弹出的“另存文件”窗口中，选择保存文件的路径、文件名和文件类型。WPS 演示文稿在保存时默认的文件扩展名为“pptx”，用户也可以选择其他格式，例如“PNG（可移植的网络图像）”格式，“文本文件或 PDF（可携带文件格式）”等。

演示文稿默认的视图为普通视图，用户可以将视图调整为幻灯片浏览视图、备注页视图或阅读视图，只需要在“视图”选项卡中切换即可。

提示

要想播放演示文稿，可以单击“放映”选项卡中的“从头开始”按钮或“当页开始”按钮。此外，按F5快捷键，会从头开始放映演示文稿；按Shift+F5组合键，可以从当前页开始播放演示文稿。

1. 普通视图

在普通视图下，左侧为导航窗格，而占据界面中最大面积的区域为幻灯片编辑区域。这是用户最常使用的一种视图模式。

2. 幻灯片浏览视图

在幻灯片浏览视图下，用户可以对演示文稿中的所有幻灯片进行查看或重新排列。在“视图”选项卡中单击“幻灯片浏览”按钮，即可进入幻灯片浏览视图。

3. 备注页视图

在备注页视图下，用户可以查看幻灯片备注页中的内容，并对其进行编辑。在“视图”选项卡中单击“备注页”按钮，即可进入备注页视图。

4. 阅读视图

在阅读视图下，用户可以查看幻灯片中的动画和切换效果，且无须切换到全屏幻灯片放映。在“视图”选项卡中单击“阅读视图”按钮，即可进入阅读视图。

案例5-1 同时查看同一个演示文稿的不同幻灯片

◆ 素材文档：P-01.pptx。
◆ 结果文档：P-01-R.pptx。

在本案例中，用户需要使用 WPS 演示来同时查看和对比同一个演示文稿中的不同幻灯片。

步骤1 打开案例素材文档，单击“视图”选项卡中的“新建窗口”按钮，可以看到此时在 WPS 演示文稿界面出现了“P-01-01.pptx：1”和“P-01-01.pptx：2”两个窗口。

步骤2 单击“视图”选项卡中的“重排窗口”按钮，在弹出的下拉菜单中选择“垂直平铺”，即可将两个窗口并排显示在屏幕上，并且可以在左右两个窗口中同时查看同一个演示文稿中不同的幻灯片，如图 5-1 所示。

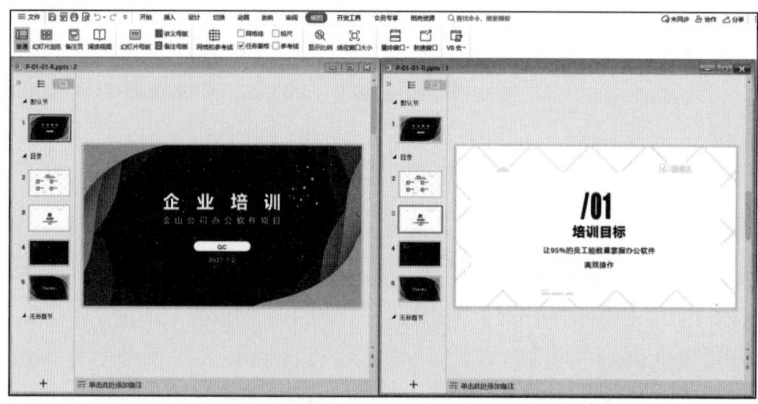

图 5-1 同时查看同一个演示文稿中不同的幻灯片

5.1.2 选择幻灯片

用户在对幻灯片进行相关操作前必须先将其选中，选中幻灯片的操作主要分选择单张幻灯片、选择多张幻灯片和选择全部幻灯片 3 种情况。

1. 选择单张幻灯片

要想在演示文稿中选中一张幻灯片，用户可以在左侧的导航窗格中单击某张幻灯片的缩略图，同时在幻灯片编辑区中也会显示该幻灯片，如图 5-2 所示；也可以将鼠标指针移至幻灯片编辑区，滚动鼠标滚轮，在幻灯片之间切换。

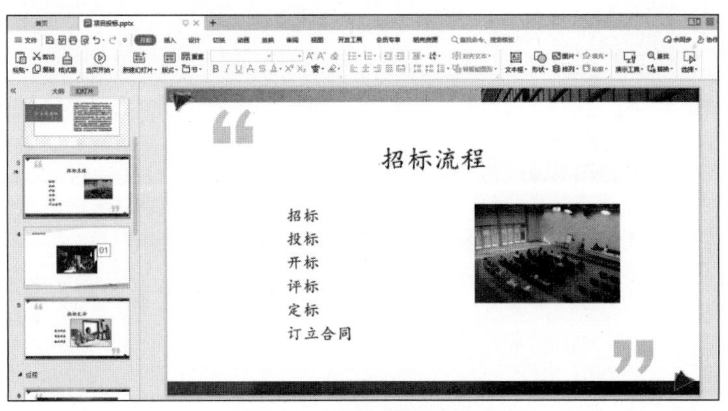

图 5-2 选择单张幻灯片

2. 选择多张幻灯片

在选择多张幻灯片时，用户可以选择多张连续的幻灯片，也可以选择多张不连续的幻灯片，操作方法如下。

（1）选择多张连续的幻灯片

在导航窗格中，选中第一张幻灯片后，在按住 Shift 键的同时单击要选择的最后一张幻灯片，即可选中第一张和最后一张之间的所有幻灯片。

（2）选择多张不连续的幻灯片

在导航窗格中，选中第一张幻灯片后，按住 Ctrl 键，依次单击其他需要选择的幻灯片即可选择多张不连续的幻灯片。

3. 选择全部幻灯片

用户在导航窗格中选中任意一张幻灯片，按 Ctrl+A 组合键，即可选中当前演示文稿中的全部幻灯片。

案例5-2 在大纲模式下修改幻灯片中的文本内容

- 素材文档：P-02.pptx。
- 结果文档：P-02-R.pptx。

在本案例中，用户需要同时选中所有幻灯片中的文本内容，并将文本颜色设置为蓝色。

步骤1 打开案例素材文档，在普通视图模式下，单击左侧导航窗格顶端的“大纲”选项。

步骤2 在这种模式下，每张幻灯片中的文本内容都显示了出来。将鼠标指针定位到导航窗格的任意位置，按 Ctrl+A 组合键即可将所有幻灯片中的文本内容全部选中，如图 5-3 所示。

提示

在大纲模式下，只有在预设的占位文本框中输入的文本才会显示出来。关于占位符的概念，后面的章节会详细介绍。

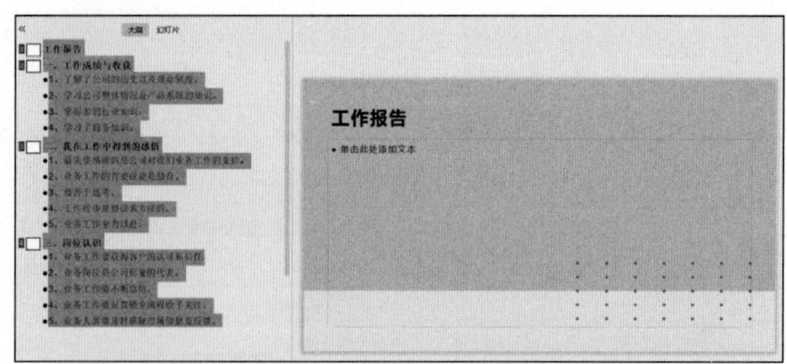

图 5-3 在大纲模式下选择所有幻灯片中的文本内容

步骤3 单击“开始”选项卡中的“字体颜色”下拉按钮，在展开的颜色库和菜单中选择“标准色”大类中的“蓝色”。

5.1.3 编辑幻灯片

新建的空白演示文稿只有一张幻灯片，而一个演示文稿通常需要使用多张幻灯片来表达需要演示的内容，因此就需要在演示文稿中添加新的幻灯片，同时，也可将多余的幻灯片删除。此外，用户还可以在演示文稿中复制、移动和隐藏已有的幻灯片。WPS 演示还为包含大量幻灯片的结构复杂的演示文稿提供了分节功能，用户可以对某个章节的幻灯片进行批量操作。

1. 新建幻灯片

在演示文稿中插入幻灯片的方法主要有以下几种。

（1）通过快捷菜单

在导航窗格中，右击某张幻灯片，在弹出的快捷菜单中选择“新建幻灯片”，即可在当前幻灯片下方添加一张同样版式的空白幻灯片。

（2）通过快捷按钮

在导航窗格中，将鼠标指针放置在某张幻灯片上，该幻灯片下方便会出现“新建幻灯片”按钮，单击该按钮，即可从弹出的“新建幻灯片”菜单中选择一张所需版式的空白幻灯片，添加在当前幻灯片下方。

（3）通过快捷键

在导航窗格中选中某张幻灯片后按 Enter 键，可快速在该幻灯片下方添加一张同样版式的空白幻灯片。

2. 删除幻灯片

在编辑演示文稿的过程中，用户如果想要删除多余的幻灯片，可通过以下两种方法实现。

（1）通过快捷菜单

选中需要删除的幻灯片，右击，在弹出的快捷菜单中选择“删除幻灯片”即可。

（2）通过快捷键

选中需要删除的幻灯片，按 Delete 键即可。

3. 移动幻灯片

移动幻灯片即调整幻灯片的位置。移动幻灯片的方法主要有以下两种。

（1）通过命令操作

在导航窗格中右击要移动的幻灯片，在弹出的快捷菜单中选择“剪切”，或在选中幻灯片后按 Ctrl+X 组合键进行剪切，然后右击目标位置的前一张幻灯片，在弹出的快捷菜单中选择“粘贴”，或在选中目标位置的前一张幻灯片后按 Ctrl+V 组合键进行粘贴即可。

（2）通过鼠标拖曳

在导航窗格中选中要移动的幻灯片，按住鼠标左键不放并拖曳鼠标，当鼠标指针移动到需要的位置后释放鼠标左键即可。

提示

如果演示文稿中有大量幻灯片，那么可以先切换到幻灯片浏览视图模式下，再对幻灯片进行移动，这样操作更加方便。

4. 复制幻灯片

复制幻灯片即创建一张相同的幻灯片。复制幻灯片的方法如下。

（1）复制到任意位置

在导航窗格中，先右击要复制的幻灯片，在弹出的快捷菜单中选择“复制”，或在选中幻灯片后按 Ctrl+C 组合键进行复制，然后右击目标位置，在弹出的快捷菜单中选择“粘贴”，或在选中目标位置的前一张幻灯片后按 Ctrl+V 组合键进行粘贴即可。

（2）快速复制

在导航窗格中，右击要复制的幻灯片，在弹出的快捷菜单中选择“复制幻灯片”，即可快速创建一张相同的幻灯片。

5. 隐藏幻灯片

如果演示文稿中的有些幻灯片在播放时并不需要，但暂时又不想将其删除，可以将其隐藏。要隐藏某张幻灯片，首先需要将其选中，然后右击，在弹出的快捷菜单中选择“隐藏幻灯片”即可。

6. 设置幻灯片大小

WPS 演示默认的幻灯片大小为“宽屏（16 ∶ 9）”，该尺寸适合目前大多数计算机显示屏的尺寸。如果用户想要将幻灯片设置成其他尺寸，则可以自定义幻灯片大小。方法为，单击“设计”选项卡中的“幻灯片大小”按钮，在弹出的下拉菜单中选择“自定义大小”，随即弹出“页面设置”对话框，可以在“幻灯片大小”选项组中的下拉列表中选择其他的预设尺寸，也可以在“幻灯片大小”选项组中的“宽度”和“高度”数值框中输入自定义的数值，单击“确定”按钮，完成设置，如图 5-4 所示。

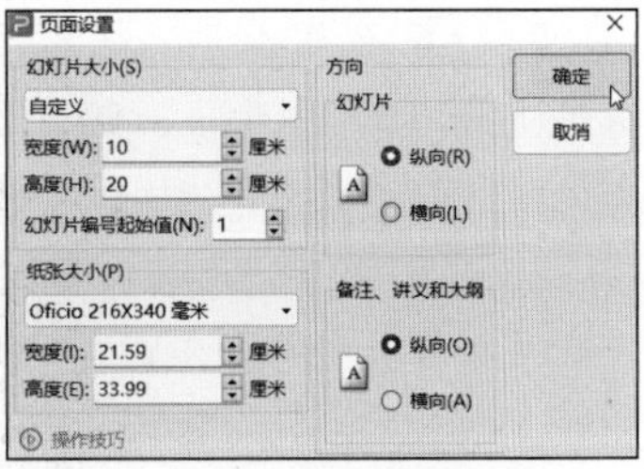

图 5-4　设置幻灯片大小

7. 分节

对于包含大量幻灯片的演示文稿，用户可以对其进行分节，从而让幻灯片的管理更为简便。选中幻灯片并右击，在弹出的快捷菜单中选择“新增节”，即可从该幻灯片开始，形成新的一节。对于在演示文稿中建立的节，用户可以修改其名称，将其包含的幻灯片进行折叠或展开。

案例5-3 整理和编辑“茶叶产品宣传”演示文稿幻灯片

◆ 素材文档：P-03.pptx。

◆ 结果文档：P-03-R.pptx。

在本案例中，用户要按照内容架构对演示文稿进行分节，并调整节的顺序。此外，对不需要的幻灯片执行隐藏操作。

步骤1 打开案例素材文档，选中第 3 张幻灯片，单击“开始”选项卡中的“节”按钮，在弹出的下拉菜单中选择“新增节”。

步骤2 右击在导航窗格的第 3 张幻灯片上方出现的“无标题节”，在弹出的快捷菜单中选择“重命名节”，在弹出的“重命名”对话框中，将名称修改为“产品介绍”，单击“重命名”按钮，如图 5-5 所示。

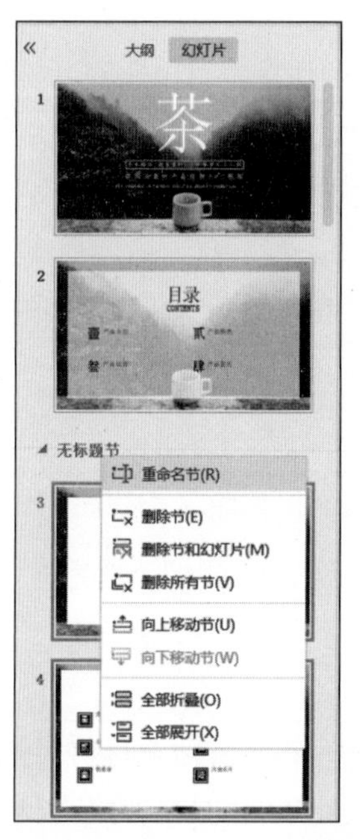

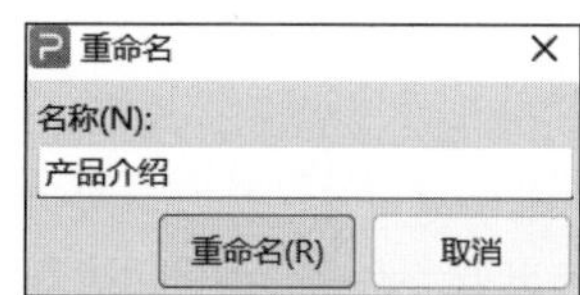

图 5-5 重命名节

步骤3 使用和步骤 2 相同的方法，从第 7 张幻灯片开始，创建名为“产品特色”的节；从第 11 张幻灯片开始，创建名为“产品宣传”的节；从第 15 张幻灯片开始，创建名为“产品运营”的节；将第 19 张幻灯片创建为一个单独的节，名为“结束页”。

步骤4 单击“产品运营”节的标题，选中该节的所有幻灯片，按住鼠标左键并拖曳鼠标，将整节幻灯片移动到“产品宣传”节的上方，松开鼠标左键，即可完成对整节幻灯片的移动，如图 5-6 所示。

步骤5 选中第 17 张幻灯片（“产品宣传”节中的第 3 张幻灯片），右击，在弹出的快捷菜单中选择“隐藏幻灯片”，即可将其在播放时隐藏，被隐藏的幻灯片左上角会有隐藏的标记，如图 5-7 所示。

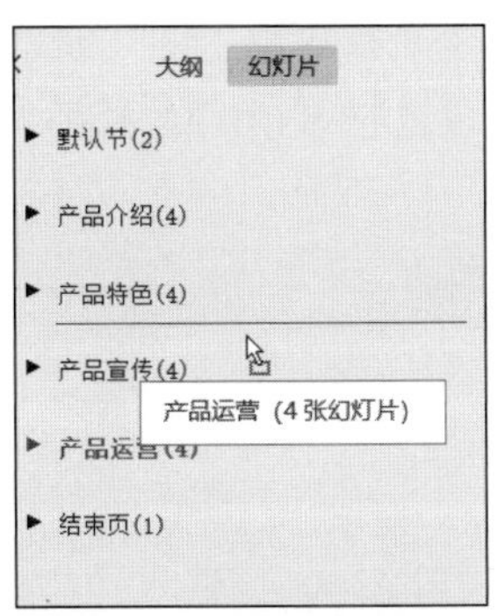

图 5-6 移动整节幻灯片

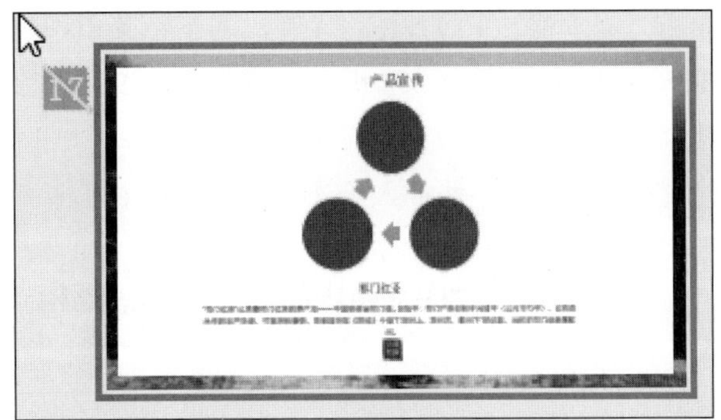
图 5-7 被隐藏的幻灯片

项目5.2 编辑和格式化页面元素

在 WPS 演示的幻灯片页面中，用户可以添加文本、图片、音视频、表格等。用户可以合理利用这些元素，从而丰富幻灯片内容，增强幻灯片的可读性。本项目对编辑和格式化页面元素的基本操作进行介绍。

5.2.1 在幻灯片中输入与编辑文本

文本是演示文稿内容中最基本的元素，每张幻灯片或多或少都会有一些文字信息，所以文本内容的输入与编辑就显得尤为重要。本节主要介绍如何在幻灯片中输入与编辑文字。

1. 直接在占位文本框中输入文本

新建幻灯片后，在幻灯片中出现的虚线框就是占位文本框。占位文本框内的“单击此处添加标题”或“单击此处添加文本”等提示文字为文本占位符。单击占位文本框后，提示文字便会自动消失，此时即可在占位文本框内输入相应的内容。

占位文本框可以移动和改变大小，选中占位文本框，将鼠标指针放置在文本框边框处，当鼠标指针变为十字箭头形状时，按住鼠标左键并拖曳鼠标，即可移动占位文本框。将鼠标指针放置在四周出现的控制点上，当指针呈双向箭头形状时，按住鼠标左键并拖曳鼠标，即可调整占位文本框大小。

部分占位文本框中心会有一些按钮，单击这些按钮可以插入相应的对象，例如，单击“插入表格”按钮可以插入表格，单击“图片”按钮可以插入图片。

2. 通过插入文本框输入文本

在幻灯片中，占位文本框其实是一个特殊的文本框，它出现在幻灯片中的固定位置，包含预设的文本格式。在编辑幻灯片时，除了在占位文本框中输入文本内容，还可以在幻灯片中插入新的文本框，然后在其中输入与编辑文字，从而满足不同的幻灯片设计需求。

在幻灯片中插入文本框的方法如下：选中要插入文本框的幻灯片，切换到“插入”选项卡，单击“文本框”下拉按钮，在弹出的下拉菜单中根据需要单击“横向文本框”或“竖向文本框”，此时光标呈十字形状，在幻灯片中按住鼠标左键并拖曳鼠标可绘制文本框，当文本框达到所需大小时释放鼠标左键即可。

绘制好文本框后，将插入点光标定位到其中，即可输入文字内容。

案例5-4 设置幻灯片中文字内容的文本和段落格式

◆ 素材文档：P-04.pptx。
◆ 结果文档：P-04-R.pptx。

在本案例中，用户需要为第一张和第二张幻灯片中的文字内容设置文本格式和段落格式。

步骤1 打开案例素材文档，选中第一张幻灯片，选中文本“ABC 科技有限公司”，单击“开始”选项卡中的“字号”下拉按钮，在弹出的下拉菜单中选择“40”。

步骤2 切换到“文本工具”选项卡，单击艺术字样式库右侧的下拉按钮，在展开的艺术字样式库中选择“填充－巧克力黄，着色 1，阴影”预设样式，如图 5-8 所示。

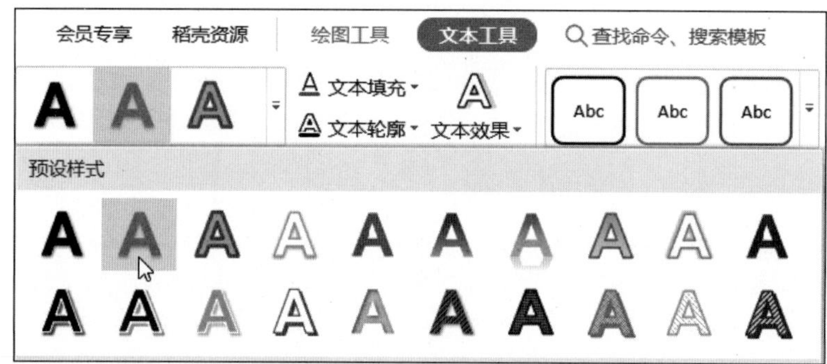

图 5-8 设置艺术字样式

步骤3 保持文本“ABC 科技有限公司”为选中状态，右击，在弹出的快捷菜单中选择“字体”。

步骤4 在弹出的“字体”对话框中，将“中文字体”设置为“微软雅黑”，将“西文字体”设置为“Arial”，将“字形”设置为“加粗”，单击“确定”按钮，如图 5-9 所示。

步骤5 选中第二张幻灯片，选择标题“公司简介”下方的文本框，单击“开始”选项卡中的“对齐文本”按钮，在弹出的下拉菜单中选择“顶端对齐”。

步骤6 保持该文本框的文字为选中状态，右击，在弹出的快捷菜单中选择“段落”。

步骤7 在弹出的“段落”对话框中，默认定位在“缩进和间距”选项卡，将“特殊格式”设置为“首行缩进”，缩进的单位设置为“字符”，并在“度量值”数值框中填入“2”；将“段前”和“段后”间距都设置为“6 磅”，“行距”设置为“1.5 倍行距”；切换到“中文版式”选项卡，勾选“允许标点溢出边界”复选框，单击“确定”按钮。具体设置如图 5-10 所示。

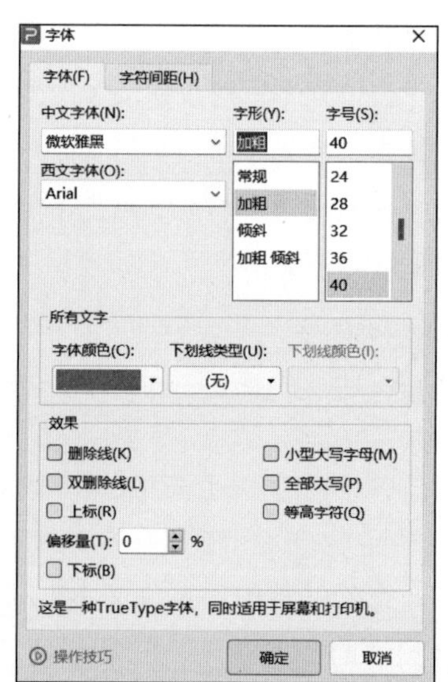

图 5-9 为中英文设置字体和字形

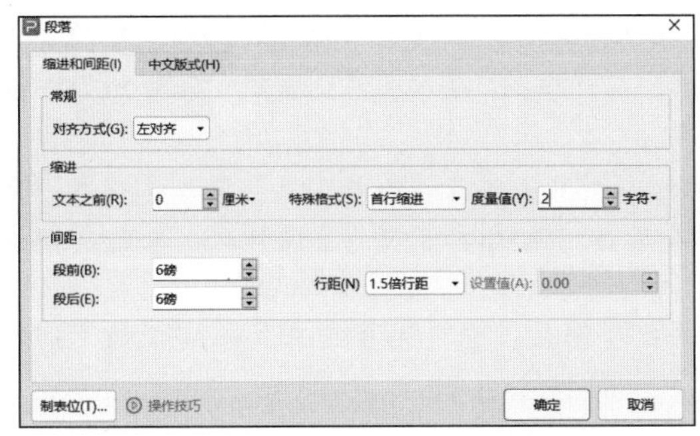

图 5-10 文本的段落格式设置

5.2.2 在幻灯片中插入形状与图片

WPS 演示提供了丰富的图形处理功能，让用户可以轻松插入内置的形状和计算机中的图片文件，并根据需要来进一步设置其格式。

1. 插入形状

WPS 演示内置了丰富的形状，供用户在设计幻灯片的过程中使用。在幻灯片中插入形状的方法为，单击“插入”选项卡中的“形状”按钮，在展开的形状库中选择所需要的形状。

2. 插入图片

用户使用 WPS 演示还可以插入计算机中保存的各类图片，其方法如下。

先单击“插入”选项卡中的“图片”下拉按钮，在展开的图片库中单击“本地图片”，然后在弹出的“插入图片”窗口中，定位到要插入的图片所在的文件夹，选中图片并单击“打开”按钮。

提示

如果用户想要一次性插入多张图片，并希望每张图片分别放置于一张独立的幻灯片中，那么单击“插入”选项卡中的“图片”下拉按钮，在展开的图片库中单击“分页插图”即可。

3. 设置形状和图片的格式

用户在插入形状或者图片后，选中插入的对象，可以看到“绘图工具”或者“图片工具”标签。如果插入的是形状，单击“绘图工具”标签，展开“绘图工具”选项卡，可以对形状的样式、大小、对齐方式和层次等进行设置。如果插入的是图片，那么在“图片工具”选项卡中用户还可以对图片的背景、色彩、亮度和对比度等进行设置。

案例5-5 设置和排列多个形状/图片对象

- 素材文档：P-05.pptx、P-05.png。
- 结果文档：P-05-R.pptx。

在本案例中，用户需要插入新的图片和形状，对已有的图片进行重新设置，并在幻灯片中重新排列和叠放 3 个对象。

步骤1 打开案例素材文档“P-05.pptx”，选中第三张幻灯片，单击“插入”选项卡中的“图片”下拉按钮，在展开的图片库中单击“本地图片”，在弹出的“插入图片”窗口中定位到“P-05.png”所在文件夹，选中该图片并单击“打开”按钮。

步骤2 选中第三张幻灯片中已经存在的“手形”图片，单击“图片工具”选项卡中的“重设大小”按钮，恢复其初始大小，接着单击“图片工具”选项卡中的“重设样式”按钮，恢复其初始样式。

步骤3 选中第三张幻灯片中刚刚插入的“家庭”图片，在“图片工具”选项卡的“形状宽度”数值框中，将图片宽度修改为“11.65 厘米”，并按 Enter 键。

提示

在WPS演示中，图片默认的高度和宽度比是锁定的，因此在调整了宽度之后，图片的高度也会自动发生改变；取消对“锁定纵横比”复选框的勾选后，即可对图片的高度和宽度单独进行设置。

步骤4 在第三张幻灯片中，单击“插入”选项卡中的“形状”按钮，在展开的形状库中选择“对角圆角矩形”形状，鼠标指针呈十字形状，在幻灯片中按住鼠标左键并拖曳鼠标，即可绘制出所需图形。

步骤5 保持刚刚插入的图形为选中状态，在“绘图工具”选项卡中，将“形状宽度”设置为“11.65 厘米”，“形状高度”设置为“7.8 厘米”，单击图形样式库右侧的下拉按钮，在展开的图形样式库中选择“彩色轮廓 – 深灰绿，强调颜色 5”样式，如图 5-11 所示。

图 5-11 设置形状的大小和样式

步骤6 右击对角圆角矩形形状，在弹出的快捷菜单中选择“编辑文字”，在形状中输入文本“保护您的家庭！”，并将其字体设置为“微软雅黑”，字号设置为“32”。

步骤7 按住 Ctrl 键的同时选中第三张幻灯片中的两张图片，在“图片工具”选项卡中单击“边框”下拉按钮，在展开的边框颜色库中选择“深灰绿，着色 5”。

步骤8 将“家庭”图片拖曳到幻灯片左下角，将把对角圆角矩形拖曳到幻灯片右上角，按住 Ctrl 键，同时选中幻灯片中的 3 个对象，单击“绘图工具”选项卡中的“对齐”按钮，在弹出的下拉菜单中选择“横向分布”，然后再次单击“对齐”按钮，在弹出的下拉菜单中选择“纵向分布”，使 3 个形状均匀分布，如图 5-12 所示。

图 5-12 对齐图片和形状对象

步骤9 选中“手形”图片，单击“图片工具”选项卡中的“上移一层”下拉按钮，在弹出的下拉菜单中选择“置于顶层”，使其在“家庭”图片和对角圆角矩形之上。

5.2.3 在幻灯片中插入智能图形

智能图形是 WPS 演示中用来展示概念（例如一个工作流程、一种组织架构等）的一种表现形式。在演示文稿中，智能图形能够很直观地展示要点信息。WPS 演示提供了并列、总分、循环、关系、组织结构等智能图形，用户可以根据需要进行创建。

要插入智能图形，单击“插入”选项卡中的“智能图形”按钮，在展开的“智能图形”窗口中，首先选择要插入的图形类别，然后单击具体的图形即可。插入智能图形后，在功能区中会出现关于智能图形的“设计”和“格式”两个标签。单击“设计”标签，切换到“设计”选项卡，用户可以在其中设置图形的样式、颜色、大小和叠放层次，并进行项目的添加；在“格式”选项卡中，用户可以设置智能图形中每个元素的格式。

案例5-6 将文本直接转换为智能图形并进行设置

- 素材文档：P-06.pptx。
- 结果文档：P-06-R.pptx。

在本案例中，用户需要将幻灯片中的项目符号列表直接转换为智能图形，并添加项目，修改其颜色。

步骤1 打开案例素材文档，选中幻灯片标题下方的文本，单击“开始”选项卡中的“转智能图形”按钮，在展开的智能图形库中，选择“更多智能图形”。

步骤2 在弹出的“转智能图形”窗口中，切换到“组织架构”选项卡，单击第二行第三个图形，如图 5-13 所示。

步骤3 选中智能图形中的“WPS 文字”形状，在“设计”选项卡中单击“添加项目”按钮，在弹出的下拉菜单中选择“在后面添加项目”，在“WPS 文字”形状下面会出现一个空白形状，输入文本“WPS 表格”。

步骤4 在“设计”选项卡中单击“更改颜色”按钮，在展开的颜色库中选择“彩色”大类中的最后一个样式，如图 5-14 所示。

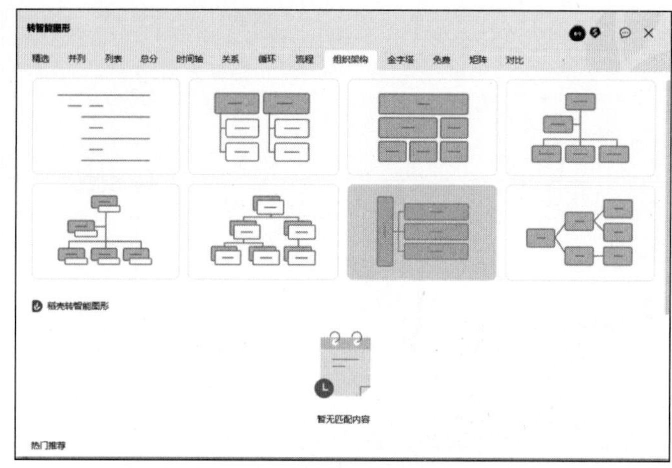

图 5-13 文本转智能图形

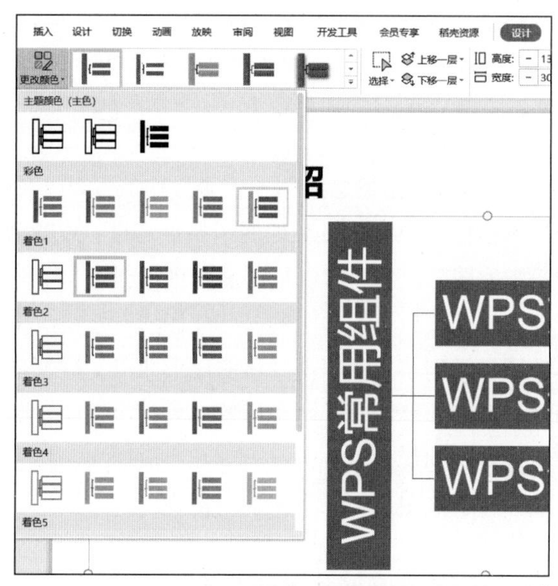

图 5-14 设置智能图形的颜色

5.2.4 为演示文稿插入页眉和页脚

在用户使用 WPS 演示进行文稿演示或制作幻灯片时，页眉和页脚是非常重要的元素。它们可以向观众提供更多的信息，使整个演示文稿更加专业且易于理解。例如，页眉和页脚可以包含作者、标题、日期、页码等，从而帮助观众了解演示文稿的信息背景和来源。通过在每一张幻灯片的页眉和页脚中使用相同的格式，可以使整个演示文稿更加统一和专业。这有助于观众更好地理解演示文稿中的内容，减少理解上的混乱和误解。在商业演示和学术演讲中，页眉和页脚可以用来显示版权信息，保护原创者的权益，防止他人未经授权使用。

为演示文稿插入页眉和页脚的方法如下：在“插入”选项卡中单击“页眉页脚”按钮，在弹出的“页眉和页脚”对话框中，为幻灯片添加日期与时间、幻灯片编号，以及其他页眉和页脚的文本内容。

提示

在“页眉和页脚”对话框中，不仅可以为幻灯片添加页眉和页脚，还可以切换到“备注和讲义”选项卡，为备注和讲义设置页眉和页脚。

案例5-7 设置“产品介绍”演示文稿的页眉和页脚

◆ 素材文档：P-07.pptx。

◆ 结果文档：P-07-R.pptx。

在本案例中，用户需要为“产品介绍”演示文稿添加日期、幻灯片编号和页脚内容，并且希望在演示文稿的标题页不显示页眉和页脚信息；设置幻灯片编号从第二页开始，并且起始值为 1。

步骤1 打开案例素材文档，单击“插入”选项卡中的“页眉页脚”按钮。

步骤2 在弹出的“页眉和页脚”对话框中，先切换到“幻灯片”选项卡，勾选“日期和时间”复选框，然后选中“自动更新”单选按钮，接着勾选“幻灯片编号”和“页脚”复选框，并在“页脚”复选框下方的文本框中输入“产品介绍”，最后勾选“标题幻灯片不显示”复选框，单击“全部应用”按钮，如图 5-15 所示。

步骤3 单击“设计”选项卡中的“页面设置”按钮。

步骤4 在弹出的“页面设置”对话框中，将“幻灯片编号起始值”数值框中的数值调整为“0”，单击“确定”按钮，如图 5-16 所示。

图 5-15 插入页眉和页脚

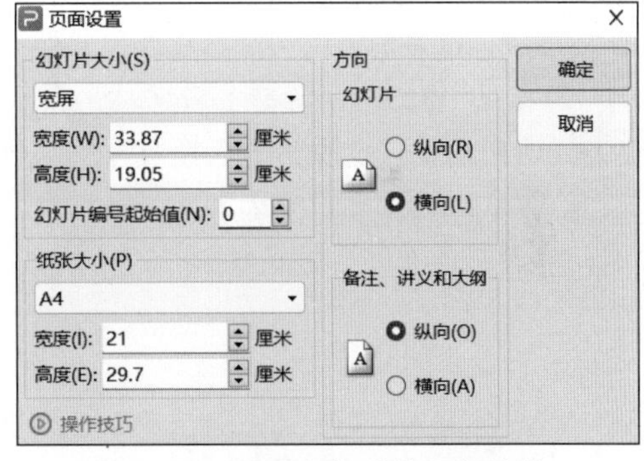

图 5-16 设置幻灯片编号起始值

项目5.3 使用母版统一演示文稿风格

用户在制作包含多张幻灯片的工作型演示文稿（例如讲义、总结报告、产品介绍等）时，通常需要统一每张幻灯片的风格，WPS 演示中的母版和版式功能是实现这一目标的重要工具。

5.3.1 认识版式与母版

幻灯片版式是指占位文本框在幻灯片中的默认布局方式，WPS 演示中内置了 11 种幻灯片版式。新建的演示文稿中，第一张幻灯片默认使用“标题幻灯片”版式，第二张及其后的幻灯片默认使用“标题与内容”版式。切换到“开始”选项卡，单击“版式”按钮，在展开的版式库中即可查看或更改幻灯片版式。

幻灯片母版是一种视图方式，它类似于演示文稿的“后台”，通过它可以对幻灯片中的各个版式进行编辑。用户在编辑幻灯片时，输入的内容或插入的对象只会在某一张幻灯片中显示，而通过母版对版式进行编辑，编辑的内容则会应用到所有使用该版式的幻灯片中。在“视图”选项卡中单击“幻灯片母版”按钮，即可进入母版视图。

进入母版视图后，用户在导航窗格中可以看到 1 张主幻灯片母版及 11 张版式母版，后者分别对应幻灯片的 11 种版式。对主幻灯片母版进行的所有编辑均会应用到这 11 张版式母版中，也就是会应用到该演示文稿的所有幻灯片中；而对版式母版的编辑只会影响演示文稿中应用了该版式的幻灯片。

案例5-8　修改“物流企业管理概述”讲义的幻灯片母版

◆ 素材文档：P-08.pptx、P-08-2.gif。
◆ 结果文档：P-08-R.pptx。

在本案例中，用户需要修改演示文稿幻灯片母版的背景颜色、修饰横线的位置和颜色、项目符号的样式，并修改幻灯片的版式布局。

步骤1 打开案例素材文档“P-08.pptx”，单击“视图”选项卡中的“幻灯片母版”按钮，进入幻灯片母版视图。

步骤2 在左侧导航窗格中，选定主母版（最上面的幻灯片），单击“幻灯片母版”选项卡中的“背景”按钮，在右侧出现“对象属性”窗格，选中“纯色填充”单选按钮，在“填充”下拉按钮右侧的颜色下拉列表中，选择“白烟，背景 1，深色 5%”的填充颜色，如图 5-17 所示。

步骤3 选中主母版中的绿色修饰横线，右击，在弹出的快捷菜单中选择“设置对象格式”。

步骤4 在右侧打开的“对象属性”窗格中，切换到“形状选项”选项卡的“大小与属性”子选项卡，单击“位置”下拉按钮，将“垂直位置”调整为“4.00 厘米”，如图 5-18 所示。

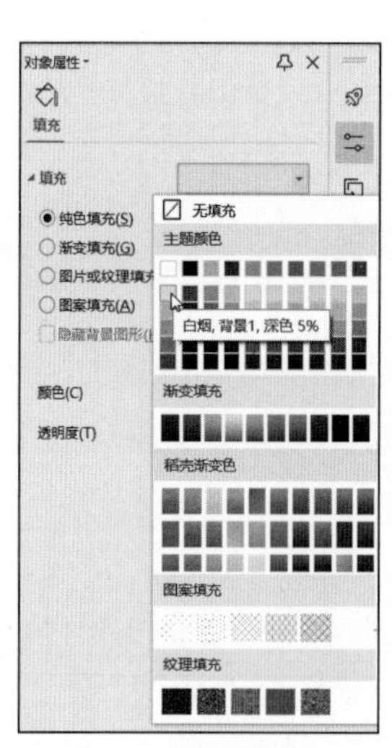

图 5-17　设置母版背景颜色

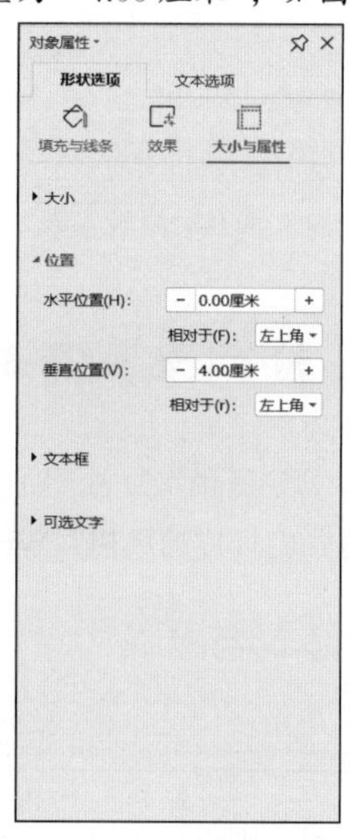

图 5-18　修改修饰横线位置

步骤5 保持主母版中的横线为选中状态，在右侧的“对象属性”窗格中，切换到“形状选项”选项卡的“填充与线条”子选项卡，在颜色下拉列表中选择“取色器”，鼠标指针会变为滴管形状，从母版上方标题文字的任意位置取色，即可完成对横线颜色的修改，如图 5-19 所示。

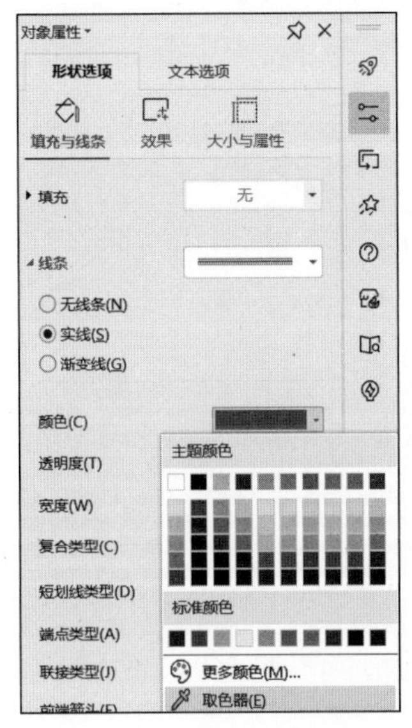

图 5-19 修改母版横线颜色

步骤6 将插入点光标定位到“标题和内容”版式母版（主母版下方的第二张幻灯片）内容占位符的首行文字“单击此处编辑母版文本样式”的开头位置，单击“开始”选项卡中的“项目符号”下拉按钮，在展开的项目符号库中选择“其他项目符号”。

步骤7 在弹出的“项目符号与编号”对话框中，切换到“项目符号”选项卡，单击“图片”按钮，如图 5-20 所示。

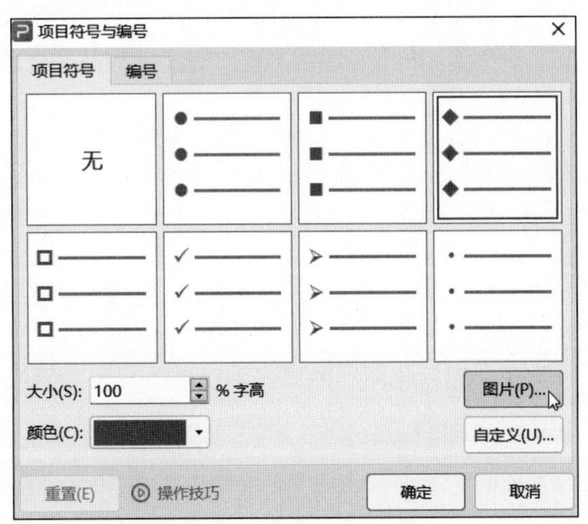

图 5-20 设置图片项目符号

步骤8 在弹出的“打开文件”窗口中，找到素材文件“P-08-2.gif”并打开，可以看到，第一级项目符号已经变为卡车图片样式。

步骤9 单击“幻灯片母版”选项卡中的“关闭”按钮，退出幻灯片母版编辑状态。

步骤10 按住 Ctrl 键的同时选中第 1、2、6、11 张幻灯片，单击“开始”选项卡中的“版式”按钮，在弹出的下拉菜单中选择“标题幻灯片”版式，如图 5-21 所示。

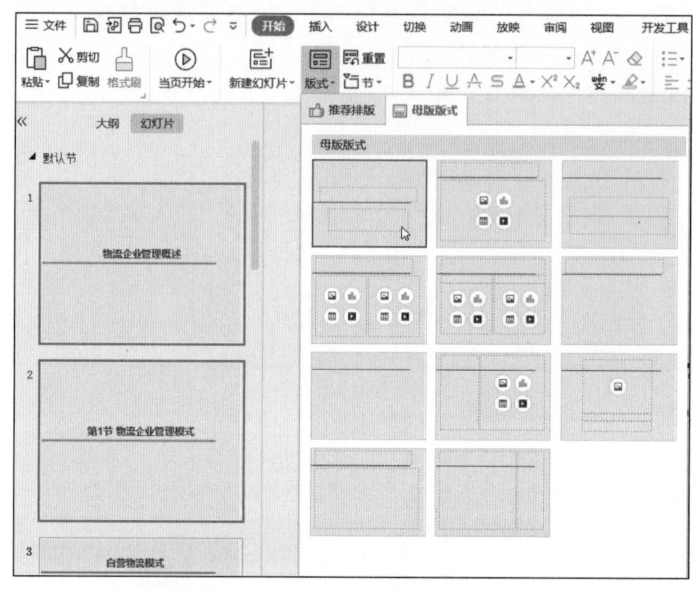

图 5-21 设置“标题幻灯片”版式

5.3.2 在母版中应用主题

WPS 演示中的主题是指用于设计演示文稿整体外观和风格的模板。主题在演示文稿的设计和美化过程中起着非常重要的作用，具体包括以下几个方面。

1. 统一性

主题可以确保演示文稿的各个部分在视觉上保持一致。用户通过设置适当的主题，为整个演示文稿赋予统一的外观，可使观众在浏览演示文稿时更好地理解和接受信息。

2. 专业性

主题的设计通常经过精心的策划，使用合适的主题可以提升演示文稿的质量，使其看起来更具专业性，给观众留下良好的印象。

3. 可视化效果

主题通常包含多种预定义的布局和样式，能够使演示文稿的内容以更直观和更吸引人的方式呈现。使用主题自带的样式、颜色和图形效果，可以增强演示文稿的视觉效果，使之更易于理解，更具吸引力。

4. 灵活性

主题为整个演示文稿外观的修改提供了一种快速而灵活的方式。用户可以通过更换主题，轻松改变演示文稿的整体风格，使其适应不同内容和场合的需求，从而缩短设计时间，提高工作效率。

在 WPS 演示中，要对演示文稿应用主题，首先应该进入幻灯片母版视图，然后单击“主题”按钮。如果预设的主题不能完全满足要求，还可以对主题颜色、主题字体、主题效果和背景颜色等方面进行进一步调整。

案例5-9 导入大纲并应用主题

◆ 素材文档：P-09.pptx、P-09-2.docx。

◆ 结果文档：P-09-R.pptx。

在本案例中，用户要从DOCX格式的大纲文件中导入幻灯片内容，并为其应用恰当的主题、主题颜色和主题字体，修改其背景，还需要将幻灯片中的网址修改为可以访问的超链接。

步骤1 打开案例素材文档“P-09.pptx”，单击“开始”选项卡中的“新建幻灯片”下拉按钮，在弹出的幻灯片样式库中单击“从文字大纲导入”。

步骤2 在弹出的“插入大纲”窗口中，定位到文档“P-09-2.docx”所在的文件夹，选中该文件后，单击“打开”按钮。

步骤3 在演示文稿的4张幻灯片中，选中第一张幻灯片，单击“开始”选项卡中的“版式”按钮，在展开的版式库中选择“标题幻灯片”版式（母版版式中的第一个布局）。

步骤4 单击“视图”选项卡中的“幻灯片母版”按钮，进入幻灯片母版的编辑状态。

步骤5 单击“幻灯片母版”选项卡中的“主题”按钮，在展开的主题库中选择“网格”主题，如图5-22所示。

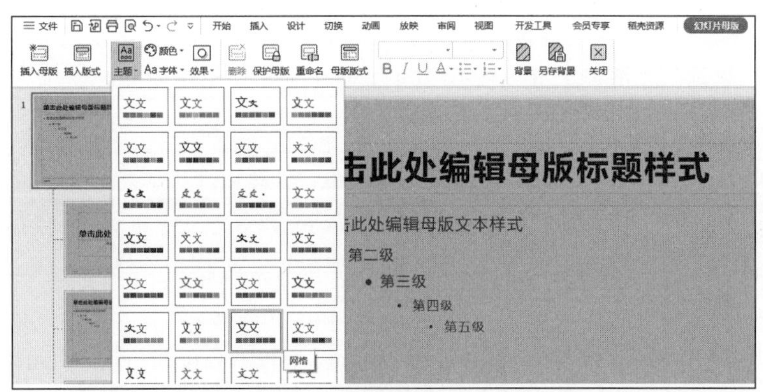

图5-22 在母版中应用主题

步骤6 单击“幻灯片母版”选项卡中的“字体”按钮，在弹出的下拉菜单中选择“极目远眺”主题字体，如图5-23所示。

步骤7 单击“幻灯片母版”选项卡中的“颜色”按钮，在展开的颜色库中单击“自定义颜色”。

步骤8 在弹出的“自定义颜色”对话框中，将新主题的名称修改为“micromacro”；单击“超链接”右侧的下拉按钮，在下拉菜单中选择标准蓝色；单击“已访问的超链接”下拉按钮，在下拉菜单中选择标准绿色，单击“保存”按钮，如图5-24所示。

步骤9 单击“幻灯片母版”选项卡中的“背景”按钮，在右侧打开的“对象属性”窗格中，将填充颜色的“透明度”设置为“38%”，单击“全部应用”按钮，如图5-25所示。

图5-23 设置主题字体

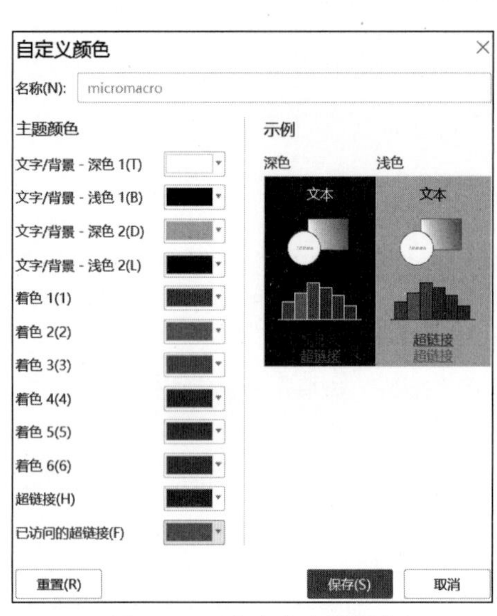

图 5-24 自定义主题颜色

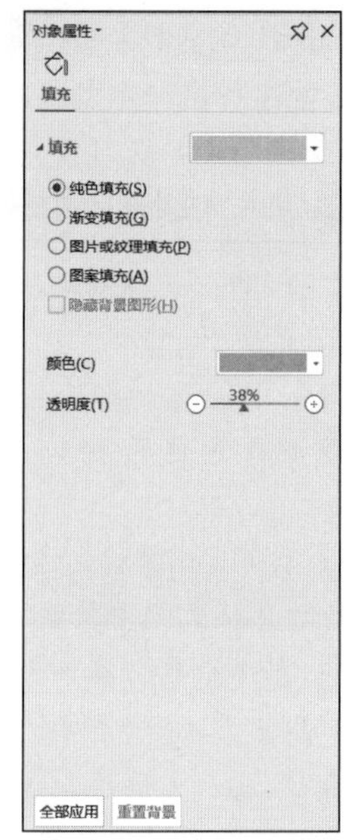

图 5-25 设置幻灯片背景颜色透明度

步骤10 单击“幻灯片母版”中的“关闭”按钮，退出幻灯片母版编辑状态。

步骤11 选中第一张幻灯片中的文本“https://kos.wps.cn”，右击，在弹出的快捷菜单中选择“超链接”。

步骤12 在弹出的“插入超链接”对话框中，将“要显示的文字”设置为“更多信息请访问！”，在下方“地址”文本框中输入网址“https://kos.wps.cn”，单击“确定”按钮，如图 5-26 所示。

图 5-26 插入超链接

提示

此时第一张幻灯片中原来的网址已经显示为“更多信息请访问！”，且颜色为蓝色，这是由之前设置的主题颜色造成的，在播放的过程中，如果单击该链接，则会链接到对应的网站，并且单击后的字体颜色会立刻变为绿色。

项目5.4　使用多媒体与动画让演示更精彩

在 WPS 演示中，用户还可以为演示文稿添加音频和视频等多媒体元素，为幻灯片中的各类元素和幻灯片之间的切换添加动画效果，从而让演示文稿更丰富多彩。

5.4.1　为演示文稿添加音频和视频

在幻灯片中插入音频或视频片段，可使观众身临其境，帮助观众快速理解内容。本节介绍插入音频、视频文件的基本操作方法。

1. 插入音频和视频

在 WPS 演示中，切换到“插入”选项卡，可以看到“音频”和“视频”两个按钮，在单击这两个按钮所弹出的下拉菜单中，可以看到各种命令选项，如图 5-27 所示。

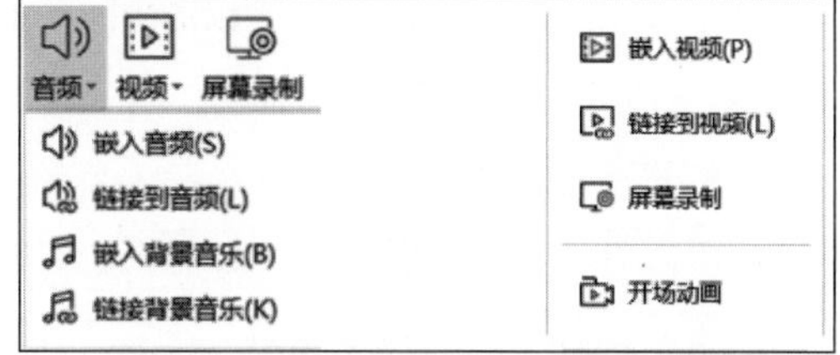

图 5-27　插入音频和视频命令选项

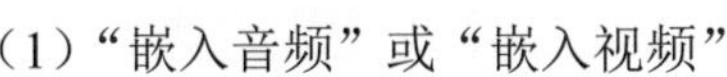
（1）“嵌入音频”或“嵌入视频”

“嵌入音频”或“嵌入视频”用于将计算机中的音频或者视频文件插入某一张幻灯片中。

（2）“链接到音频”或“链接到视频”

在某张幻灯片中插入计算机中的音频或视频，但并不实际将音视频文件插入，而是仅仅插入链接，这样做的好处是避免演示文稿过大。需要注意的是，用户在进行复制的时候，要将演示文稿和所插入的音视频文件一同复制。

（3）“嵌入背景音乐”和“链接背景音乐”

嵌入背景音乐是将音频实际插入演示文稿内，而链接背景音乐只为演示文稿和音频文件建立链接。

2. 剪辑和设置音频与视频

在演示文稿中插入音频后，在功能区中会出现“音频工具”选项卡，用户可以在其中进行各种相关设置。

要对音频文件进行适当的剪辑，选中音频，在“音频工具”选项卡中单击“裁剪音频”按钮，在打开的“裁剪音频”对话框中，调整进度条上“开始”和“终止”滑块的位置即可。

在插入音频文件后，用户还可以在“音频工具”选项卡中对音频的播放模式进行调整。

（1）“开始”

用于设置音频的开启方式，默认为“自动播放”；如果用户想要切换为其他开始方式，可单击其下拉按钮，在下拉菜单中进行选择。

（2）“当前页播放”

插入的音频只在当前页中播放，当幻灯片切换到下一页时，播放将停止。

（3）“跨幻灯片播放”

允许音频跨幻灯片播放，直到整个演示文稿播放结束。在该按钮右侧的数值框中，可以设置音频播放的停止页码位置。

（4）“循环播放，直至停止”

勾选该复选框后，音频会循环播放，直到幻灯片放映结束。

（5）“放映时隐藏”

勾选该复选框后，在放映幻灯片时，音频图标将会被隐藏。

（6）“播放完返回开头”

勾选该复选框后，音频播放完后会返回音频开头，但不会循环播放。

（7）“设为背景音乐”

单击该按钮后，音频将作为整个演示文稿的背景音乐，可以跨幻灯片播放到演示文稿的最后一张幻灯片，同时可以循环播放，直到演示文稿放映结束。

视频的设置和音频的类似，在插入视频后，要对视频进行简单编辑，可在“视频工具”选项卡中单击“裁剪视频”按钮，在打开的“裁剪视频”对话框中，调整“开始”和“终止”滑块的位置。此外，在“视频工具”选项卡中，还可以对视频进行“全屏播放”“循环播放，直到停止”和“播放完返回开头”等设置。

案例5-10 为“招标培训”演示文稿添加背景音乐和视频

◆ 素材文档：P-10.pptx、P-10.mp3、P-10.mp4。

◆ 结果文档：P-10-R.pptx。

在本案例中，用户需要为演示文稿中除了最后一张幻灯片外的其他幻灯片添加背景音乐，再在最后一张幻灯片中添加视频。

步骤1 打开案例素材文档“P-10.pptx”，选中第1张幻灯片，单击“插入”选项卡中的“音频”按钮，在弹出的下拉菜单中选择“嵌入音频”。

步骤2 在弹出的“插入音频”窗口中，定位到音频文件“P-10.mp3”所在的文件夹，选中该文件，单击“打开”按钮。

步骤3 先选中音频图标，在“音频工具”选项卡的“开始”下拉菜单中选择“自动”，然后选中“跨幻灯片播放”单选按钮，并在右侧的数值框中填入“10”，勾选“循环播放，直至停止”和“放映时隐藏”两个复选框，如图5-28所示。

图5-28 设置音频选项

步骤4 选中第 11 张幻灯片，单击“插入”选项卡中的“视频”按钮，在弹出的下拉菜单中选择“嵌入视频”。

步骤5 在弹出的“插入视频”窗口中，定位到视频文件“P-10.mp4”所在的文件夹，选中该文件，单击“打开”按钮。

步骤6 选中插入的视频，在“图片工具”选项卡中勾选“锁定纵横比”复选框，在“形状宽度”数值框中输入“20.00”，“形状高度”会自动变为“11.25 厘米”，用鼠标将视频拖曳到幻灯片左侧恰当的位置，效果如图 5-29 所示。

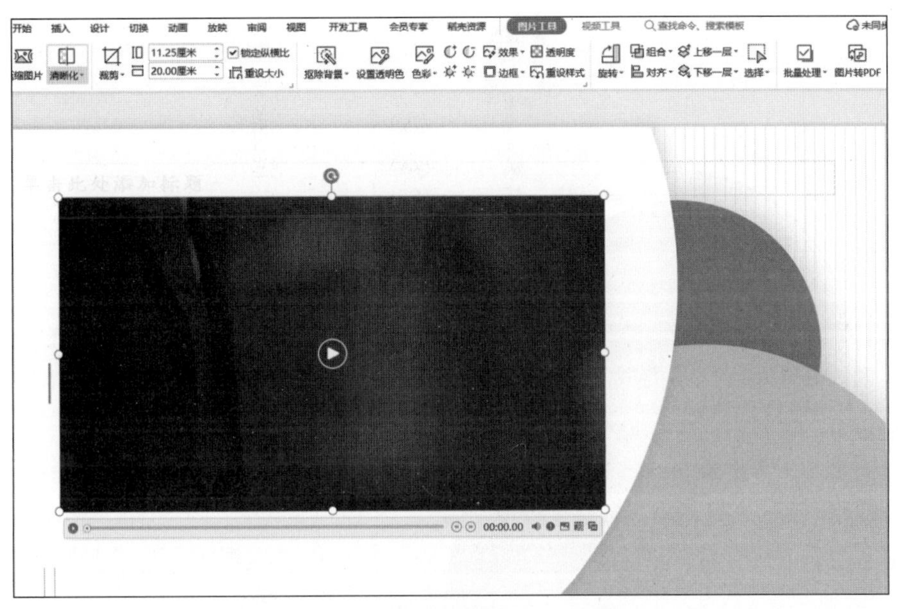

图 5-29 设置视频的大小和位置

步骤7 切换到“视频工具”选项卡，单击“开始”下拉按钮，在弹出的下拉菜单中选择“自动”，以便当幻灯片播放到此页时，可以自动开始播放视频。

5.4.2 为幻灯片中的元素应用动画效果

在播放演示文稿的时候，添加恰当的动画效果可以让演示更加生动和流畅。WPS 演示为用户提供了丰富的动画效果，熟练地运用它们可以为演示文稿的文本、图片和表格等对象创造出更精彩的视觉效果。

1. 动画效果的种类和选项

对象的动画效果分为进入动画、强调动画、退出动画、动作路径动画等。进入动画即对象出现时的动画效果，强调动画即对象在显示过程中的动画效果，退出动画即对象消失时的动画效果，而动作路径动画是指对象按照指定轨迹运动的动画效果。用户可以为对象添加任意一种类型的动画效果。添加动画效果的步骤如下。

① 选中要添加动画效果的元素。

② 切换到“动画”选项卡，单击动画库右侧的下拉按钮，在展开的动画库中首先选择要使用的动画类型，然后在该类型中选择具体的动画，如图 5-30 所示。

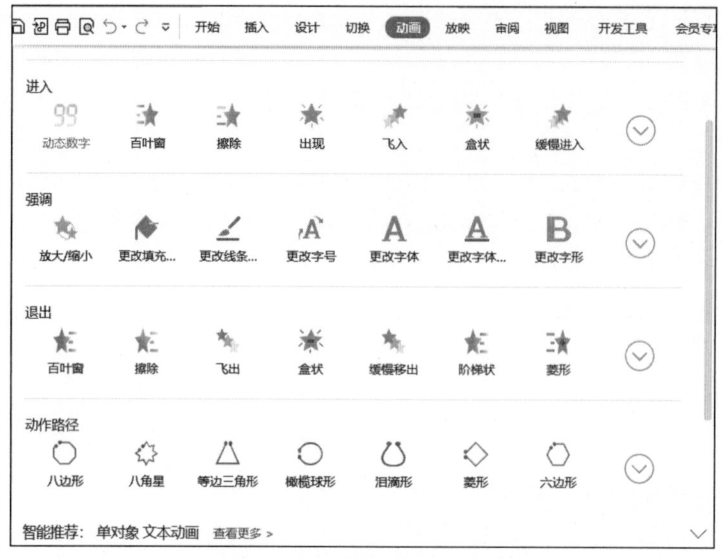

图 5-30 选择动画类型

③ 在“动画”选项卡中，单击动画库右侧的“动画属性”或“文本属性”按钮，根据添加动画的元素的属性和动画的类型，进一步对动画加以设置，如图 5-31 所示。例如，对于进入动画中的“飞入”动画，用户可以在“动画属性”中设置飞入的方向；如果为文本设置动画，那么在“文本属性”中可以设置是整体播放动画，还是按段落或逐字播放动画。

动画属性
文本属性

图 5-31 “动画属性”按钮和“文本属性”按钮

2. 使用组合动画效果

用户可以为同一个对象添加多种动画效果。设置多种动画效果后，在放映幻灯片时，程序会按照动画效果的设置顺序依次进行播放。添加组合动画效果的步骤如下。

① 在“动画”选项卡的动画库中，为对象添加第一个动画效果。

② 单击“动画”选项卡中的“动画窗格”按钮，在该窗格中单击“添加效果”按钮，在展开的动画库中选择所需要的动画效果，即可为该对象再添加一个动画效果。

在“动画窗格”中，用户不仅可以为对象添加动画效果，还可以对多种动画效果的播放顺序和开始时间等做更细微的调整。

案例5-11 为“电子数据交换”演示文稿设置动画效果

◆ 素材文档：P-11.pptx。
◆ 结果文档：P-11-R.pptx。

在本案例中，用户需要通过设置动画效果的方式来更形象地展示电子数据交换的流程。

步骤1 打开案例素材文档，选中第 2 张幻灯片中的“红色信封”形状，单击“动画”选项卡中的“动画窗格”按钮。

步骤2 在右侧开启的“动画窗格”中，单击“添加效果”按钮，在展开的动画库中单击“动作路径”大类中的“更多选项”按钮，如图 5-32 所示。

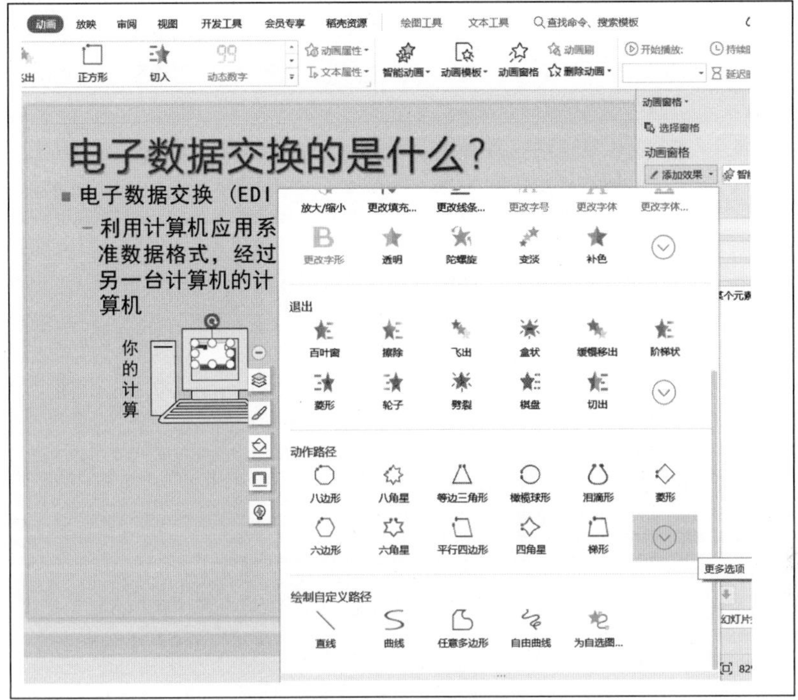

图 5-32　添加动作路径动画

步骤3 在“直线和曲线”小类中选择“向右下转”动画。

步骤4 保持“红色信封”形状为选中状态，在“动画窗格”中单击“添加效果”按钮，在展开的动画库中单击“动作路径”大类中的“更多选项”按钮，在“直线和曲线”小类中选择“向上转”动画。

步骤5 选中“向上转”动画，使用鼠标将其拖曳到恰当的位置（使其起点在“增值网络”形状，终点在“商业伙伴的计算机”形状），如图 5-33 所示。

步骤6 继续保持“向上转”动画为选中状态，在“动画窗格”中单击“开始”下拉按钮，在下拉列表中选择“在上一动画之后”，如图 5-34 所示。

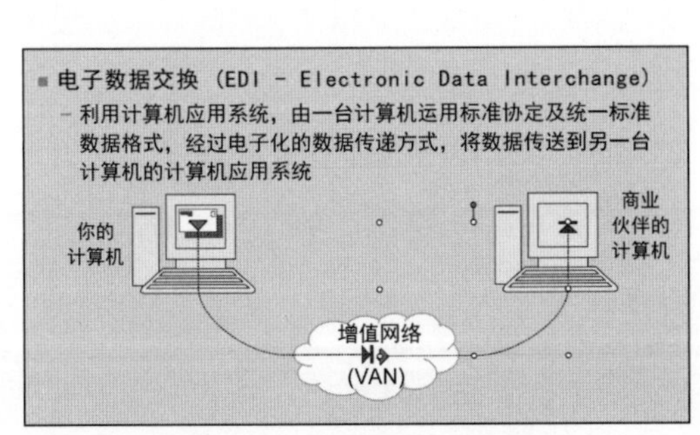

图 5-33　调整路径动画位置

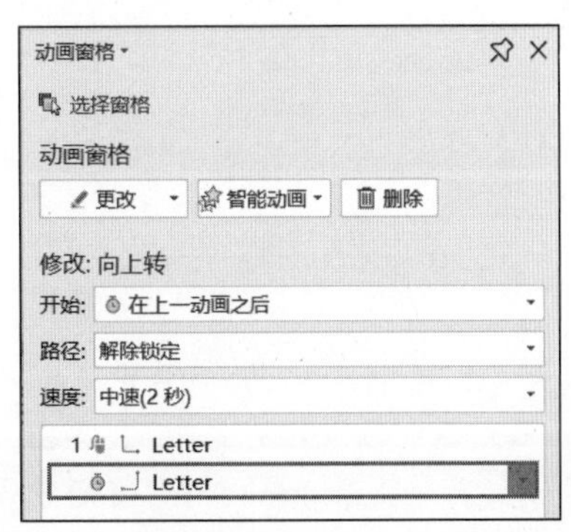

图 5-34　设置该动画在上一动画之后开始

步骤7 选中第 3 张幻灯片中的标题占位符，在“动画”选项卡中，单击动画库右下角的下拉按钮，在展开的动画库中将“进入”动画大类展开，在“温和型”小类中选择“颜色打字机”动画，如图 5-35 所示。

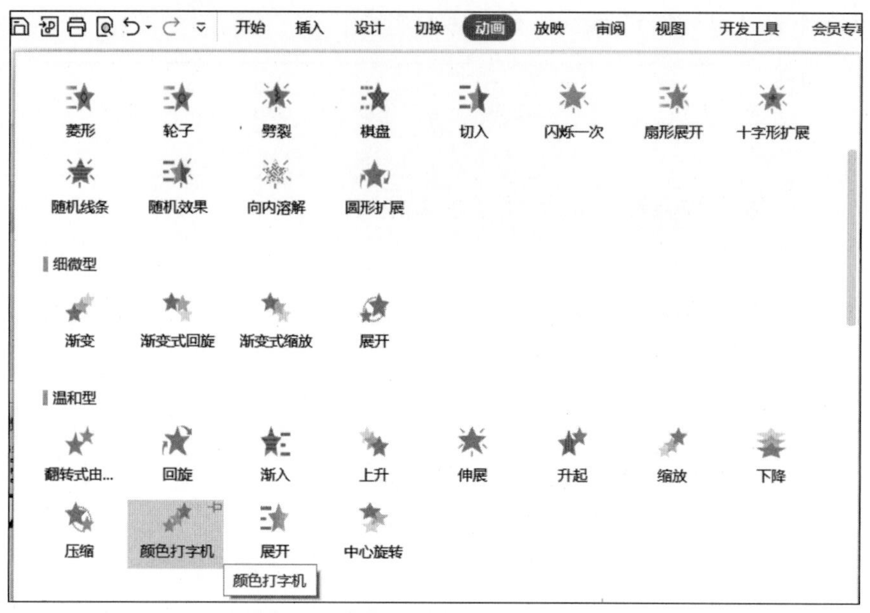

图 5-35 选择“颜色打字机”动画

步骤8 保持“电子数据交换的主要标准”文本框为选中状态，单击“动画”选项卡中的“文本属性”按钮，在弹出的下拉菜单中选择“更多文本动画”。

步骤9 在弹出的“颜色打字机”对话框中，在“效果”选项卡中将“声音”修改为“打字机”，单击“确定”按钮，如图 5-36 所示。

步骤10 继续选中“电子数据交换的主要标准”文本框，单击“动画”选项卡中的“动画刷”按钮，鼠标指针会变为形状，选中第 4 张幻灯片，单击标题占位符，如图 5-37 所示，即可完成动画的复制。

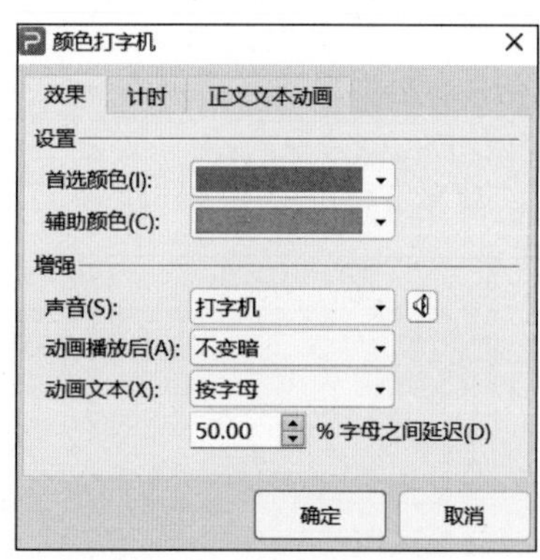

图 5-36 设置动画声音

电子数据交换的应用领域

图 5-37 使用动画刷复制动画

步骤11 选中第 3 张幻灯片中标题下方的文本框，在“动画”选项卡中展开动画库，选择“进入”动画大类中的“出现”动画，单击“动画”选项卡中的“动画刷”按钮。

步骤12 单击第 4 张幻灯片标题下方的智能图形，完成动画的复制。

5.4.3 为幻灯片设置切换动画效果

切换动画是两张或多张幻灯片之间的衔接动画。WPS 演示提供了多种切换动画，用户可以根据需要为不同的幻灯片添加不同的切换动画，也可以为全部的幻灯片批量添加同一种切换动画。

用户在“切换”选项卡中单击切换动画库右下角的下拉按钮，在展开的切换动画效果库中可以看到 WPS 演示所提供的全部切换动画，单击所需要的切换动画，即可对当前选定的幻灯片应用该切换动画。

此外，在“切换”选项卡中，用户还可以对切换动画的速度、声音和换片方式等进行设置。

提示

如果要对演示文稿中的所有幻灯片应用同一种切换动画，那么需要在对当前幻灯片应用切换动画之后，单击“切换”选项卡中的“应用到全部”按钮，该演示文稿中的所有幻灯片均应用了这一切换动画。

案例5-12 设置“营销活动策划方案”切换动画

◆ 素材文档：P-12.pptx。
◆ 结果文档：P-12-R.pptx。

在本案例中，用户不仅需要为演示文稿设置切换动画，并设置切换速度、切换声音和自动换片时间，还需要将演示文稿设置为循环播放。

步骤1 打开案例素材文档，在“切换”选项卡中单击切换动画库右下角的下拉按钮，在展开的切换动画库中单击“立方体”。

步骤2 单击“切换”选项卡中的“效果选项”按钮，在弹出的下拉菜单中选择“下方进入”。

步骤3 在“切换”选项卡中将“速度”调整为“01.00”(秒)，“声音”设置为“照相机”，勾选“自动换片”复选框并在其右侧的数值框中输入“00:08”，含义为 8 秒，单击“应用到全部”按钮，如图 5-38 所示。

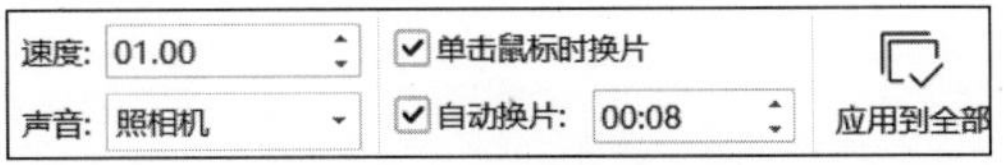

图 5-38 设置切换选项

提示

一般情况下，不建议用户为演示文稿设置切换声音，以免对演讲者造成干扰。

步骤4 切换到“放映”选项卡，单击“放映设置”下拉按钮，在弹出的下拉菜单中选择“放映设置”。

步骤5 在弹出的“设置放映方式”对话框中，勾选“循环放映，按 ESC 键终止”复选框，单击“确定”按钮，如图 5-39 所示。

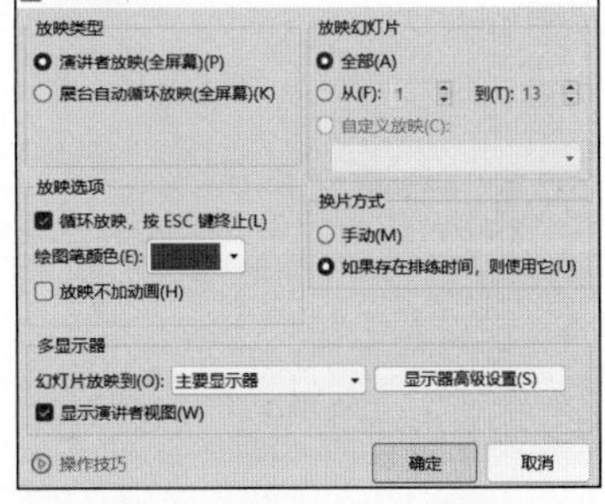

图 5-39 设置演示文稿循环放映

提示

在设置演示文稿循环放映之前，必须先设置演示文稿自动换片，否则演示文稿将无法正常循环放映。

拓展阅读

“求木之长者，必固其根本；欲流之远者，必浚其泉源。”中华优秀传统文化是中华民族的精神命脉，是涵养社会主义核心价值观的重要源泉，也是我们在世界文化激荡中站稳脚跟的坚实根基。文化自信需要青年一代的大学生弘扬中华优秀传统文化，充分发挥当代大学生创新、创意、创造的专业实践能力，助力文化传承。信息演示与共享的能力，能够有效帮助当代大学生提高对民族文化价值的认知，增强文化自信心，并以开放的胸怀来吸收外来文化。

单元6

网络应用与信息检索

因特网（Internet）是全球性的信息通信网络，是通过 TCP/IP（Transmission Control Protocol/Internet Protocol，传输控制协议 / 互联网协议），把分布于世界各地不同结构的计算机网络，用各种传输媒介（也称传输媒体）互相连接起来的网络体系。按照覆盖范围，计算机网络可分为局域网（Local Area Network，LAN）、城域网（Metropolitan Area Network，MAN）、广域网（Wide Area Network，WAN）。目前，Internet 已经成为全世界最大的计算机互联网络，其用户遍布全球，数量巨大且增长迅速。

随着 Internet 的迅猛发展和广泛应用，网上信息资源的数量和种类以前所未有的速度不断增加。从新闻、商业信息、软件、数据库到图书馆资源、国际组织和政府出版物等，所有的用户都能通过计算机网络随意查询分布于世界各地的上述各种数据、图表、文献信息，信息存储和检索的地理界限被打破。目前，Internet 已经成为世界范围内传播商业、科研、教育和社会信息的最主要渠道。只要用户知晓信息资源的服务器地址和访问资源的方式，并有访问资源的权限，就可以获得相关的信息资源。

知识目标

- 了解计算机网络的概念和相关知识；
- 了解 Internet 的概念和相关知识；
- 掌握常用浏览器的使用方法；
- 掌握收发和管理电子邮件的方法；
- 掌握创建表单的方法；
- 掌握常用的搜索引擎的工作原理和使用方法，以及信息检索的流程和方法。

素养目标

- 思考网络对人们的生活和工作的积极作用；
- 思考信息检索对于学生在专业领域学习的意义。

项目6.1 认识计算机网络

6.1.1 计算机网络的定义

在计算机网络发展的不同阶段，人们对计算机网络的理解和关注点是不同的，针对不同的观点，人们提出了不同的计算机网络的定义。就计算机网络的现状而言，从资源共享的观点出发，人们通常将计算机网络定义为以共享资源的方式连接起来的独立计算机系统的集合。也就是说，计算机网络将相互独立的计算机系统用通信线路相连接，按照全网统一的网络协议进行数据通信，从而实现网络资源共享和信息传递的目的。

从计算机网络的定义中我们可以看出，要构成计算机网络，需要符合以下 4 点要求。

（1）计算机相互独立

从分布的地理位置来看，各计算机之间是独立的，既可以相距很近，也可以相隔千里；从数据处理功能来看，计算机之间也是独立的，既可以联网工作，也可以脱离网络独立工作，而且联网工作时，计算机之间也没有明确的主从关系，即网络内的一台计算机不能强制性地控制另一台计算机。

（2）用通信线路相连接

计算机系统必须用通信线路和通信设备实现互连，其中常用的通信线路有双绞线、同轴电缆、光纤、无线传输媒介等。

（3）采用统一的网络协议

网络中的各计算机在通信过程中必须共同遵守“全网统一”的通信规则，即网络协议。

（4）资源共享

计算机网络中任意一台计算机的资源（包括硬件、软件和信息）都可以共享给全网其他计算机系统。

6.1.2 计算机网络的分类

计算机网络是非常复杂的系统，具有技术含量高、综合性强的特点。计算机网络所采用的技术不同，反映出的特点也不同。从不同的角度划分计算机网络、观察计算机网络，有利于我们全面地了解它的特点。

1. 按地域划分

按地域，计算机网络分为以下 3 类。

- 广域网：覆盖了从几十千米到几千千米的地理范围的网络。它可以覆盖多个国家、地区，甚至可以横跨几大洲。
- 局域网：覆盖的范围在几千米之内的网络，如覆盖一个实验室、一幢大楼、一个校园的各种计算机、终端与外围设备的网络，其传输速率较高。
- 城域网：在一个城市的范围内所建立的计算机通信网络，其传输时延时较小，传输速率在 100Mbit/s 以上。

2. 按通信所用媒介划分

按通信所用媒介，计算机网络可分为以下两类。

- 有线网：采用同轴电缆、双绞线、光纤等媒介来传输数据的网络。
- 无线网：采用无线电波等媒介传输数据的网络。

3. 按通信传播方式划分

按通信传播方式，计算机网络可分为以下两类。

- 点对点式网络：以点对点的连接方式把各计算机连接起来。一条通信线路只连接一对节点，如果两个节点之间没有直接连接的线路，那么可以通过中间节点进行转接。用该方式连接多台计算机，所采用的线路可能会构成复杂的“网状结构”，源节点和目的节点之间可能存在多条路径。

- 广播式网络：用一个共同的传输媒介把各计算机连接起来，所有联网的计算机都共享一个公共信令信道。当一台计算机发送报文（即交换与传输的数据单元）时，网络上的其他计算机都会“收听”到这个报文；由于发送的报文中带有源地址与目的地址，因此每台“收听”到报文的计算机都将检查目的地址与本机地址是否相同，若相同，则接收该报文，反之则不接收。

4. 按使用范围划分

按使用范围，计算机网络可分为以下两类。

- 公用网：为公众提供各种信息服务的网络系统，如我国的电信网、广电网、联通网等，只要符合网络拥有者的要求，公众就能使用该网络。
- 专用网：专用于一些对保密性要求较高的部门的网络，如银行系统建设的金融专用网络，它只为拥有者提供服务，不向拥有者以外的人提供服务。

6.1.3 网络拓扑结构

计算机科学家通过采用从图论演变而来的“拓扑”（topology）方法，抛开网络中的具体设备，把工作站、服务器等网络单元抽象为“点”，把网络中的电缆等传输媒介抽象为“线”，这样就形成了由点和线组成的几何图形，从而抽象出了网络系统的具体结构。这种采用拓扑学方法抽象出的网络结构被称为计算机网络的拓扑结构。拓扑是一种研究与大小和形状无关的点、线、面之间的关系的方法。

网络拓扑结构是指网络中的线路与结点的几何或逻辑排列关系，反映了网络的整体结构及各模块间的关系。网络拓扑结构可进一步分为物理拓扑结构和逻辑拓扑结构两种。物理拓扑结构是指媒介的连接形状，逻辑拓扑结构是指信号传输路径的形状。常见的局域网的拓扑结构有星形、环形、总线和它们的混合。

1. 星形拓扑结构

星形拓扑结构也叫集中形结构，由一个中心结点与它单独连接的其他结点组成，如图 6-1 所示。现在常用交换机（switch）作为中心结点。

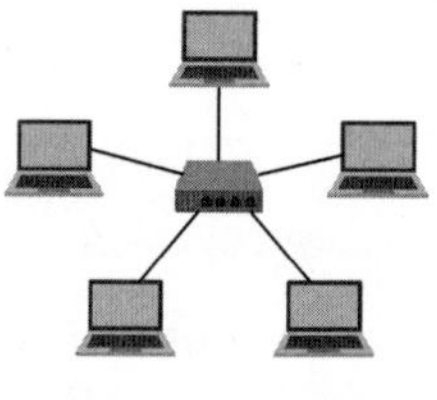

图 6-1 星形拓扑结构

星形拓扑结构的优点是结构简单，易于增加或减少结点。因为所有的通信都要通过中心结点，所以中心结点的处理能力往往影响着网络性能。

星形拓扑结构的缺点包括电缆总长度较长，增加了线缆的费用；过分依赖中心结点，中心结点一旦有故障，则整个网络就会停止工作。

2. 环形拓扑结构

在环形拓扑结构中，结点通过点对点的通信线路循环连接成一个闭合环路。环中数据将沿一个方向逐站传输，如图 6-2 所示。环形

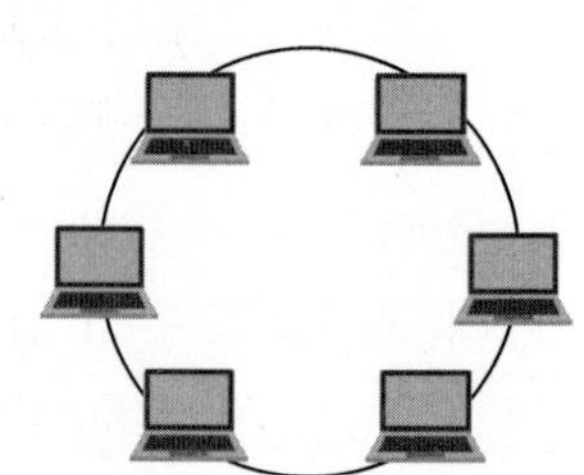

图 6-2 环形拓扑结构

拓扑结构简单，传输延时确定，但环中点对点的通信线路会影响网络的可靠性，任何一个结点出现故障都可能造成网络瘫痪。

3. 总线拓扑结构

总线拓扑结构采用单条传输线作为传输媒介，所有的站点都通过相应的硬件接口直接连到传输媒介（总线）上，如图 6-3 所示。任何一个站点发送的信号都可以沿着媒介传播，并且被其他站点接收。总线拓扑结构简单，易于布线和维护，易于扩展，可靠性较高。

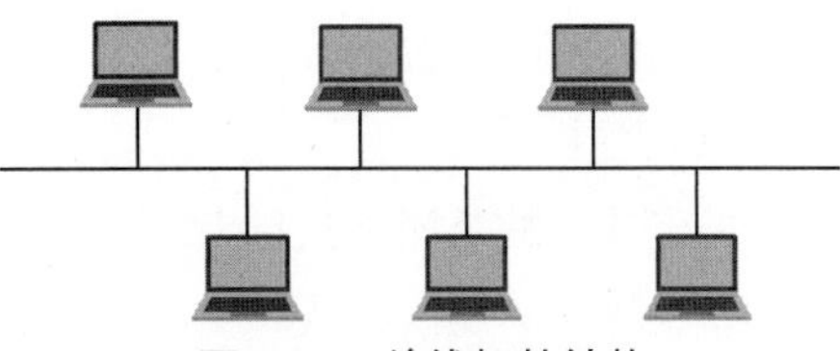

图 6–3　总线拓扑结构

6.1.4　计算机网络的组成

计算机网络由硬件、软件和网络协议 3 个部分组成。硬件包括传输媒介、连接设备和主体设备 3 个部分。软件包括网络操作系统、实现资源共享的软件和相关的应用软件。网络协议规定了网络传输数据应遵循的规则，这些协议也是以软件形式表示出来的。

1. 计算机网络的传输媒介

传输媒介是连接网络中各节点的物理通路。目前，常用的网络传输媒介有双绞线、同轴电缆、光缆与无线传输媒介。

（1）双绞线

双绞线由两条具有绝缘保护层的铜导线相互缠绕而成，如图 6-4 所示。为了减少导线之间的电磁干扰，各线对需要以均匀对称的方式，螺旋状扭绞在一起。线对的绞合程度越高，抗干扰能力就越强。

（2）同轴电缆

同轴电缆由内导体、外屏蔽层、绝缘层及外部保护层组成，如图 6-5 所示。同轴电缆可连接的地理范围较双绞线更广，抗干扰能力较强，使用与维护也方便，但成本与双绞线相比较高。

图 6–4　双绞线

图 6–5　同轴电缆

（3）光缆

一条光缆中有多根光纤，如图 6-6 所示。每根光纤由用玻璃或塑料拉成的极细的光导纤维和包层构成，外面再包裹多层保护材料。光纤通过内部的全反射来传输一束经过编码的光信号。光缆凭借数据传输速率高、抗干扰性强、误码率低及安全保密性好的特点，而被视为一种很有前途的传输媒介，其成本也高于同轴电缆与双绞线的成本。

（4）无线传输介质

使用特定频率的电磁波作为传输媒介，可以摆脱有线媒介（双绞线、同轴电缆、光缆）的束缚，组成无线局域网。目前计算机网络中常用的无线传输媒介有无线电波、微波、红外线。

图 6-6　光缆

2. 网络连接设备

常用的网络连接设备有网卡、集线器、路由器、交换机等。

（1）网卡

网卡的全称是网络接口卡（Network Interface Controller，NIC），如图 6-7 所示，用于计算机和传输媒介的连接，从而实现包括帧的发送与接收、帧的封装与拆封、介质的访问控制、数据的编码与解码和数据缓存等在内的信号传输。网卡一般分为有线网卡和无线网卡两种，是计算机连接到局域网的必备设备。

（2）集线器

集线器（hub）如图 6-8 所示，其主要功能是对接收到的信号进行再生整形放大，以延长网络的传输距离，同时把所有站点集中在以它为中心的结点上。集线器属于网络底层设备，当它要向某结点发送数据时，不是直接把数据发送到目的结点，而是把数据包发送到与自己相连的所有结点。集线器在局域网中相当于电子总线，在使用集线器的局域网中，当一方发送信号时，其他机器则不能发送信号；当一台机器出现故障时，集线器可以进行隔离，而不像使用同轴电缆总线那样会影响整个网络。

图 6-7　网卡

图 6-8　集线器

（3）路由器

路由器（router）是各局域网、广域网用来连接 Internet 的设备，如图 6-9 所示。它会根据信道的情况自动选择和设定路由，以最佳路径，按前后顺序发送信号。由此可见，选择最佳路径的策略是路由器发送信号的关键所在。路由器保存着各种传输路径的相关数据——路径表，供用户选择时使用。路径表可以由系统管理员固定设置好，也可以由系统动态修改；可以由路由器自动调整，也可以由主机控制。

（4）交换机

交换机（switch）是一种用于转发电信号的网络设备，如图 6-10 所示。交换机分为以太网交换机、电话语音交换机和光纤交换机等，其主要功能包括物理编址、网络拓扑组建结构、错误校验、帧序列和流控等。它可以为接入交换机的任意两个网络结点提供独享的电信号通路，支持端口连接结点之间的多个并发连接（类似于电路中的“并联”效应），从而增加网络带宽，提高局域网的性能。

图 6-9　路由器

图 6-10　交换机

路由器和交换机的主要区别在于，交换机工作于开放系统互连（Open System Interconnection，OSI）参考模型的第二层（数据链路层），而路由器工作于第三层（网络层）。这一区别决定了路由器和交换机在传输信息的过程中需使用不同的控制信息，也就是说，两者实现各自功能的方式是不同的。

3. 网络的主体设备

计算机网络中的主体设备被称为主机（host），一般可分为中心站（服务器）和网络工作站（客户机）两类。服务器是网络提供共享资源的基本设备，一般是采用高配置与高性能的计算机，其工作速度快、硬盘容量及内存容量的指标要求都较高，携带的外围设备较多。服务器按功能分为文件服务器、打印服务器、域名服务器和通信服务器等。

网络工作站是网络用户入网操作的结点。用户既可以通过运行工作站上的网络软件共享网络上的公共资源，也可以不进入网络单独工作。网络工作站上的客户机一般配置要求不很高，大多采用个人计算机并配备相应的外围设备，如打印机、扫描仪等。

4. 网络操作系统

网络操作系统用于管理网络软件和硬件资源，常见的网络操作系统有 UNIX、Netware、Windows 和 Linux 等。网络操作系统可以提供文件服务、打印服务、数据库服务、通信服务、信息服务、分布式服务、管理服务和 Internet/Intranet 服务等。

5. 网络通信协议

通过计算机网络，多台计算机可以实现连接。位于同一个网络中的计算机在进行连接和通信时需要遵守一定的规则，这就像是在道路中行驶的汽车一定要遵守交通规则一样。在计算机网络中，这些连接和通信的规则被称为网络通信协议，它对数据的传输格式、传输速率、传输步骤等做了统一规定，通信双方必须同时遵守才能完成数据交换。

网络通信协议有很多种，目前应用最广泛的是 TCP/IP。

6.1.5 数据通信中的基本概念

1. 模拟信号和数字信号

信号是指数据的电子或电磁编码形式。数据在传输媒介或通信路径上以信号的形式传送。信号可分为模拟信号和数字信号。

模拟信号是一种以电或磁的形式模仿其他物理方式（如振动、声音、图像）所产生的信号，它的基本特征是连续性。例如，电话信号就是一种模拟信号。

数字信号是在一段固定时间内保持电压（位）值的、离散的电脉冲序列，通常一个脉冲表示 1 位二进制数，现在计算机内部处理的信号都是数字信号。

2. 信道

信道是指在数据通信过程中发送端和接收端之间的通路。信道可分为物理信道和逻辑信道。

物理信道是指传输信号的物理通路，由传输媒介和相关的通信设备组成。根据传输媒介，物理信道可分为有线信道（如双绞线、同轴电缆、光缆等）、无线信道和卫星信道；根据信道中传输的信号，物理信道又可分为模拟信道和数字信道。

逻辑信道也是一种网络通路，是在物理信道基础上建立的两个结点之间的通信链路。

3. 调制与解调

模拟信道不能直接传输数字信号，例如，普通电话线是针对互通声音设计的模拟信道，只适用于模拟信号的传输，不可直接传输数字信号。要想在模拟信道上传输数字信号，就要在信道两端分别安装调制解调器（modem），它具有两种工作顺序相反的功能，即调制和解调。调制是在发送端将数字信号转换成模拟信号的过程，解调是在接收端将模拟信号还原成数字信号的过程。

4. 数据通信的主要技术指标

在数字通信中，我们一般使用比特率和误码率来描述数字信号传输速率的大小和传输质量的好坏；在模拟通信中，则常使用带宽和波特率来描述通信信道传输能力和模拟信号对载波的调制速率。

（1）带宽

带宽即传输信号的最高频率与最低频率之差。在模拟信道中，常用带宽表示信道传输信息的能力。模拟信道的带宽越大，信道的极限传输速率也就越高。这也是我们努力提高通信信道带宽的原因。

（2）数据传输速率

数据传输速率表示单位时间内传输的二进制代码的有效位数，单位为 bit/s。在数字信道中，通常用比特率表示信道的传输能力，常用的单位有 bit/s、kbit/s、Mbit/s、Gbit/s。其中 1kbit/s= 1×10^{3}bit/s，1Mbit/s=1×10^{6}bit/s，1Gbit/s= 1×10^{9}bit/s，1Tbit/s= 1×10^{12}bit/s。

（3）丢包

丢包是指在网络传输过程中，数据包出于各种原因没有到达目标地而丢失的现象。丢包率是指在数据传输过程中，丢失数据包的数量与发送的数据包总数之比。丢包率越高，说明网络质量越差，数据传输速率越慢。

（4）误码率

误码率指通信系统在信息传输过程中的出错率，用来衡量通信系统的可靠性。在计算机网络系统中，一般要求误码率低于 10^{-6}（百万分之一）。

6.1.6 无线局域网

无线局域网（Wireless Local Area Network，WLAN）是通过射频技术，使用电磁波取代双绞线所构成的局域网。随着技术的发展，无线局域网已逐渐成为家庭、小型公司主流的局域网组建方式。

无线局域网的实现协议有很多，其中应用最为广泛的是无线保真（Wi-Fi）技术，它提供了一种能够将各种终端都使用无线方式进行互连的技术，为用户屏蔽了各种终端之间的差异性。要构建无线局域网，目前一般需要一台无线路由器、多台有无线网卡的计算机和手机等可以上网的智能移动设备。

我们可以将无线路由器看作一个转发器，它将宽带网络信号通过天线转发给附近的无线网络设备，同时它还具有其他的网络管理功能，如动态主机配置协议（Dynamic Host Configuration Protocol，DHCP）服务、防火墙网络地址转换（Network Address Translation，NAT）服务、介质访问控制（Medium Access Control，MAC）地址过滤和动态域名等。

案例6-1 在无线局域网中共享文档

在本案例中，用户需要在无线局域网中将计算机中的文件夹设置为共享文件夹，以便用户能从其他计算机上直接进行访问。

步骤1 在文件资源管理器中，右击要共享的文件夹，在弹出的快捷菜单中选择“属性”。

步骤2 如图6-11所示，在该文件夹的“属性”对话框中，切换到“共享”选项卡，单击“共享”按钮。

步骤3 在弹出的“网络访问”对话框中，在“添加”按钮左侧的下拉列表中选择“Everyone”，然后单击“添加”按钮，将其添加到下方列表中。共享对象默认的权限为只能读取文档，单击“权限级别”下拉按钮，在下拉列表中选择“读取 / 写入”，即可授予其修改文档的权限，如图6-12所示。

图6-11 文件夹的“属性”对话框

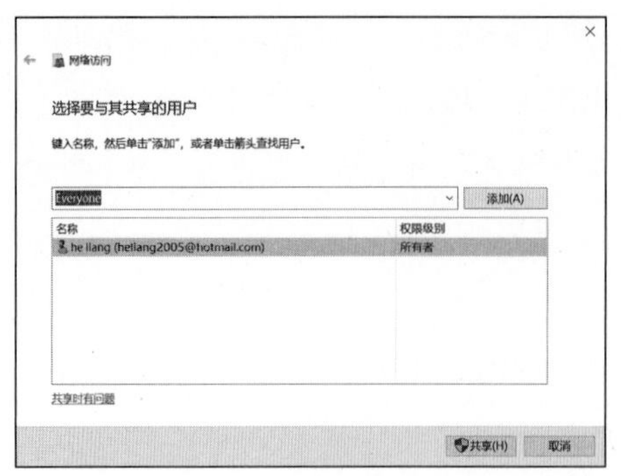

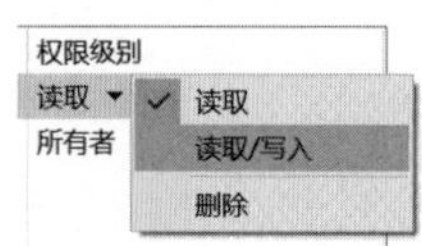

图 6-12　设置共享对象和权限

步骤4　单击“网络访问”对话框下方的“共享”按钮，根据计算机设置的情况，可能会弹出图 6-13 所示的提示对话框，询问用户是否将目前计算机使用的公用网络转换为专用网络，在此选择“是，启用所有公用网络的网络发现和文件共享”即可。

步骤5　单击“完成”按钮，完成文件夹的共享。

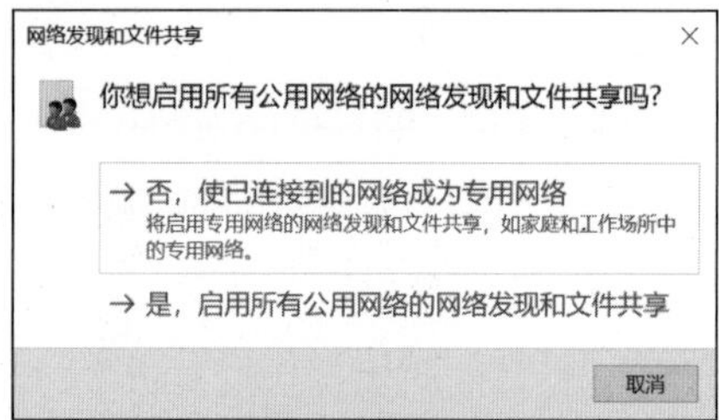

图 6-13　“网络发现和文件共享”对话框

提示

从无线局域网中的其他计算机访问此共享文件夹时，可能会提示需要登录账号和密码。如果希望省掉这个环节，可以在“Windows设置”窗口中选择“网络和Internet”，在该窗口中单击“共享选项”，在打开的“高级共享设置”对话框中，单击“所有网络”右侧的下拉按钮，将其展开，然后选中最下方的“无密码保护的共享”单选按钮，最后单击“保存更改”按钮，如图6-14所示。

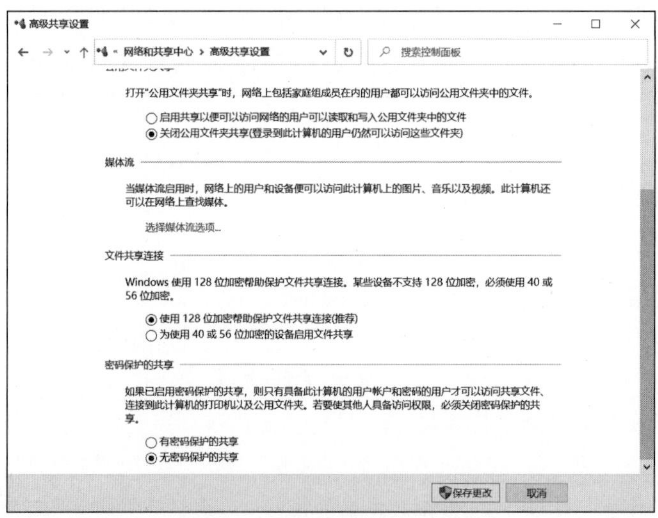

图 6-14　关闭密码保护的共享

项目6.2　Internet的基本知识及其应用

计算机网络和 Internet 并不能画等号。Internet 是使用最为广泛的一种网络，也是目前世界上最大的一种网络。

6.2.1 Internet的基础知识

Internet是全球最大、连接能力最强，由遍布全世界的众多大大小小的网络相互连接而成的计算机网络，是由美国的阿帕网（Advanced Research Projects Agency Network，ARPANET）发展起来的。Internet主要采用的TCP/IP使得网络上的各台计算机可以相互交换各种信息。Internet将全球范围内的网站连接在一起，形成一个资源十分丰富的信息库。在人们的工作、生活和社会活动中，Internet起着越来越重要的作用。

用户的计算机连入Internet的方法主要有非对称数字用户线（Asymmetric Digital Subscriber Line，ADSL）拨号上网和光纤宽带上网两种，一般Internet服务提供方（Internet Service Provider，ISP）派专人根据当前的情况实际查看、连接后，进行IP地址分配、网关及域名系统（Domain Name System，DNS）设置等，从而实现上网。

ADSL可直接利用现有的电话线路，可以与普通电话线共存于一条电话线上，在接听、拨打电话的同时可以进行ADSL传输，二者互不影响。光纤是目前宽带网络的多种传输媒介中最理想的一种，它具有传输容量大、传输质量好、损耗小和中继距离长等优点。

下面介绍与Internet相关的一些重要概念。

1. TCP/IP

TCP（Transmission Control Protocol，传输控制协议）提供端到端的、可靠的、面向连接的服务。TCP/IP是一个工业标准的协议集。随着在各个行业中的成功应用，TCP/IP已成为事实上的网络标准并广泛应用于网络主机间的通信。

2. IP 地址

IP地址即互联网协议（Internet Protocol）地址。连接在Internet上的每台主机都有在全世界范围内唯一的IP地址。一个IP地址由4B（32位）数据组成，通常用小圆点分隔，其中每字节用一个十进制数来表示。例如，103.131.171.227就是一个IP地址。

IP地址通常可分成两部分，第一部分是网络号，第二部分是主机号。

Internet的IP地址可以分为A、B、C、D、E类。

A类IP地址的第一字节为网络号，其余字节为主机号。范围为0.0.0.0～127.0.0.0。IP地址首位为“0”（二进制数），因此网络号取值范围为整数1～127。此类地址一般用于大型网络，默认子网掩码是255.0.0.0。

B类IP地址的前两字节为网络号，其余字节为主机号。范围为128.0.0.0～191.255.0.0，IP地址前两位为“10”（二进制数），网络号取值范围为整数128～191。此类地址一般用于中等规模网络，如大学、科研机构等。注意，只要超过254台主机，就会分配到B类IP地址，而空余IP地址并不能被其他网络下的主机使用，极易造成浪费。默认子网掩码是255.255.0.0。

C类IP地址的前三个字节为网络号，其后为主机号。范围为192.0.0.0～223.255.255.255.0。IP地址前三位为“110”（二进制数），网络号取值范围为整数192～223。此类地址一般用于小型网络，如公司、家庭网络。默认子网掩码是255.255.255.0。

D 类 IP 地址属于多播地址。IP 地址最前面为“1110”（二进制数），网络号取值范围为整数 224 ～ 239，一般用于多路广播用户。

E 类 IP 地址属于保留地址。IP 地址最前面为“1111”（二进制数），网络号取值范围为整数 240 ～ 255，通常用于科学研究。

也就是说，每字节的数据由 0 ～ 255 的整数组成，超出该数字范围的 IP 地址都不正确，通过数字所在的范围可判断该 IP 地址的类别。

提示

随着网络的迅速发展，已有互联网协议（IPv4）规定的IP地址已不能满足用户的需要，而IPv6采用128位长度的地址，几乎可以不受限制地提供地址。IPv6不仅解决了地址短缺问题，还解决了在IPv4中存在的其他问题，如端到端IP连接、服务质量（Quality of Service，QoS）、安全性、多播、移动性、即插即用等。IPv6已成为新一代的互联网协议标准。

3. 域名系统

数字形式的 IP 地址难以记忆，故在实际使用时常采用字符形式来表示 IP 地址，即域名系统（Domain Name System，DNS）。域名系统由若干子域名构成，子域名之间用小圆点来分隔。

域名的层次结构如下。

……. 三级子域名 . 二级子域名 . 顶级域名

每一级子域名都由英文字母和数字组成（不超过 63 个字符，并且不区分大小写字母），级别最低的子域名写在最左边，级别最高的顶级域名写在最右边。一个完整的域名不超过 255 个字符，其子域名级数一般不予限制。

例如，北京大学的 WWW 服务器的域名是“www.pku.edu.cn”。在这个域名中，顶级域名是 cn（表示中国），二级子域名是 edu（表示教育部门），三级子域名是 pku（表示北京大学）。

4. 统一资源定位

在 Internet 上，每一个信息资源都有唯一的地址，即统一资源定位符（Uniform Resource Locator，URL）。URL 由资源类型（服务器标志符）、主机域名（信息资源地址）、资源文件路径和资源文件名（二者可统称路径名）4 个部分组成，其格式是“资源类型：// 主机域名 / 资源文件路径 / 资源文件名”。

5. 网页

网页也叫 Web 页，即 Web 站点上的文档。网页是一个包含超文本标记语言（Hyper Text Markup Language，HTML）标签的纯文本文件，是构成网站的基本元素，是承载各种网站应用的平台。每个网页都有唯一的 URL 地址，通过该地址可以找到相应的网页。

6. 万维网

万维网（World Wide Web，WWW）又称环球信息网。WWW 起源于位于瑞士日内瓦的欧洲粒子物理实验室（即欧洲粒子研究中心），是一种基于超文本的、方便用户在 Internet 上搜索和浏览信息的信息服务系统，它通过超链接把世界各地不同 Internet 结点上的相关信息有机地组织在一起，用户只需发出检索要求，它就能自动进行定位并找到相应的检索信息，同时，用户也可用 WWW 在 Internet 上浏览、传递和编辑超文本格式的文件。WWW 是 Internet 上最受欢迎、最为流行的信息检索工具之一，为全世界的人们提供了查找和共享知识的手段。

7. E-mail 地址

与普通邮件的投递一样，E-mail（电子邮件）的传送也需要地址（E-mail 地址）。电子邮件存放在网络中的某台计算机上，所以电子邮件的地址一般由用户名和主机域名组成，其格式为“用户名 @ 主机域名”（例如 essen@51ds.org.cn）。

6.2.2 使用浏览器在网上冲浪

Microsoft Edge 是 Windows 10 内置的一个全新的网页浏览器，用于替代使用了 20 多年的 IE 浏览器。它采用了全新的引擎和界面，具有更好的性能和更高的安全性，是 Windows 10 的默认浏览器。Microsoft Edge 浏览器几乎适配所有的国内网站，能为中国用户提供更好的网页浏览体验。

Microsoft Edge 浏览器不仅可以实现浏览和保存网页、管理网页等基本功能，还具有保护隐私和朗读网页等更多附加功能。

1. 认识 Microsoft Edge 浏览器界面

默认情况下，Microsoft Edge 浏览器的图标会显示在 Windows 10 桌面的任务栏中。单击任务栏中的图标，或者单击“开始”按钮，在弹出的菜单中选择“Microsoft Edge”选项，即可启动 Microsoft Edge 浏览器。该浏览器主页如图 6-15 所示。

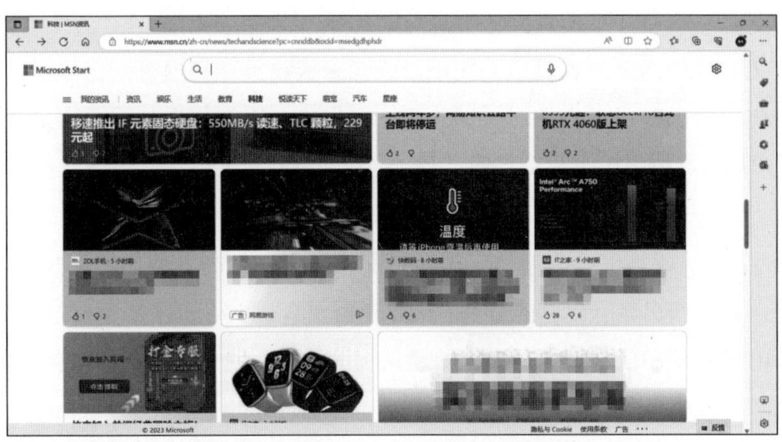

图 6-15 Microsoft Edge 浏览器主页

Microsoft Edge 浏览器的顶部是标题栏，主要用于显示在窗口中打开的所有标签页。标题栏的下方是工具栏和地址栏，工具栏中的按钮用于执行特定的命令，地址栏用来显示当前网页的网址，用户也可以在地址栏中输入网页的网址来打开网页。窗口中最大的区域用于显示网页的内容。下面列出了 Microsoft Edge 工具栏中常使用的一些按钮的外观及其功能。

- ←“后退”按钮：单击该按钮将会返回上次访问过的网页。
- →“前进”按钮：该按钮的功能与“后退”按钮的相反。在使用过“后退”按钮后，“前进”按钮才会被激活，单击“前进”按钮将会打开最近一次单击“后退”按钮之前访问过的网页。

- “刷新”按钮：单击该按钮将会在网页所在的服务器上重新加载该网页的内容。
- “主页”按钮：浏览器开启后默认打开的页面被称为主页，单击该按钮将会从当前页面回到浏览器的主页。主页的设置方法会在后面介绍。

2. 使用标签页进行浏览

用户在使用 Windows 10 中的 Microsoft Edge 浏览器浏览网页时，可以使用标签页功能来控制打开的网页的数量。

- 在新的标签页中打开超链接。右击超链接，在弹出的快捷菜单中选择“在新标签页中打开链接”，或者先按住 Ctrl 键，然后单击要打开的超链接，即可在新的标签页中将其打开。
- 在多个标签页之间切换。当在 Microsoft Edge 浏览器窗口中打开多个标签页后，用户可以通过单击标签页顶部的标签来切换标签页。
- 排列标签页的顺序。当打开两个或多个标签页后，用户可以通过拖动标签页顶部的标签来改变标签页之间的排列顺序。
- 将标签页移动到一个新的窗口中。当打开两个或多个标签页后，用户可以将任意一个标签页拖入一个新建的浏览器窗口中。首先将鼠标指针放在一个标签页顶部的标签上，按住鼠标左键向远离排列标签页区域的位置拖曳，然后释放鼠标左键，该标签页已移动到一个自动新建的浏览器窗口中。
- 刷新打开的一个或多个网页。有时，网络故障、网速过慢或服务器状态不稳定，导致从服务器上接收的网页内容显示不完整，或者未接收到任何内容而只显示了一个空白页。在遇到以上情况时可以尝试对网页执行刷新操作，以便重新从服务器上接收网页内容。刷新网页的方法为单击工具栏中的“刷新”按钮或者按 F5 快捷键。

3. 调整网页的显示比例

Microsoft Edge 浏览器提供了调整网页显示比例的功能，可以整体放大网页内容，以便用户看得更清楚。调整网页显示比例的方法有以下两种。

- 按住 Ctrl 键并滚动鼠标滚轮。向上滚动鼠标滚轮时，网页将被放大；向下滚动鼠标滚轮时，网页将被缩小。
- 单击 Microsoft Edge 浏览器窗口工具栏中的“设置及其他” ··· 按钮，在弹出的菜单中的“缩放”选项右侧，单击“-”或“+”按钮即可缩小或放大网页的显示比例，如图 6-16 所示；单击最右侧的⤢按钮，可以使网页进入全屏模式。

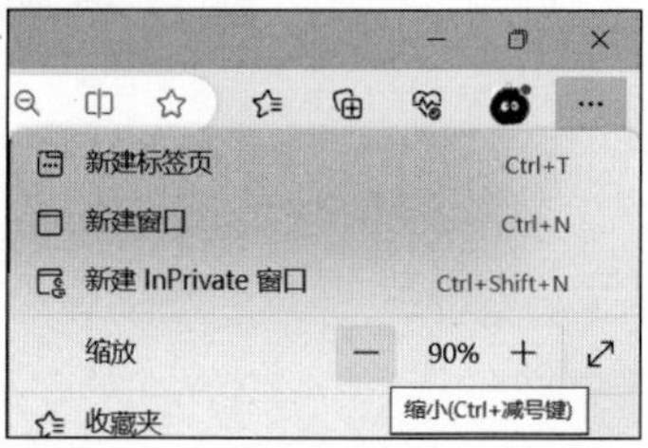

图 6-16 缩放网页显示比例

4. 使用收藏夹

收藏夹是 Microsoft Edge 浏览器中一个非常实用的功能。用户可以将经常访问的网页链接添加到收藏夹中，未来就可以通过单击收藏夹中的网页标题快速打开指定的网页，从而提高访问网页的效率。

案例6-2 将金山办公技能（KOS）认证页面添加到收藏夹

在本案例中，用户要将网址 https://kos.wps.cn 添加到收藏夹下名为“WPS”的文件夹中。

步骤1 启动 Microsoft Edge 浏览器，在地址栏输入网址 https://kos.wps.cn，并按 Enter 键。

步骤2 单击地址栏右侧的“收藏夹”按钮，在弹出的菜单中单击“添加文件夹”按钮，在菜单的下方会出现默认名称为“新建文件夹”的文件夹，将其名称改为“WPS”，如图 6-17 所示。

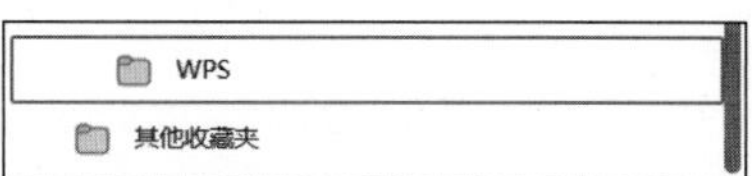

图 6-17　在收藏夹中新建文件夹

步骤3 在“收藏夹”菜单中，选中刚刚建立的“WPS”文件夹，右击，在弹出的快捷菜单中选择“将此页面添加到文件夹”，即可看到在“WPS”文件夹下出现了该网址。

> **提示**
> 未来再次访问金山办公技能认证页面的时候，只需要单击收藏夹下“WPS”文件夹中对应的网址即可。

5. 保护隐私

在 Microsoft Edge 浏览器窗口增加了一些有利于保护个人隐私的选项，善用这些选项能够增强浏览器的安全性，确保用户的个人隐私数据不会轻易被泄漏或盗取。

案例6-3 删除浏览器的浏览数据

在本案例中，用户要在使用完浏览器后删除历史记录等浏览数据，避免在其他用户使用时，泄露个人隐私。

步骤1 单击 Microsoft Edge 浏览器窗口工具栏中的“设置及其他”…按钮，在弹出的菜单中选择“设置”。

步骤2 打开“设置”标签页，在左侧导航栏中单击“隐私、搜索和服务”，在右侧的“清除浏览数据”选项区域中打开“选择每次关闭浏览器时要清除的内容”选项链接。

步骤3 打开链接后，将“浏览历史记录”“下载历史记录”“Cookie 和其他站点数据”“缓存的图像和文件”“密码”“自动填充表单数据（包括表单和卡）”“站点权限”开启，如图 6-18 所示。此时，在用户关闭浏览的同时，浏览器会自动删除上述浏览数据。

> **提示**
> 用户也可以单击Microsoft Edge浏览器窗口工具栏中的“设置及其他”…按钮，在弹出的菜单中选择“新建InPrivate窗口”，开启隐身模式。在此模式下，用户上网操作的所有数据只运行于内存中，而不会被写入本地磁盘，一旦用户关闭浏览器，内存中的上网数据就会被立即清除，从而可以保证用户上网时的浏览数据不被泄露。

图 6–18　设置关闭浏览器的同时清除浏览数据

6. 朗读网页内容

Microsoft Edge 浏览器还具备很多实用的功能，能够辅助用户读取网页内容，例如，可以将网页内容直接朗读出来，该功能对于一些视觉有障碍的用户或特殊的工作场景而言是大有裨益的。

案例6–4　朗读网页内容

在本案例中，用户需要开启 Microsoft Edge 浏览器的朗读网页功能。

步骤1　单击 Microsoft Edge 浏览器窗口工具栏中的“设置及其他” ··· 按钮，在弹出的菜单中选择“更多工具”→“大声朗读”，开启朗读模式。

步骤2　在浏览器顶部区域会出现相应的工具栏。用户可以单击工具栏中间的 3 个按钮，控制语音来朗读前一段、暂停或朗读下一段；也可以单击右侧“语音选项”按钮，在菜单中调整语速和选择语音。具体页面如图 6–19 所示。

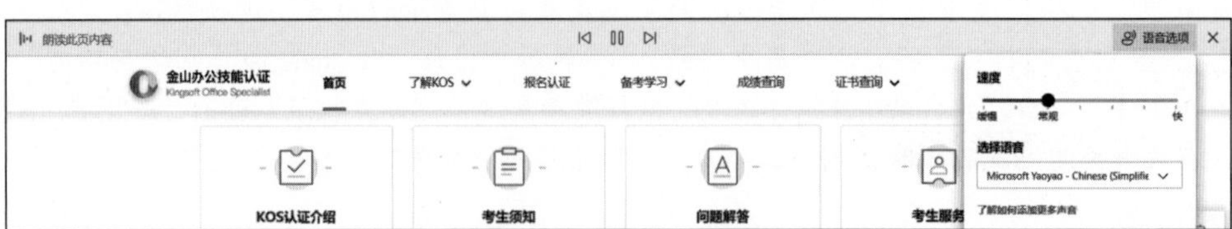

图 6–19　朗读模式下的页面

6.2.3　使用电子邮件收发信息

电子邮件是出现最早也是使用最广泛的网络应用之一。通过电子邮件，用户可与世界上任何一个网络用户进行联系。用户所发送的电子邮件可以是文字、图像或声音文件。电子邮件因其使用简单、价格低廉和易于保存等优点被广泛应用。

在收发电子邮件的过程中，经常会使用以下专用名词。

- 收件人：邮件的接收者，其对应的文本框用于输入收件人的邮箱地址。
- 主题：信件的主题，即这封邮件的名称。
- 抄送：用于输入同时接收该邮件的其他人的邮箱地址。在使用抄送方式发送邮件后，收件人能够看到其他被抄送的收件人的邮箱地址。
- 密件抄送：用户给收件人发出邮件的同时将该邮件暗中发送给其他人。与抄送不同的是，若采用密件抄送，收件人并不知道发件人还将该邮件发送给了哪些收件人。
- 附件：随同邮件一起发送的附加文件，附件可以是各种格式的单个文件。
- 正文：邮件的主体部分，即邮件的详细内容。

案例6-5 创建联系人、设置自动回复和邮件自动归档

在本案例中，用户需要为QQ邮箱创建联系人，并设置为在一定时间内自动回复，还要将从域“@51ds.org.cn”发来的邮件自动归档到名为“大赛组委会”的文件夹。

步骤1 用户如果还没有QQ邮箱，可以在浏览器中打开地址为“https://mail.qq.com”的网页，单击页面中的“注册账号”，注册一个新的QQ邮箱。在注册的过程中，用户需要填入手机号码，并进行验证。用户按照网页上的提示进行操作即可。

步骤2 登录地址为“https://mail.qq.com”的网页后，用户即可用已经注册好的QQ邮箱账号登录QQ邮箱。

步骤3 弹出图6-20所示的界面（对于不同时期申请的QQ邮箱，界面存在一定差异）。如果要撰写邮件，可以单击左侧导航栏中的“写邮件”；如果要查看已经收到的邮件，则单击“收件箱”；如果要查看已经发送的邮件，可单击“已发送”；未撰写完成的邮件可以保存在“草稿箱”中，而已经删除的邮件会被转移到“已删除”中；系统自动识别的垃圾邮件会被转移到“垃圾箱”内。

图6-20 QQ邮箱

提示

如果用户在收件箱中对某封邮件执行了“彻底删除”命令，则该邮件不会被转移到“已删除”中，而会被真正删除，因此需要谨慎使用该命令。另外，因为有些有用的邮件的内容触发了QQ邮箱的垃圾邮件规则，所以它们被自动转移到了“垃圾箱”，当无法在“收件箱”中找到该邮件的时候，用户可以到“垃圾箱”中进行寻找。

步骤4 在 QQ 邮箱左侧的导航栏中单击“通信录”，在左上角单击“添加”按钮，在弹出的界面中，设置“姓名”为“小李”，“邮箱”地址为“li@51ds.org.cn”，单击“保存”按钮，如图 6–21 所示。

提示

未来在发送邮件的时候，只需要在通信录中选中该联系人，然后单击上方的“发邮件”按钮，或者在撰写邮件的时候，直接在“收件人”栏输入昵称，就可以给联系人发送邮件了。

图 6–21 添加联系人

步骤5 在邮箱顶部单击“设置”（对于不同版本的 QQ 邮箱，“设置”选项的位置不尽相同，对于部分邮箱，需要单击右上角的邮箱名称，在菜单中选择“设置”）。

步骤6 进入“邮箱设置”窗口，切换到“常规”选项卡，向下滚动屏幕，找到“邮件自动回复”选项组，先选中“启用”单选按钮，然后选择“在指定时间段启用”，将“开始”时间设置为“2025 年 8 月 1 日周五”和“15 : 00”，将“结束”时间设置为“2025 年 8 月 15 日周五”和“15 : 00”（读者可以根据需要自行设置），编辑回复内容，此处保留默认值，如图 6–22 所示，单击下方的“保存更改”按钮。

步骤7 在“邮箱设置”窗口中，切换到“收信规则”选项卡，单击“创建收信规则”按钮。

步骤8 在“创建收信规则”选项组中，选中“启用”单选按钮，勾选“如果发件域”复选框，并在右侧下拉列表中选择“包含”，然后在右侧的文本框中输入“@51ds.org.cn”，选中“执行以下操作”单选按钮，勾选“邮件移动到文件夹”复选框，并在右侧下拉列表中选择“新文件夹”，在弹出的对话框中，创建名为“大赛组委会”的新文件夹并将其选中，单击下方的“立即创建”按钮，如图 6–23 所示。

步骤9 如图 6–24 所示，已经创建的规则会在“收信规则”选项卡中显示出来，如果暂时不想启用该收信规则，则可将其关闭；如果已经不再需要该收信规则，可以将其删除。

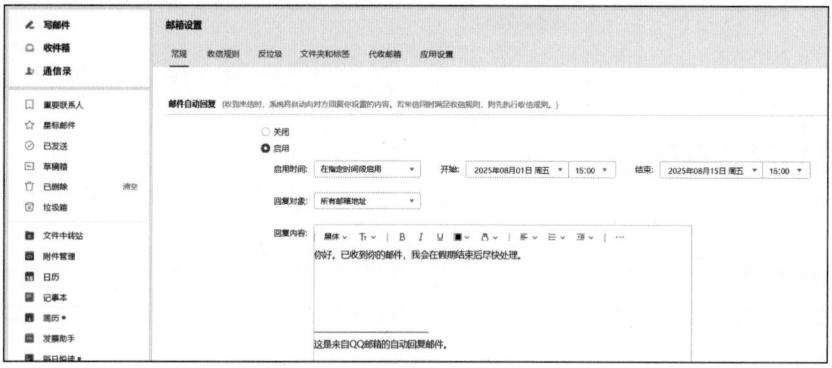

图 6–22 设置自动回复邮件

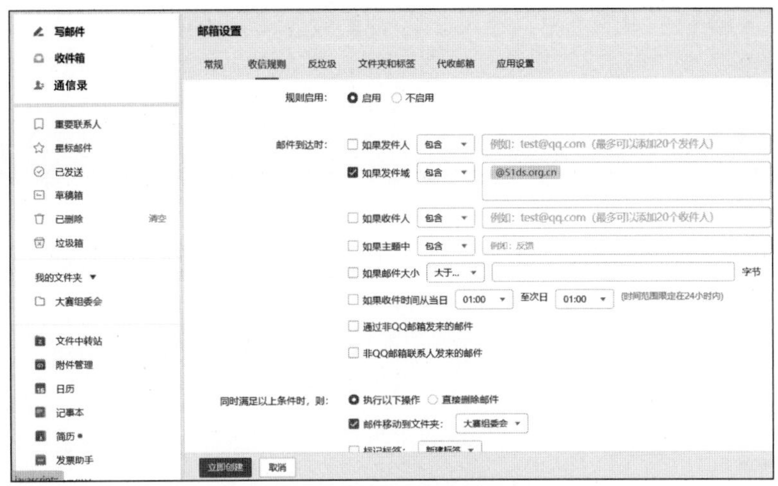

图 6-23 创建收信规则

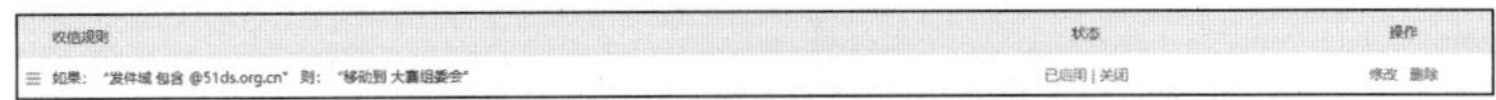

图 6-24 已经创建的收信规则

6.2.4 创建并分享表单

金山表单是金山旗下一款在线信息收集工具，支持手机、计算机多端信息同步，满足多种收集场景的需求，用户可以随时随地查看收集结果。

金山表单内置丰富的免费模板，包括创建活动报名、问卷调查、在线考试等多种，支持单选题、多选题、填空题等多种题型，满足用户在编辑表单时的不同需求。它还具备实时掌握填写情况、意向征集、判断人数最多的选项等功能。表单支持将汇总结果以饼状图、条形图等形式进行展示，帮助用户清晰直观地做出判断。下面通过实际案例进行讲解。

案例6-6 创建并分享"夏令营目的地投票"表单

在本案例中，用户需要创建一个在线表单，请同学们对暑期夏令营的目的地进行投票。

步骤1 启动 WPS 并登录，在"首页"选项卡中单击"新建"按钮，在弹出的菜单中选择"在线表单"。

步骤2 将鼠标指针放到"表单"选项上，会出现具体的选项，选择"新建空白"，如图 6-25 所示。

图 6-25 新建空白表单

步骤3 在新建的空白表单中，输入表单标题“夏令营目的地投票”，在左侧“常用模板”选项组中，分别单击“姓名”“手机号”“性别”，这 3 个组件即添加到表单中，如图 6–26 所示。

步骤4 在左侧“高级题型”选项组中，单击“投票多选”组件，输入题目名称“请选择你赞同的夏令营目的地”，在下方添加“青海湖”“呼伦贝尔草原”“青岛”“哈尔滨”“银川”5 个选项。

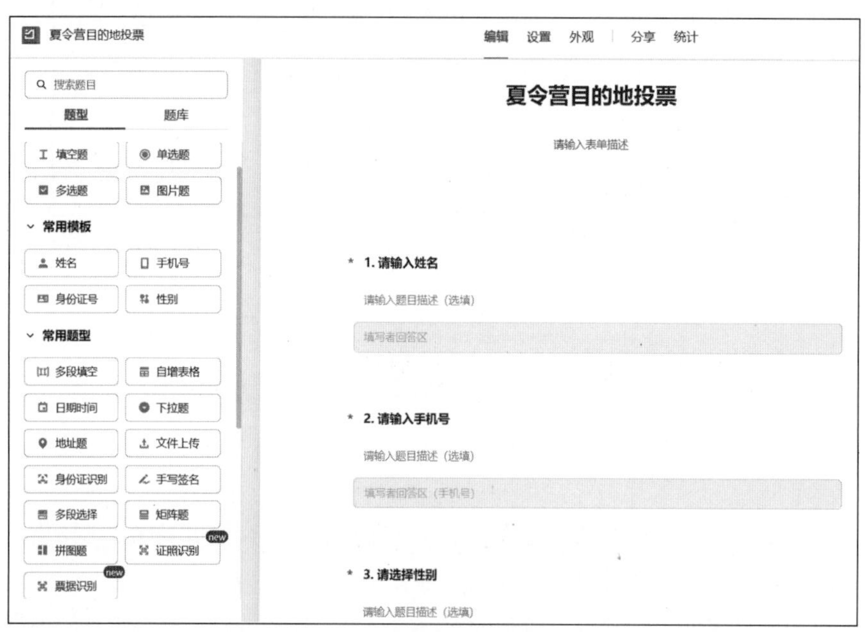

图 6–26 添加常规组件

当默认的选项文本框不够时，单击下方的“添加选项”按钮，即可出现新的选项文本框。

步骤5 在右侧的任务窗格中，在“投票结果展示”下拉列表中选择“仅投票后展示投票结果”，然后单击“可选选项数量”按钮，在弹出的对话框中，将“最少需选数量”设置为“1 个”，将“最多可选数量”设置为“3 个”，单击“确认”按钮，如图 6–27 所示。

步骤6 单击表单编辑窗口右上角的“发布并分享”按钮，切换到“外观”选项卡，为表单选择一个合适的外观，如图 6–28 所示。

图 6–27 设置投票组件可选选项数量

图 6–28 为表单选择合适的外观

步骤7 切换到“设置”选项卡，将表单的“填写有效时间”设置为 2025 年的 6 月 1 日 –10 日。

步骤8 单击“保存修改”按钮，回到“分享”选项卡，单击“复制链接”，就可以将复制的链接进行分享了。此外，用户还可以用分享二维码或者海报的形式对表单进行分享。

步骤9 表单既可以在计算机上进行填写，也可以在手机上进行填写。填写完毕后，填写人只需单击“提交”按钮，即可完成投票并查看投票结果，如图 6-29 所示。

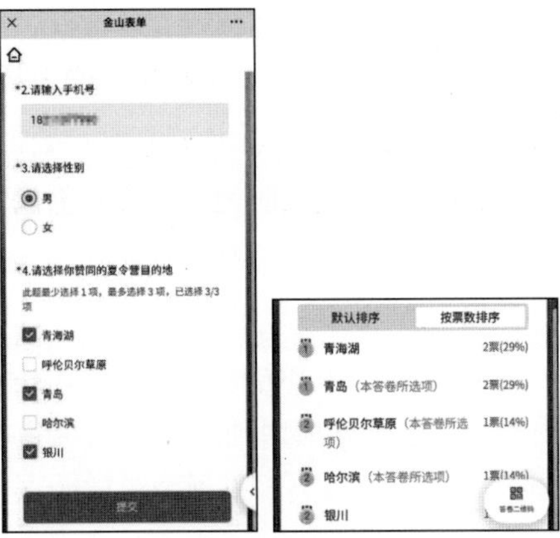

图 6-29 在手机上填写表单（左）和查看投票结果（右）

提示

在WPS中，单击“首页”选项卡中的“统计表单”按钮，表单发布者即可看到已经创建的所有表单，双击刚刚创建的“夏令营目的地投票”表单，将其打开，可以看到该表单的数据统计情况。

项目6.3 在Internet上进行信息检索

作为一种新的资源类型，网络信息资源既继承了传统信息资源的组织形式，又可在网络技术的支持下呈现出许多与传统信息资源显著不同的地方。因此，了解信息资源的特点、类型、组织形式等方面的信息，对网络信息资源检索工具的有效利用，以及网络信息资源检索的推广起到了重要的作用。

6.3.1 使用搜索引擎查找信息

搜索引擎是一种用于在互联网上查找和获取信息的工具。它通过建立庞大的索引数据库，采用特定的算法，帮助用户快速、准确地检索到所需的信息资源。

1. 搜索引擎的概念

搜索引擎是标引和检索互联网上各种信息资源的工具。搜索引擎使用自动索引软件来发现、收集并标引网页，建立数据库，以网页形式给用户提供一个检索界面，供用户通过输入关键词进行检索。

搜索引擎本身也是一个网站，与其他包含网页信息的普通网站不同的是，搜索引擎的主要资源是描述互联网资源的索引数据库和分类目录，为人们提供了搜索互联网信息资源的途径。它可以根据用户的查询要求，在索引数据库中筛选满足条件的网页记录，然后按照相关度来排序并输出，或根据分类目录一层层浏览。

2. 搜索引擎的工作原理

搜索引擎的工作原理可以概括为以下 3 个部分。

（1）信息采集与存储

信息采集包括人工采集和自动采集两种方式。人工采集由专门的信息人员负责，主要是跟踪、选择有价值的网络信息资源，并按规范的方式分类、标引和组建索引数据库。自动采集是通过自动索引程序（Spider、Robot 或 Worm）来完成的。自动索引程序能够在网络上不断搜索相关网页，来建立、维护、更新索引数据库。自动采集能够自动搜索、采集和标引网络上的众多站点和页面，并根据检索规则和数据类型对数据进行加工处理，因此它收录、加工信息的范围广、速度快，能及时地为用户提供互联网中的新增信息，告诉用户包含这个信息的所有网址，并向用户提供通向该网址的链接。

（2）建立索引数据库

信息被采集与存储后，搜索引擎要整理已收集的信息，建立索引数据库，并定时更新其内容。索引数据库中的每一条记录基本上对应一个网页，记录包括关键词、网页摘要、网页 URL 等信息。因为各个搜索引擎的标引原则和方式不同，所以不同的搜索引擎对同一个网页的索引记录内容也可能不一样。

索引数据库是用户检索的基础，它的数据质量直接影响检索效果。数据库的内容必须经常更新、重建，以保证索引数据库能准确反映网络信息资源的最新状况。

（3）建立检索界面

每个搜索引擎都必须向用户提供良好的信息检索界面，用于接收用户的搜索请求；搜索引擎根据用户输入的关键词，在索引数据库中查找，并把查找命中的结果（均为超文本链接形式）通过检索界面反馈给用户，用户只要通过搜索引擎提供的链接，就可以立刻访问到相关信息。

3. 搜索引擎的常用检索方法

在搜索引擎中常用的检索方法包括布尔逻辑检索、词组检索、截词检索、字段检索等。

（1）布尔逻辑检索

布尔逻辑检索就是通过标准的布尔逻辑关系运算符来表达关键词与关键词之间逻辑关系的检索方法。主要的布尔逻辑关系运算符有如下 3 种。

- AND 关系运算符：逻辑与，通常用关系词 AND 来表示，要求检索结果中必须同时包含所输入的两个关键词。
- OR 关系运算符：逻辑或，通常用关系词 OR 来表示，要求检索结果中至少包含所输入的两个关键词中的一个。
- NOT 关系运算符：逻辑非，通常用关系词 NOT 来表示，要求检索结果中包含所输入的第一个关键词，但不包含所输入的第二个关键词。

（2）词组检索

词组检索是指将一个词组（通常放在英文双引号内）当作一个独立的运算单元进行严格的匹配，以提高检索的精度和准确度。

（3）截词检索

截词检索是指在检索式中使用截词符代替相关字符，以扩大检索范围。在搜索引擎中常用的截词符是星号“*”，通常使用右截断。例如，输入“comput*”，将检索出 computer、computing、computerised、computerized 等。

（4）字段检索

搜索引擎提供了许多带有网络检索特征的字段［如主机名、域名、统一资源定位符（URL）

等］型检索功能，用于限定关键词在数据库中出现的区域，控制检索结果的相关性，提高检索效率。

（5）自然语言检索

自然语言检索是指用户直接使用自然语言中的字、词或句子，组成检索式，进行检索。自然语言检索使得检索式的组成不再依赖于专门的检索语言，使检索变得简单而直接，特别适合不熟悉检索语言的用户使用。

（6）多语种检索

多语种检索提供了不同的语种检索环境供用户选择，搜索引擎会按照用户设置的语种进行检索并反馈检索结果。

（7）区分大小写检索

区分大小写检索主要针对检索词中含有西文字符、人名和地名等专有名词的情况。区分关键词中字母的大小写可判断该词是不是专有名词。区分大小写检索，有助于提高查准率。

4. 搜索引擎的类型

随着互联网技术的发展与应用水平的提高，各种各样的搜索引擎层出不穷。为了帮助用户准确、快捷、方便地在纷繁、浩瀚的信息海洋里查找到自己所需的信息资源，网络工作者为各类网络信息资源研制了相应的搜索引擎。搜索引擎按其工作方式主要可分为以下 3 种。

（1）全文索引型搜索引擎

全文索引型搜索引擎处理的对象是所有网站中的每个网页。每个全文索引型搜索引擎都有自己独有的搜索系统和一个包容 Internet 资源站点的网页索引数据库。该数据库中最主要的内容由网络自动索引软件建立，不需要人工干预。网络自动索引软件自动在网上漫游，不断收集各种新网址和网页信息，形成包含数千万甚至亿万条记录的数据库。用户在搜索框中输入关键词或检索表达式后，每个搜索引擎都以其特定的检索算法，在其数据库中找出与用户查询条件相匹配的记录，并将其按相关性强弱顺序排列，然后反馈给用户。用户获得的检索结果并不是最终的内容，而是一条检索线索（网址和相关文字），通过检索线索中指向的网页，用户可以找到和关键词或检索表达式相匹配的内容。全文索引型搜索引擎具有检索面广、信息量大、信息更新速度快等优点，非常适用于特定主题词的检索，但在检索结果中会包含一些无用信息，需要用户手工过滤，这也降低了检索的效率和检索结果的准确性。

（2）分类目录型搜索引擎

分类目录型搜索引擎按类别编排网站目录。网站工作人员在广泛搜集网络资源并进行人工加工整理的基础上，按照某种主题分类体系，编制成一种可供检索的等级结构式目录，在每个目录分类下提供相应的网络资源站点地址，以方便用户通过该目录体系的引导，查找到和主题相关的网络信息资源。

分类目录型搜索引擎在收录网站时，并不像全文索引型搜索引擎那样把所有的内容都收录进去，而先对网站进行类别划分，并且只收录摘要信息。

分类目录型搜索引擎的主要优点是所收录的网络资源经过了专业人员的人工选择和组

织，可以保证信息质量，减少了检索中的“噪声”，从而提高了检索的准确性；不足之处是人工收集整理信息需要花费大量的人力和时间，难以跟上网络信息的迅速发展，且所收集的信息的范围比较有限，其数据库的规模也相对较小。这类搜索引擎没有统一的分类标准和体系，如果用户对分类的判断和理解与搜索引擎的判断和理解有偏差，则将会增加用户查找信息的难度，查询交叉类目时也更容易遗漏，这成为制约分类目录型搜索引擎发展的主要因素。

（3）多元搜索引擎

多元搜索引擎又称集合式搜索引擎，它将多个搜索引擎集成在一起，向用户提供统一的检索界面，将用户的检索提问同时发送给多个搜索引擎以同时检索多个数据库，并将它们反馈的结果处理后提供给用户，也可以让用户选择其中的某几个搜索引擎进行检索，因此该类搜索引擎又被称为并行统一检索索引。

5. 常用的搜索引擎

常用的搜索引擎有必应、百度、搜狗等。下面就以百度为例，介绍搜索引擎的使用方法。

案例6-7 使用百度高级搜索功能

在本案例中，用户需要从时间、文件格式、所在网站等方面添加限制条件，精准获取搜索内容。

步骤1 在浏览器中输入网址 www.baidu.com，打开百度。

步骤2 在搜索框中输入“人工智能”，单击右侧的“百度一下”按钮，即可搜索到关于“人工智能”的条目。

步骤3 如果想要更精准地获取信息，例如，只希望看到某时间段内出现在某个网站上的某种特定文件类型的结果，可以使用百度的“搜索工具”。单击“搜索工具”按钮，可以看到3个下拉按钮，分别是“时间不限”“所有网页和文件”“站点内检索”，如图6-30所示。

图6-30 百度“搜索工具”

步骤4 单击这3个下拉按钮，从弹出的菜单中分别选择“一年内”“PDF”“www.moe.gov.cn”，可以看到搜索结果已经变为只包含发布在教育部官方网站上一年以内的PDF格式的文档，结果如图6-31所示。

步骤5 使用百度的高级搜索功能，可以更加精确地限定搜索范围。单击百度搜索引擎窗口右上角的“设置”按钮，在弹出的菜单中选择“高级搜索”。

步骤6 在弹出的“高级搜索”对话框中，除了从时间、文档格式、关键词位置等方面限定搜索结果之外，还可以使用布尔逻辑进行搜索。例如，当搜索“人工智能”和“大数据”的信息的时候，用户可以搜索包含二者之一的页面，也可以搜索同时包含这两个关键词的页面，还可以搜索包含完整关键词“人工智能大数据”的页面。如果要搜索的是包含这两个关键词之一的网页，那么用户可以在“包含任意关键词”文本框中输入“人工智能 大数据”（注意，两个关键词之间有一个空格），如图 6-32 所示，然后单击“高级搜索”按钮。

图 6-31 限定时间、文档格式和网站的搜索结果

搜索设置 高级搜索 首页设置

搜索结果：包含全部关键词　包含完整关键词

包含任意关键词 人工智能 大数据　不包括关键词

时间：限定要搜索的网页的时间是　时间不限

文档格式：搜索网页格式是　所有网页和文件

关键词位置：查询关键词位于　网页任何地方　仅网页标题中　仅URL中

站内搜索：限定要搜索指定的网站是　例如：baidu.com

高级搜索

图 6-32 百度“高级搜索”功能

步骤7 搜索得到的结果如图 6-33 所示，可以看到在搜索框中显示的内容为“(人工智能 | 大数据)”。用户也可以直接在百度的搜索框中输入这些关键词内容进行搜索，其中“|”表示两个关键词之间是“或”的关系。

图 6-33 高级搜索的结果

6.3.2 商标检索

商标是一个专门的法律术语，是用于识别和区分商品或者服务来源的标志。任何能够将自然人、法人或者其他组织的商品与他人的商品区别开的标志，包括文字、图形、颜色组合和声音等，以及上述要素的组合，均可以作为商标申请注册。

品牌或品牌的一部分在政府有关部门依法注册后，即被称为“商标”。商标受法律保护，注册者有专用权。国际市场上著名的商标往往在许多国家注册。在中国，商标有“注册商标”与“未注册商标”之区别。注册商标是在政府有关部门注册后受法律保护的商标，未注册商标则不受法律保护。

1. 商标类型

目前，常见的商标类型有文字商标、图形商标、字母商标、数字商标、三维标志商标、颜色组合商标、组合商标、声音商标 8 种。

（1）文字商标

文字商标是由文字组成的商标。文字商标包括汉字、少数民族文字、外国文字，文字不分字体，草书、行书、隶书、篆书都可以。

（2）图形商标

图形商标是指用图形构成的商标。图形商标所使用的图形涵盖的范围（例如，花草树木、日月星辰、山川河流、仙境名胜等）非常广泛，具有无限的变化空间和易于表达的视觉外观。

（3）字母商标

字母商标是指用拼音或注音符号的最小书写单位，包括汉语拼音，以及英文字母、拉丁字母等外文字母所构成的商标。

（4）数字商标

数字商标是指由阿拉伯数字或中文大写数字构成的商标。数字商标必须由两个以上数字构成。

（5）三维标志商标

三维标志商标又称立体标志商标，它是指用具有长、宽、高 3 个维度的立体物标志构成的商标，它以立体的物质形态出现，可以表现在商品外形上，也可以表现在商品的容器或者其他地方。

（6）颜色组合商标

颜色组合商标是指由两种或两种以上颜色组成的商标，独特新颖的颜色组合不仅给人以美感，还能起到表示商品或者其来源或者区分生产者、经营者、服务者的作用。

（7）组合商标

组合商标是由文字、数字、字母、图形、三维标志、颜色组合等要素中的任意两个或者两个以上要素构成的商标。

（8）声音商标

声音商标是非传统商标的一种，与其他可以作为商标的要素（文字、数字、图形、颜色等）一样，必须具备能够将一个企业的商品或服务与其他企业的商品或服务区别开来的基本功能，即必须具有显著特征，便于消费者识别。例如，英特尔公司的“Intel inside”声音商标、中国国际广播电台的“开始曲”声音商标等。

2. 商标的国际分类

截至2017年，商标的国际分类共包括45类，其中商品34类，服务项目11类，共包含一万多个商品和服务项目。商标国际分类表如表6-1所示，不但所有尼斯联盟成员国使用此分类表，而且非尼斯联盟成员国可以使用该分类表。

表6-1 商标国际分类表

编号	分类	编号	分类	编号	分类	编号	分类	编号	分类
01类	化学原料	10类	医疗器械	19类	建筑材料	28类	健身器材	37类	建筑修理
02类	颜料油漆	11类	灯具空调	20类	家具	29类	食品	38类	电信服务
03类	日化用品	12类	运输工具	21类	厨房洁具	30类	方便食品	39类	运输贮藏
04类	燃料油脂	13类	军火烟火	22类	绳网袋篷	31类	饲料种子	40类	材料加工
05类	医药	14类	珠宝钟表	23类	纺织纱线	32类	啤酒饮料	41类	教育娱乐
06类	金属材料	15类	乐器	24类	布料床单	33类	酒	42类	网站服务
07类	机械设备	16类	办公用品	25类	服装鞋帽	34类	烟草烟具	43类	餐饮住宿
08类	手工器械	17类	橡胶制品	26类	纽扣拉链	35类	广告销售	44类	医疗园艺
09类	科学仪器	18类	皮革工具	27类	地毯席垫	36类	金融物管	45类	社会服务

3. 商标检索

商标检索即商标查询。商标注册申请人或代理人在申请注册商标前到国家知识产权局商标局（以下简称商标局）查询申请注册的商标有无与在先权利商标相同或近似的情况，如果确定有相同或者近似的情况，就不能将该商标提交商标局申请注册，否则，就会遭到商标局的驳回；如果确定不相同或者不相近似，方可以提出注册申请。

案例6-8 查询关键词“图灵”的商标注册情况

在本案例中，用户希望将“图灵”注册为教育类商标，并在申请注册前希望首先在中国商标网进行查询，看看是否已经有相同或者类似商标存在。

步骤1 在浏览器中输入网址“https://sbj.cnipa.gov.cn”，打开中国商标网网页。

步骤2 单击“商标网上查询”超链接，如图6-34所示。

图6-34 单击“商标网上查询”超链接

步骤3 在“使用说明”页面，单击“我接受”按钮，然后单击“商标近似查询”。

步骤4 在“商标近似查询”页面，选择“自动查询”，然后在“国际分类”文本框中输入“41”，即“教育娱乐”大类，“查询方式”设置为“汉字”，在“检索要素”文本框中输入“图灵”，单击“查询”按钮，如图 6-35 所示。

图 6-35 商标近似查询

提示

如果注册申请人不清楚应该填写的国际分类代码，也可以单击“国际分类”文本框右侧的🔍按钮，在弹出的列表中选择恰当的分类，如图6-36所示。

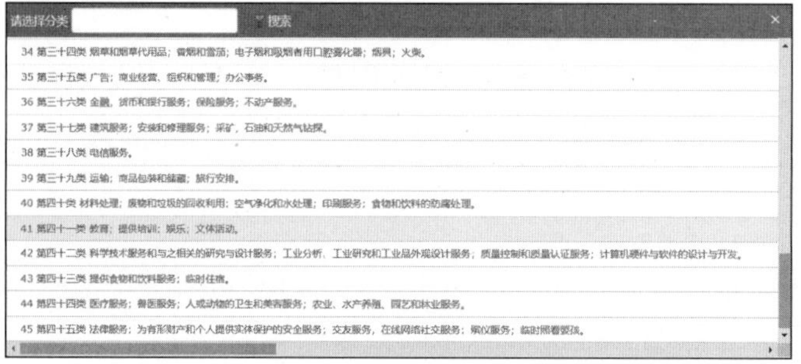

图 6-36 选择商标分类

步骤5 检索到的结果如图 6-37 所示。

检索到177件商标　　仅供参考，不具有法律效力

☐	序号	申请/注册号	申请日期	商标名称	申请人名称
☐	1	29940558	2018年03月30日	图灵	北京摩恩科技有限责任公司
☐	2	37010402	2019年03月22日	图灵	广州图灵教育科技有限公司
☐	3	19088033	2016年02月05日	灵图	灵图（天津）教育科技有限公司
☐	4	22290742	2016年12月16日	灵图	灵图（天津）教育科技有限公司
☐	5	19978090	2016年05月17日	灵图	灵图（天津）教育科技有限公司
☐	6	13165112	2013年08月30日	金易宝 灵图	肇庆市鼎湖华夏文化传播有限公司
☐	7	61652373	2021年12月23日	灵图数智	灵图数据（杭州）有限公司
☐	8	68721179	2022年12月06日	灵图云台	北京河图联合创新科技有限公司
☐	9	15915591	2014年12月11日	图灵 TOLINK	绍兴伯恩脑电信息科技有限公司
☐	10	44366275	2020年03月04日	AI 图灵	北京图灵智绘教育科技有限公司
☐	11	44302855	2020年03月02日	图灵电竞	广州数锐智能科技有限公司
☐	12	32536792	2018年07月27日	图灵游戏 TULING GAME.COM	广州图灵网络科技有限公司
☐	13	31291675	2018年05月30日	图灵教育 TURING EDUCATION	北京摩恩科技有限责任公司
☐	14	41310772	2019年09月26日	图灵社区	合肥扣钉教育科技有限公司
☐	15	34602453	2018年11月12日	图灵全脑	程梅
☐	16	67469445	2022年09月27日	图灵量子	上海图灵智算量子科技有限公司
☐	17	67078001	2022年09月07日	图灵量算	上海图灵智算量子科技有限公司
☐	18	62694605	2022年02月18日	图灵金服	上海图灵智算量子科技有限公司
☐	19	50721275	2020年10月26日	图灵编程 TURINGCODE	山西优培教育科技有限公司
☐	20	54292474	2021年03月14日	图灵科学	山西优培教育科技有限公司

图 6-37 检索到的结果

步骤6 单击相关“申请 / 注册号”链接，可以看到该商标的具体信息，包括商标、商品 / 服务、申请 / 注册号、申请人名称等信息。页面的最后是商标的状态图标，各类商标状态图标如图 6–38 所示。

图 6–38 商标状态图标

通过查询可知，目前已经有相当数量教育类的“图灵”商标被注册，因此用户需要审慎考虑，是否要更换为其他商标名称并进行注册。

拓展阅读

截至 2021 年，中国已建成的 5G 基站有超过 115 万个，占全球 70% 以上，是全球规模最大、技术最先进的 5G 独立组网网络。全国所有地级市城区、超过 97% 的县城城区和 40% 的乡镇镇区实现 5G 网络覆盖；5G 终端用户达到 4.5 亿户，占全球 80% 以上。行业应用快速扩张，组织开展第四届“绽放杯”5G 应用征集大赛和全国 5G 行业应用规模化发展现场会等活动，全国 5G 应用创新案例有超过 1 万个，涵盖工业、医疗、教育、交通等行业。

我国《“十四五”信息通信行业发展规划》(以下简称《规划》) 全面部署了新型数字基础设施，包括 5G、千兆光纤网络、IPv6、移动物联网、卫星通信网络等新一代通信网络基础设施，数据中心、人工智能基础设施、区块链基础设施等数据和算力设施，以及工业互联网、车联网等融合基础设施。

《规划》的总体目标是，到 2025 年，基本建成高速泛在、集成互联、智能绿色、安全可靠的新型数字基础设施体系，为支撑制造强国、网络强国、数字中国建设夯实发展基础。

具体来说，一是通信网络基础设施力争保持国际先进水平。在已经建成全球规模最大的光纤和移动宽带网络的基础上，“十四五”时期力争建成全球规模最大的 5G 独立组网网络，力争每万人拥有的 5G 基站数达到 26，实现城市和乡镇全面覆盖、行政村基本覆盖、重点应用场景深度覆盖，其中行政村 5G 通达率预计达到 80%。持续扩大千兆光纤网络覆盖范围，推进城市及重点乡镇 10G–PON 设备规模部署，10G–PON 及以上端口数力争达 1200 万。加快应用、终端 IPv6 升级改造，实现 IPv6 用户规模和业务流量双增长，移动网络 IPv6 流量占比预计达 70%。加快扩容国际互联网出入口带宽，持续提升国际信息通信服务质量，2025 年力争达 48Tbit/s。

二是数据与算力设施服务能力显著增强。构建数网协同、数云协同、云边协同、绿色智能的多层次算力设施体系，算力水平大幅提升，数据中心算力预计达每秒 3 万亿亿次浮点运算。人工智能、区块链等设施服务能力显著增强。

三是融合基础设施建设实现突破。基本建成覆盖各地区、各行业的高质量工业互联网，打造一批“5G + 工业互联网”标杆。工业互联网标识解析体系更加完善，服务能力大幅提升，公共服务节点数力争达到 150。重点高速公路、城市道路实现蜂窝车联网（C–V2X）规模覆盖。

单元7

新一代信息技术

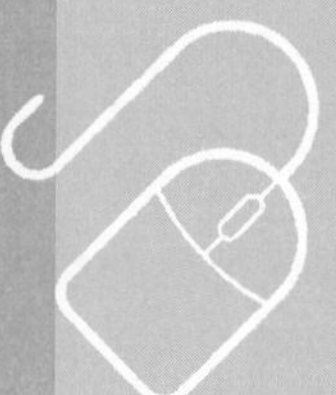

《国务院关于加快培育和发展战略性新兴产业的决定》中列出了七大战略性新兴产业，其中就包括新一代信息技术产业。发展新一代信息技术产业的主要内容是，“加快建设宽带、泛在、融合、安全的信息网络基础设施，推动新一代移动通信、下一代互联网核心设备和智能终端的研发及产业化，加快推进三网融合，促进物联网、云计算的研发和示范应用。着力发展集成电路、新型显示、高端软件、高端服务器等核心基础产业。提升软件服务、网络增值服务等信息服务能力，加快重要基础设施智能化改造。大力发展数字虚拟等技术，促进文化创意产业发展”。

新一代信息技术涵盖的技术多、应用的范围广，与传统行业结合的空间大，在经济发展和产业结构调整中的带动作用将远远超出本行业的范畴。在新一代信息技术产业中，物联网、三网融合等都并非单一技术，而是包含多个产业及核心技术在内的产业集群，这意味着其中某项核心技术一旦取得突破，都将带动全局发展。

知识目标

- 了解大数据的概念和相关知识；
- 了解云计算的概念和相关知识；
- 了解人工智能与大语言模型的概念和相关知识；
- 了解物联网与5G的概念和相关知识；
- 体验大数据处理和机器学习的基本方法；
- 掌握创建和登录云主机的基本流程；
- 掌握常见大语言模型和相关应用方法。

素养目标

- 思考身边还有哪些前沿的信息技术及其在社会和生活中的价值；
- 总结和大语言模型进行交流的技巧、心得。

项目7.1 大数据

现代科技领域有个形象而好记的简称“ABC”，其中，A表示AI（Artificial Intelligence，人工智能），B表示BD（Big Data，大数据），C表示CC（Cloud Computing，云计算）。大数据是其他技术的基础。

随着移动互联网、人工智能、云计算、物联网等技术的发展，数据呈现爆发式增长，大数据时代正在演绎着一场意义深远的数据革命，对全球经济的技术、业务和服务产生了巨大的影响。如今，数据资源就像土地、劳动力、资本等基本生产要素一样，成为数字经济时代的新型生产要素。利用各种先进的科学理论和方法分析各行各业产生的大数据资源，会产生极大的社会价值和经济价值。

大数据技术的难点除了数据量巨大，还在于它要处理的数据变化快、类型多、需求多样、时间敏感性强，一旦产生正确的结果，其产生的价值巨大，因而才显得弥足珍贵。

7.1.1 大数据的概念与特征

大数据指的是所涉及的数量巨大到无法通过主流软件工具，在合理时间内撷取、管理、处理，并整理为可帮助企业进行经营决策的资讯的数据集合。

大数据研究机构 Gartner 给出的定义是，大数据是需要新处理模式才能具有更强的决策力、洞察力和流程优化能力来适应海量、高增长率和多样化的信息资产。

从上面的大数据定义可以看出，大数据具有以下 5 个主要特征，即“5V”特征。

- Volume：数据量大，采集、存储和计算的量都非常大。大数据的起始计量单位的词头至少是 P（10^{15}）、E（10^{18}）或 Z（10^{21}）。
- Variety：种类和来源多样化。大数据包括结构化、半结构化和非结构化数据，具体表现为网络日志、音频、视频、图片、地理位置信息等，多类型的数据对数据的处理能力提出了更高要求。
- Value：数据价值密度相对较低，可以说是浪里淘沙却又弥足珍贵。随着互联网和物联网的广泛应用，信息感知无处不在，信息的数量巨大但价值密度较低。如何结合业务逻辑并通过强大的算法来挖掘数据价值，是大数据时代最需要解决的问题。
- Velocity：数据增长速度快，处理速度快，时效性要求高，比如，要求搜索引擎能够让用户查询到几分钟前上传的新闻，要求个性化推荐算法尽可能实时完成推荐。这是大数据区别于传统数据挖掘的显著特征。
- Veracity：数据的准确性和可信赖度，即数据的质量。数据中可能存在着大量的噪声或错误，因此需对数据进行清洗、验证和校正，以确保其真实性和可靠性。

7.1.2 大数据应用场景

目前，人类社会已处在数据技术时代，大数据思维所到之处，即会触发全产业链的创新、跨界、变革。企业和个人不仅需要在剧变中信念笃定，更需要可掌控的、科学的依据——大数据来为人类打开未来的通道！大数据技术已经逐渐走进我们的生活，并应用于各个领域，它不仅给许多行业带来了巨大的经济效益，也为人们的生活带来了许多改变和便利。例如，零售商、银行、制造商、电信运营商和保险公司等都在利用数据挖掘技术，分析从定价、促销和人口统计数据到经济、风险、竞争和社交媒体如何影响商业模式、收入、运营和客户关系等。下面介绍几个典型的大数据应用场景。

1. 零售行业大数据应用——精准营销

零售行业大数据应用有两个层面：一个层面是了解客户的消费喜好和趋势，进行产品的精准营销，降低营销成本；另一个层面是依据客户购买的产品，为客户推荐可能购买的其他产品，提高销售额，这也属于精准营销范畴。

著名的“啤酒与尿布”问题就是一个经典的大数据案例。这是沃尔玛超市对积累的原始交易数据进行关联规则挖掘后得到的一个意外发现：男性顾客在购买婴儿尿布时，常常会顺便搭配几瓶啤酒来犒劳自己。于是沃尔玛尝试将啤酒和尿布这两种看上去毫无关联的物品摆在一起。没想到这个举措居然使尿布和啤酒的销量都大幅增加了。

未来考验零售企业的是如何挖掘消费者需求，以及高效整合供应链以满足其需求，因此信息技术水平的高低成为能否获得竞争优势的关键要素。

2. 金融行业大数据应用——理财利器

大数据在金融行业应用范围较广，典型的案例如下：花旗银行利用 IBM 公司的沃森超级计算机为财富管理客户推荐产品；美国银行利用客户单击数据集为客户提供特色服务，如有竞争力的信用额度；招商银行利用客户刷卡、存取款、电子银行转账、微信评论等行为数据，每周给客户发送定制化广告信息，里面有客户可能感兴趣的产品和优惠信息。

此外，银行可以通过数据挖掘来分析一些交易数据背后的商业价值；保险公司可以利用数据来提升保险产品的精算水平，提高利润和投资收益；证券公司可以通过对客户交易习惯和行为进行分析，获取更多的收益。

3. 医疗行业大数据应用——看病高效

借助于大数据平台，医疗行业可以收集不同病例、治疗方案，以及病人的基本特征，从而建立针对不同疾病的数据库，帮助医生进行疾病诊断。通过对大量的病例、病理报告、治愈方案、药物报告等数据进行整理和分析，大数据技术可极大地辅助医生提出治疗方案。

4. 教育行业大数据应用——因材施教

目前，信息技术已在教育行业有了越来越广泛的应用，教学、考试、师生互动、校园安全、家校关系等，只要技术可触达的地方，各个环节都被数据包裹。

通过对大数据的分析，优化教育机制，做出更科学的决策，将带来潜在的教育革命。在不久的将来，个性化学习服务将会更多地融入学习资源云平台，根据每个学生的兴趣、爱好和特长，推送相关领域的前沿观点、行业动态、热点议题等，帮助学生明确未来职业发展方向。

5. 农业行业大数据应用——量化生产

通过对大数据的分析可以更精确地预测未来的天气，帮助农民做好自然灾害的预防工作。在数据驱动下，结合无人机技术，农民可以采集农产品生长信息、病虫害信息。

大数据也可以帮助农民依据消费者的消费习惯来决定增加哪些农作物的种植面积，降低哪些农产品的产量，提高单位种植面积的产值，这有助于快速销售农产品，完成资金回流。牧民可以通过大数据分析来安排放牧范围，有效利用牧场。渔民可以利用大数据安排休渔期、定位捕鱼范围等。

农业关乎国计民生，科学规划将有助于社会整体效率的提升。大数据技术可以帮助政府实现农业的精细化管理，实现科学决策。

6. 气象行业大数据应用——防灾减害

气象对社会的影响涉及方方面面。传统上依赖气象信息的主要是农业、林业和水运等行业，而如今，气象俨然成为社会发展的资源。

借助于大数据技术，天气预报的准确性和实效性将会大大提高，预报的及时性将会大大提升。同时对于重大自然灾害，如龙卷风，通过大数据计算平台，人们将会更加精确地了解其运动轨迹和危害的等级，这有利于帮助人们做好防灾减害的工作。

7.1.3 大数据的处理流程

如图 7-1 所示，大数据的主要处理流程包括获取和采集数据、数据转换和特征工程、数据分析、机器学习、数据报告和模型、数据评估和部署发布等环节。

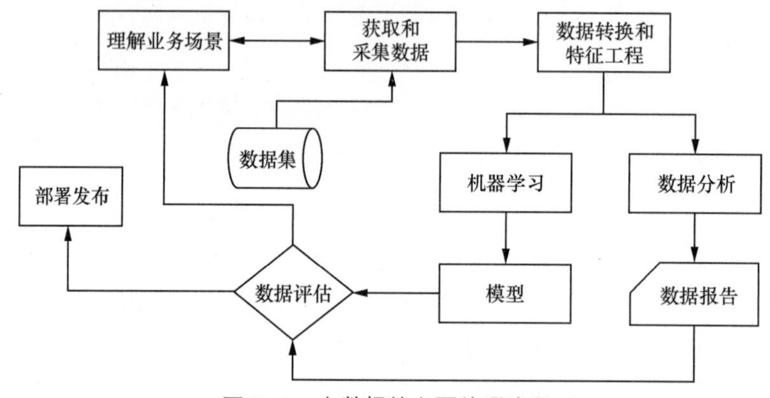

图 7-1 大数据的主要处理流程

1. 获取和采集数据

大数据处理流程中的获取和采集数据是指从各种渠道收集和获取原始数据的过程，常用的数据采集方式有爬虫抓取、应用程序接口（Application Program Interface，API）调用、日志收集等。

其中，爬虫抓取是最常见的一种方式，可以通过编写脚本来自动地获取网络上的各种信息；API 调用也是一种常用的方式，通过 API 调用可以获取各种平台上的公开信息。

2. 数据转换和特征工程

数据转换主要包括对获取的数据进行清洗、变形和整合，以便更好地进行数据分析。在这个步骤中，需要对数据进行各种操作，例如去重、缺失值填充、异常值处理、数据标准化等。

特征工程是指对原始数据进行处理，提取出对机器学习算法有用的特征，以提高模型的准确性和效率。在机器学习中，特征工程是非常重要的一环，因为它直接影响模型的性能和结果。

3. 数据分析与机器学习

数据分析是指使用统计学和计算机科学的方法来处理、解释和提取大量数据中隐藏的信息。统计分析是数据分析的基础，在统计分析中，常用的方法包括假设检验、回归分析、时间序列分析等。统计分析技术可以帮助数据分析人员从数据中发现相关性、趋势和规律。

机器学习是数据分析在人工智能时代的最新发展，是指通过计算机自动从大量数据中学习规律，从而完成某些任务。机器学习技术使得数据分析的效率和准确率得到了极大的提高。本章后面会对机器学习进行详细介绍。

数据分析和机器学习的结果最终要形成报告或模型，经过数据评估并转换为对实际工作的指导。

案例7-1 使用Power BI分析城市共享单车骑行数据

◆ 素材文档：AI–01.csv。

◆ 结果文档：AI–01–R.pbix。

在本案例中，已经收集了某城市2020年6月共享单车的骑行数据，总共包含180余万条。在每行记录中列出了骑行的开始时间（start_time）和结束时间（stop_time）。现在要分析每天哪个时间段骑行者数量最多和骑行者每次骑行的时长（持续时间）。由于数据量过大，无法在一个工作表中容纳（每个工作表最多容纳1048576行记录），因此在这里需要使用Power BI Desktop来对数据进行转换和分析。

Power BI是微软公司开发的一款大数据处理和可视化工具，它支持丰富的数据源，可对数据进行清洗和转换，最终完成数据的分析和可视化，并帮助用户获得见解。

步骤1 启动Power BI Desktop，在弹出登录提示窗口后，如果没有账号可以不必登录，直接将其关闭。在“主页”选项卡中单击“获取数据”下拉按钮，在弹出的下拉菜单中选择“文本/CSV”，导入CSV数据。如图7–2所示。

提示

用户可以在Power BI网站下载Power BI Desktop软件并安装，且无须注册即可使用其基本功能。

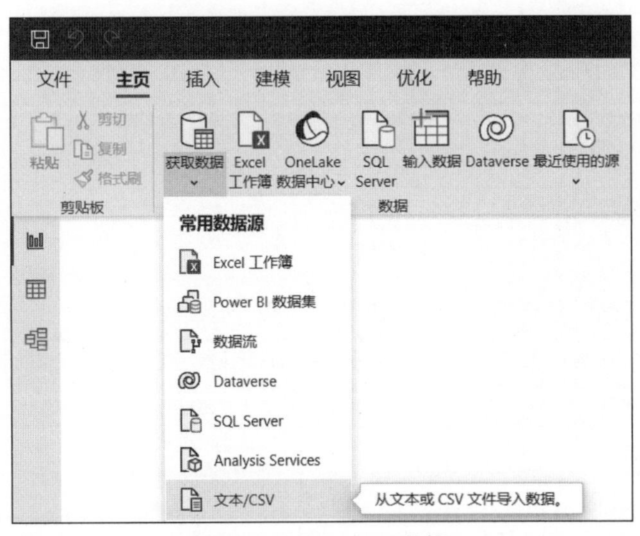

图7–2 导入CSV数据

步骤2 在弹出的“打开”对话框中，定位到素材文件夹中的“AI–01.csv”文档，并将其打开。

步骤3 如图7–3所示，在弹出的数据预览对话框中，直接单击“转换数据”按钮。

步骤4 在打开的“Query编辑器”中，通过单击选中“start_time”列，单击“添加列”选项卡中的“时间”按钮，在弹出的下拉菜单中选择“小时”，在展开的级联菜单中选择“小时”，如图7–4所示。此时会在最右侧出现“小时”列，显示每次骑行开始的整点数。

图 7-3 数据预览对话框

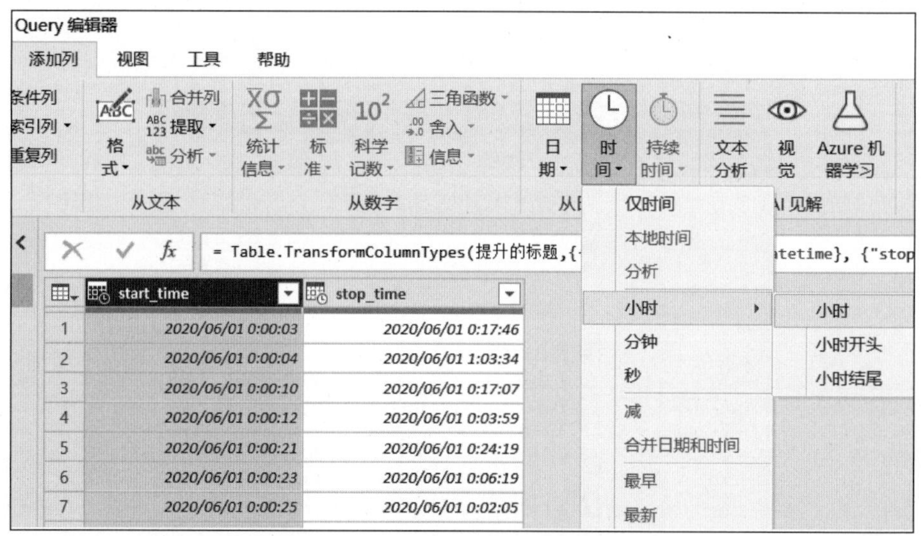

图 7-4 提取骑行开始的整点数

步骤5 单击“添加列”选项卡中的“自定义列”，在弹出的“自定义列”对话框中，在“新列名”文本框中输入“骑行持续时间”，在下方的“自定义列公式”文本框中输入“[stop_time]-[start_time]”，并单击“确定”按钮，如图 7-5 所示。

提示

在输入公式的时候，等号已经默认填写在文本框中，直接在其后输入公式内容即可。对于列名，可以直接通过单击右侧“可用列”列表中的列名称来实现输入。

步骤6 选中“骑行持续时间”列，单击“添加列”选项卡中的“持续时间”按钮，在弹出的菜单中选择“总分钟数”（指以分为单位的总骑行时间），在最右侧再添加“总分钟数”列，将骑行时间单位转换为分。

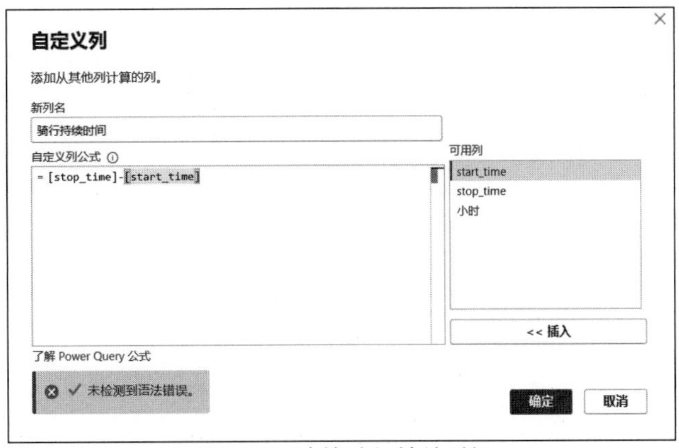

图 7-5 计算骑行持续时间

步骤7 先单击“添加列”选项卡中的“条件列”按钮，在弹出的“添加条件列”对话框中，将“新列名”设置为“骑行时间分组”，然后在下方使用 If 函数，将“总分钟数”在 10 分钟以内的分组设置为“10 分钟内”，将“总分钟数”在 30 分钟以内的分组设置为“半小时内”，将“总分钟数”在 60 分钟以内的分组设置为“1 小时内”，其他情况（“ELSE”）设置为“1 小时以上”，单击“确定”按钮，如图 7-6 所示。

提示

可以通过单击“添加子句”按钮，不断添加“Else If”判断分支。

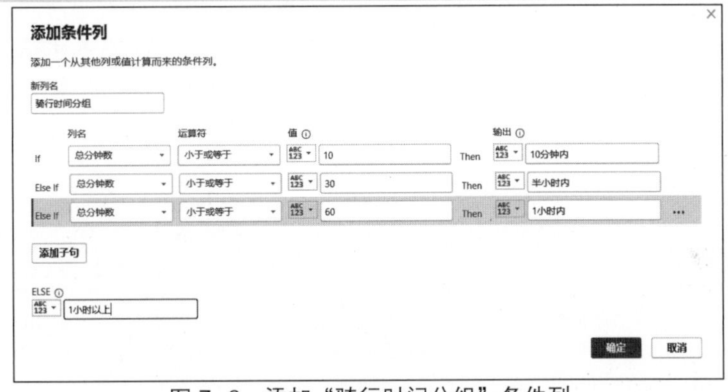

图 7-6 添加“骑行时间分组”条件列

步骤8 完成数据转换后，单击“Query 编辑器”窗口右上角的关闭按钮，在弹出的“是否要立即应用更改？”提示对话框中选择“是”，返回 Power BI 主窗口。

步骤9 左侧导航窗格默认会定位在“报表视图”，先在右侧的“可视化”窗格中单击“折线图”按钮，在中间画布上会出现一个空白的图表，然后将右侧的“数据”窗格中的“小时”字段分别拖曳到“可视化”区域的 X 轴和 Y 轴区域，如图 7-7 所示，最后单击 Y 轴区域的“小时”字段，在弹出的菜单中选择“计数”，完成图表的设计。

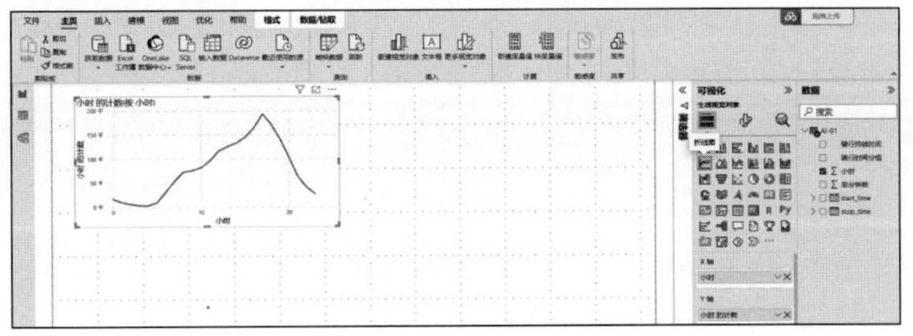

图 7-7 分析不同时间段的骑行次数

步骤10 先单击中间画布的任意空白区域，然后单击“可视化”窗格中的“簇状柱形图”按钮，添加空白图表，并移动到第一个图表右侧。在“数据”窗格中，将“骑行时间分组”字段分别移动到“可视化”窗格的X轴和Y轴区域，即可完成图表的创建，如图7-8所示。

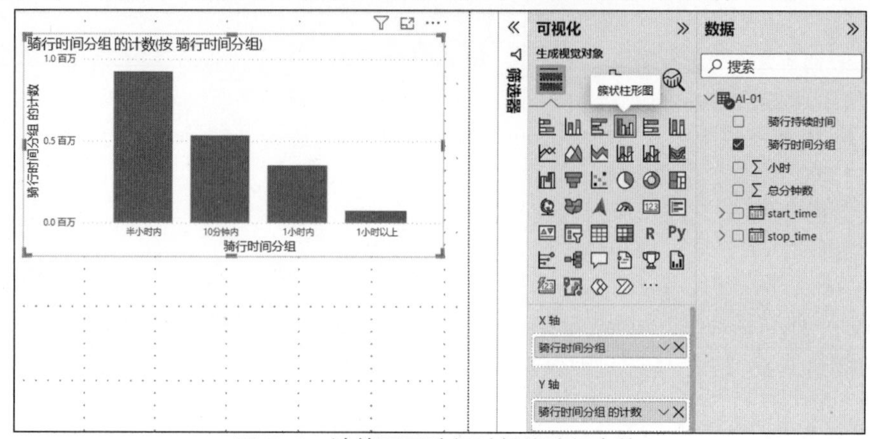

图7-8 计算不同骑行时长的骑行次数

步骤11 完成的分析报告的效果如图7-9所示。单击“文件”菜单，在弹出的下拉菜单中选择“另存为”，在弹出的对话框中保存文档，文件名为“AI-01-R.pbix”。在报告中可以清楚地看到，每天下午到傍晚时间段的骑行人数较多；此外，每次骑行时间在30分钟内的骑行者最多，而骑行时间超过1小时的骑行者数量很少。这两个图表是联动的，例如，单击右侧图表中的“半小时内”形状，在左侧就可以显示骑行时间在30分钟内的骑行数据在全天的分布情况。

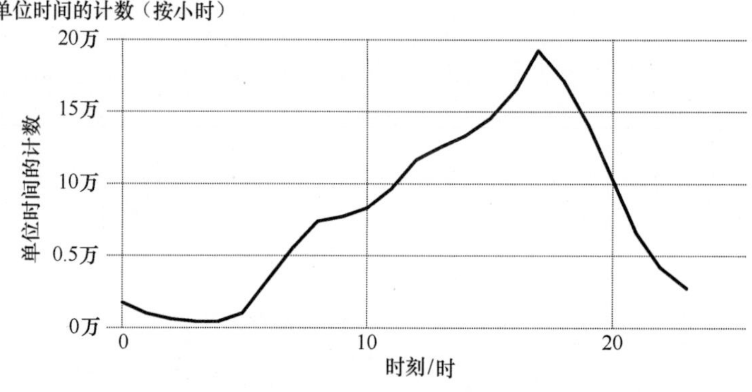

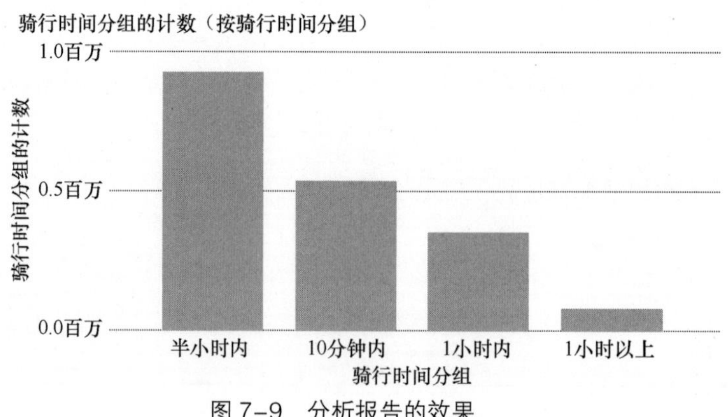

图7-9 分析报告的效果

项目7.2 云计算

21 世纪前十年，云计算作为一个新的技术趋势得到了快速发展。云计算的崛起无疑将改变 IT 产业，也将深刻改变人们的工作方式和公司经营的方式。

7.2.1 云计算的概念和特点

云计算是一种基于互联网的计算方式，可提供计算服务，并按需求提供给计算机的各种终端。

例如，传统的服务器具有独立的 CPU、硬盘、内存条，存储数据的安全性不高，资源的利用率时高时低；一旦业务规模扩张，现有服务器资源无法满足要求，就需购置新的服务器，而且物理服务器存在设备老化、损坏、维护等方面的问题，这样有可能造成成本增加或时间延误，给企业造成损失，而云服务器就可以弥补这些不足。

概括起来，云计算具有以下特点。

1. 资源利用率高

在非云计算模式下，计算资源往往与应用系统紧密关联，各应用系统处于不同工作状态，使部分计算资源未达到预定载荷；同时，企业为应对可能的负载峰值（例如，上班时间的信息系统使用高峰）还需预留一定的额外计算资源，这会导致计算资源利用率不均衡或“峰值配置”，增加了企业的 IT 成本。而在云计算模式下，云服务提供商以“资源池”的形式对计算、存储及网络资源进行组织，通过虚拟化技术将一组集群服务器人为地划分为多个虚拟的独立主机并提供给不同客户；同时结合云平台管理技术，将资源池内的资源按照应用系统的需求状况进行分配，不仅能有效避免资源的闲置，还能在面对负载峰值时及时调配所需资源，使得资源配置更加有效，从而帮助企业更经济地规划和使用计算资源。

2. 超强计算能力

云计算由庞大的服务器组成资源池，例如华为云、阿里云、腾讯云等的云资源池由十几万台（甚至更多）服务器组成，能从资源池中虚拟规划巨量的、计算能力超强的虚拟机（服务器）。

3. 按需部署

一般来说，一套计算机硬件系统会包含多个软件应用系统，不同软件应用系统对应的数据资源不同，所以用户运行不同的软件应用系统需要不同的计算能力及资源部署，而云计算平台能够根据用户的需求快速配置计算能力及资源。

4. 高可靠性

当单点服务器出现故障时，云服务器可通过虚拟化技术对分布在不同物理服务器上的应用进行恢复；或利用“动态扩展”功能部署替代服务器来提供服务，保障业务不中断。

5. 自动化

无论是应用、服务、资源的部署，还是软件或硬件的管理，云计算都可通过自动化的方式来执行和管理，从而大大地降低整个人力成本。

6. 灵活性强

通过云计算可以快速灵活地构建基础信息设施，并可以根据需求弹性扩容。云计算为用户提供了短期使用 IT 资源的灵活性（例如，按小时购买处理器或按天购买存储服务），当不再需要这些资源时，用户可以方便地释放这些资源。

7. 可扩展性

用户可以利用应用软件的快速部署方案来更为简单、快捷地扩展已有业务或发展新业务。

7.2.2 云计算服务

云计算包括以下几个层次的服务——基础设施即服务（Infrastructure as a Service，IaaS）、平台即服务（Platform as a Service，PaaS）和软件即服务（Software as a Service，SaaS）。所谓层次，是分层体系架构意义上的“层次”。IaaS、PaaS、SaaS 分别在基础设施层、平台软件层、应用软件层实现，如图 7-10 所示。

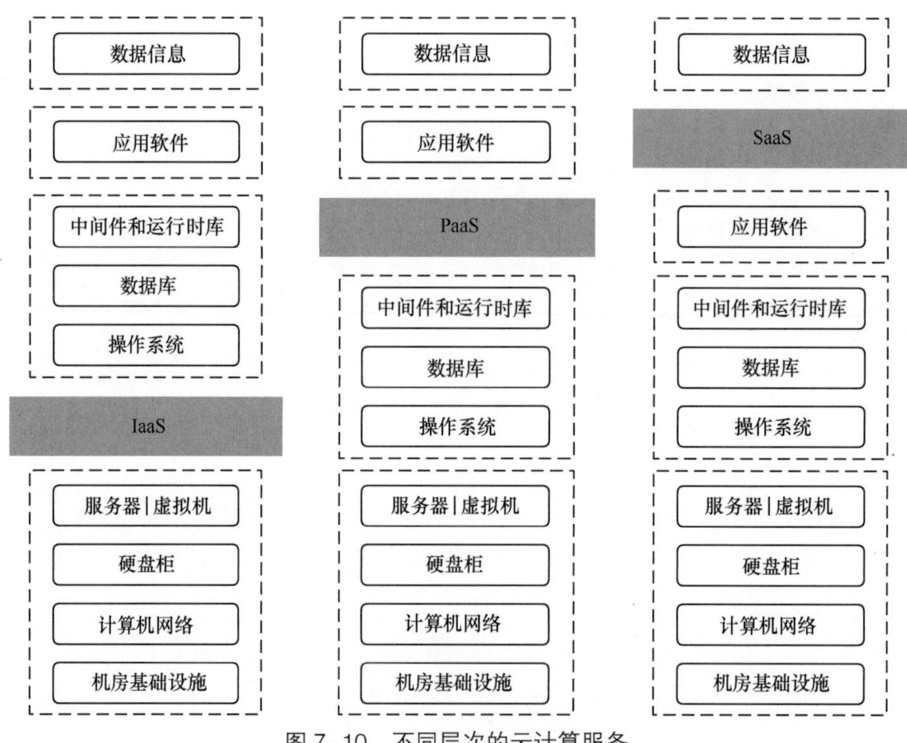

图 7-10 不同层次的云计算服务

1. IaaS

IaaS 以 IT 系统的基础设施层作为服务，由云服务提供商建设 IT 系统的基础设施。

IaaS 服务使用者可通过互联网租用基础设施层（包括 CPU、内存、硬盘、数据备份、带宽等），根据自己的需求安装操作系统和应用软件等。

例如，某公司有一个药物筛选临时项目，数据处理量特别大，要求计算机具有强大的处理能力，因此该公司向云服务提供商租用了一台计算能力超强的云主机，自己安装操作系统和药物筛选应用软件。

2. PaaS

PaaS 实际上是指以软件研发的平台作为一种服务，软件开发人员可以在不购买服务器等设备的情况下开发新的应用软件。

PaaS 服务使用者可通过互联网租用云计算平台的软件环境（例如操作系统、数据库和各类开发用的运行库）来进行系统开发、工具部署或建立开发库。

例如，某用户需要搭建一个博客网站，要求系统环境支持 PHP 语言和 MySQL 数据库，因此向云服务提供商租用了一台云主机，主机平台软件支持 PHP 语言和 MySQL 数据库。该用户在该平台上采用 WordPress 开源建站工具，只需要完成几步配置就可以建立自己的博客网站。

3. SaaS

SaaS 软件部署在云端，云服务提供商把 IT 系统的应用软件作为服务租出去。SaaS 服务使用者可以使用云终端设备接入网络，通过网页或应用程序接口（API）使用云端软件，即用户无须购买软件，而根据需求向提供商租用基于 Web 的软件。

SaaS 服务使用者无须购买软硬件，可通过互联网使用办公自动化（Office Automation，OA）系统、客户关系管理（Customer Relationship Management，CRM）软件、企业资源计划（Enterprise Resource Planning，ERP）系统等管理软件、门户网站。

例如，某公司需要一套 OA 系统，但因为直接购买软件的价格昂贵，所以该公司向云服务提供商租用云主机并附带安装 OA 系统，这样可以不购买软件而直接使用 OA 系统。

SaaS 大大降低了软件使用成本，尤其是大型软件的使用成本，并且由于软件托管在云服务提供商的服务器上，因此用户的管理维护成本降低了，软件的可靠性也更高。

7.2.3 云计算部署模式

云计算在很大程度上是由企业内部的计算解决方案“私有云”发展而来的。企业数据中心最早探索应用具有虚拟化、动态、实时分享等特点的技术是为了满足企业内部的应用需求，随着技术的发展和商业需求的增加，才逐步考虑对外租售计算资源，从而形成公有云。因此，从部署模式或者说从“云”的归属来看，云计算主要分为公有云、私有云和混合云 3 种。

1. 公有云

公有云可以为所有人提供云服务，由云服务提供商运营，为用户提供各种 IT 资源。当用户临时需要大计算能力及存储资源时，公有云是最理想的选择。

公有云的优点主要体现在以下 4 个方面：

- 提供了可靠、安全的数据存储中心，用户不用担心数据丢失、病毒入侵等问题；
- 对用户端的设备配置要求低，使用方便；
- 可以轻松实现不同设备间的数据与应用共享；

- 为使用网络提供了几乎无限多的可能。

2. 私有云

某些对数据安全性要求较高的企业既想从云计算技术中获益，又不想承担数据存放到第三方数据中心而可能带来的潜在的数据安全风险，因此他们将数据存放到自己的数据中心，自己购买软硬件，部署自己的云系统，这样的云就是私有云。私有云是为企业或机构单独使用而构建的，因而提供了对数据、安全性和服务质量最有效的控制。该企业拥有基础设施，并可以控制在此基础设施上部署应用软件的方式。私有云可由企业的 IT 部门或云服务提供商进行构建。私有云比较适合有众多分支机构的大型企业。

私有云具有以下优点：

- 数据安全性高；
- 充分利用现有硬件资源和软件资源；
- 不影响现有 IT 管理流程；
- 高服务质量。

3. 混合云

混合云是一种集成云服务，它将公有云和私有云结合在一起，在企业内部实现各种不同的功能，也是近年来云计算的主要模式和发展方向。出于安全考虑，企业更愿意将敏感数据存放在私有云中，同时又希望可以获得公有云的计算资源，在这种情况下混合云被越来越多地采用，它对公有云和私有云进行混合与匹配，以获得最佳的效果，这种个性化的解决方案达到了既省钱又安全的目的。

混合云具有很多重要的功能，使企业能够利用混合云，以新的方式扩展 IT 基础架构，其优点如下：

- 降低成本；
- 提高可用性和访问能力；
- 提升存储的可扩展性；
- 提高敏捷性和灵活性；
- 获得应用集成优势。

案例 7-2 申请和登录云主机

步骤1 打开腾讯云（https://cloud.tencent.com），单击右上角的“免费注册”按钮，进入注册流程，按照网页的提示，进行身份验证，并注册账号。

步骤2 登录已经注册好的账号，单击顶部的“云产品”，在弹出的界面中选择“云服务器”，如图 7-11 所示。

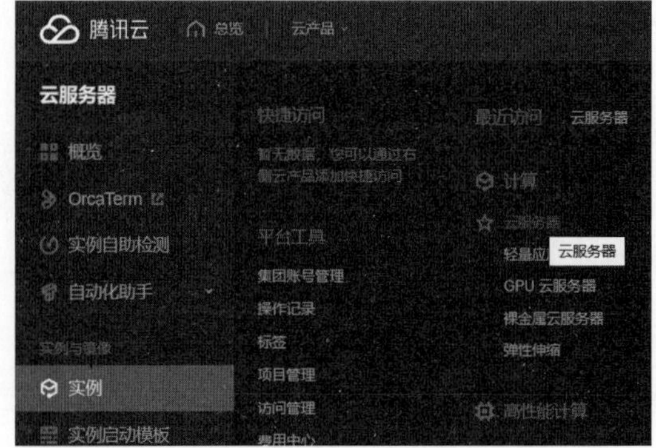

图 7-11 “云服务器”界面（局部）

步骤3 左侧导航窗格中默认为“实例”，单击右侧的“新建”，开始创建云主机，选择计费方式，这里由于仅为演示而创建，选择“竞价实例”，在下方选择合适的主机所在地（地域）和可用区，例如，此处选择地域为“南京”，可用区选择“南京一区”，如图 7-12 所示。

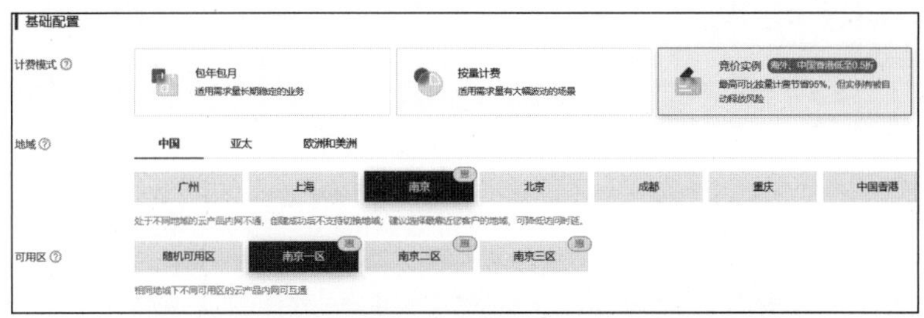

图 7-12　选择合适的主机所在地（地域）和可用区

步骤4 在“实例配置”区域，选择云主机的硬件，这里都选择默认配置，但在实际应用中，需要考虑计算需求。云主机的操作系统选择“公共镜像”类别中的“Windows”，先在下方选择默认选项，然后单击“下一步：设置网络和主机”按钮，如图 7-13 所示。

图 7-13　配置云主机的操作系统

步骤5 在配置网络与带宽页面，先勾选“免费分配独立公网 IP”复选框，选择“按流量计费”，带宽值为默认设置，然后选择“新建安全组”，并勾选所有复选框，如图 7-14 所示。

图 7-14　配置网络与带宽

步骤6 在“登录方式”页面，云主机的登录用户名默认为“administrator”，密码则可以按照规则自行设置，其他选项保持默认设置，单击“下一步：确认配置信息”按钮。

步骤7 在确认页面，检查各项配置，如果无误，勾选“协议”和“风险确认”两个复选框，单击“开通”按钮。

提示

如果是第一次使用腾讯云，系统会提示充值。作为练习，读者可以按照最低金额（例如1元）充值。在实际使用中可根据使用配置选择充值金额。

步骤8 在开通云主机后，等待2～3分钟，即可在“云主机”页面看到所创建的云主机，选择并复制公网IP地址，此处为“1.13.92.212”，如图7-15所示。

提示

公网IP地址，就是未来其他在线用户可以登录的IP地址；对于每次创建的云主机，其公网IP地址并不相同。

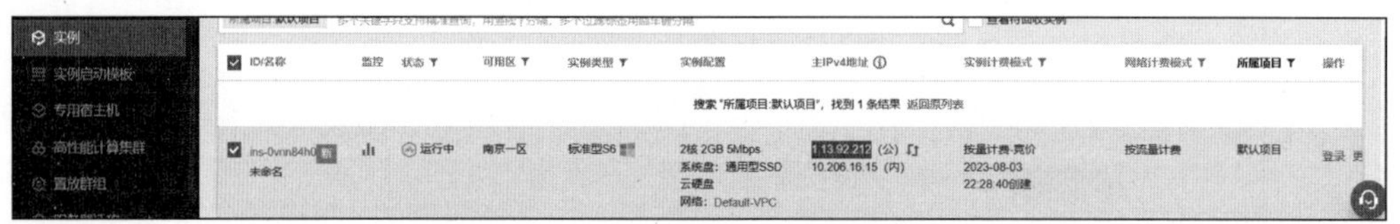

图7-15　创建完成的云主机

步骤9 在Windows 10中，按Windows+R组合键，打开“运行”对话框，如图7-16所示，在“打开”文本框中输入“mstsc”，并单击“确定”按钮。

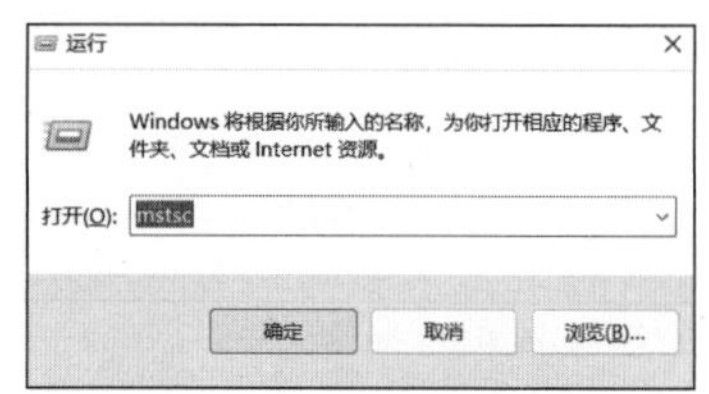

图7-16　“运行”对话框

步骤10 如图7-17所示，在弹出的“远程桌面连接”对话框中，输入之前所创建的云主机的公网IP地址，即“1.13.92.212”，单击“连接”按钮。第一次登录的时候，系统会提示输入密码（凭据），请输入之前创建云主机所设置的密码，并单击“确定”按钮。

步骤11 在弹出的提示对话框中，直接单击“是”，即可登录云主机，如图7-18所示。在云主机中，用户可以进行创建网页、创建数据库、创建FTP服务器等各类操作。

图7-17　“远程桌面连接”对话框

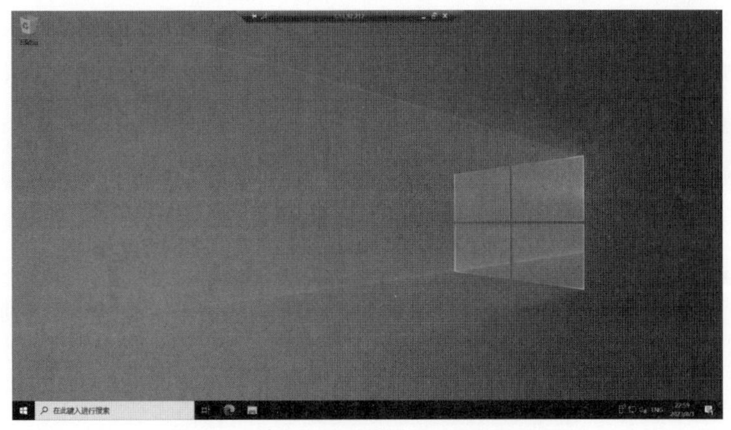

图 7-18 从 Windows 10 登录云主机

项目7.3 人工智能

7.3.1 人工智能的概念和应用场景

人工智能（Artificial Intelligence，AI）是计算机科学的一个分支，是研究用计算机模拟、延伸和扩展人类智能的理论、技术及应用的一门新的学科。

人工智能企图了解智能的实质，并生产出一种新的能以与人类智能相似的方式做出反应的智能机器。人工智能的研究领域包括机器人、语言识别、图像识别、自然语言处理和专家系统等。目前人工智能的理论和技术日益成熟，应用领域也不断扩大。

如今，人工智能已经走进我们的生活，并应用于各个领域，它不仅给许多行业带来了巨大的经济效益，也为我们的生活带来了许多改变和便利。下面介绍人工智能的一些主要应用场景。

1. 人脸识别

人脸识别也称人像识别、面部识别，是基于人的脸部特征信息进行身份识别的一种生物识别技术。人脸识别涉及的主要技术包括计算机视觉、图像处理等。

人脸识别系统的研究始于20世纪60年代，之后，随着计算机技术和光学成像技术的发展，人脸识别技术在20世纪80年代不断提高。在20世纪90年代后期，人脸识别技术进入初级应用阶段。目前，人脸识别技术已广泛应用于多个领域，如金融、司法、公安、边防检查、航天、电力、教育、医疗等，比如，“刷脸”进出、“刷脸”支付、“刷脸”打卡等。

2. 语音识别

通过声音的数字化，计算机能“感知到”声音。语音识别实施下的人机交互是指把人说的话转化为文字或机器可以理解的指令，从而实现人与机器的语音交流。语音识别在生活中有很多的实际应用产品，如科大讯飞语音输入法、百度旗下的人工智能助手“小度”、阿里巴巴的“天猫精灵”、家政机器人等。

智能音箱是语音识别、自然语言处理等人工智能技术的电子产品类应用与载体。随着智能音箱的迅猛发展，它也被视为智能家居的未来入口。究其本质，智能音箱就是能完成对话且拥有语音交互能力的机器。通过与它直接对话，消费者能够完成自助点歌、控制家居设备等操作。

3. 自动驾驶汽车

自动驾驶汽车是智能汽车的一种，也称为无人驾驶汽车、轮式移动机器人，主要依靠车内以计算机系统为主的智能驾驶控制器来实现无人驾驶。无人驾驶相关技术涉及多个方面，例如计算机视觉、自动控制技术等。

美国、英国、德国等发达国家从20世纪70年代就开始无人驾驶汽车的研究，其中包括Google公司的GoogleX实验室，它研发了无人驾驶汽车Google Driverless Car。

近年来，我国无人驾驶汽车相关技术不断提升，在有些方面已经走在了世界的前沿。

一些传统汽车厂商（如吉利、长安、上汽等）利用自身在汽车制造方面的经验和资源，开发了自己的无人驾驶平台和汽车，如吉利的L4级别无人驾驶轿车ICON、长安的L3级别无人驾驶SUV（运动型多用途汽车）UNI-T等。

国内的互联网企业（如百度）则利用自身在互联网和人工智能方面的优势，打造了无人驾驶生态系统和服务平台，如百度的Apollo已经支持L4级别的无人驾驶，可以在复杂的城市道路上自主行驶，而且还实现了无人驾驶出租车、公交车、物流车等多种商业化应用。

另一些新兴创业公司（如小鹏汽车、蔚来汽车等）以创新和灵活为特点，专注研究某一领域或场景的无人驾驶解决方案，如小鹏汽车的L3级别无人驾驶轿车P7、蔚来汽车的L4级别无人驾驶SUV ET7等。

我国的高等院校（如清华大学、北京大学、中国科学院大学等）则以科学研究为导向，探索无人驾驶的前沿技术和理论，如清华大学的L4级别无人驾驶公交车Panda Bus、北京大学的L4级别无人驾驶出租车PKU-Taxi、中国科学院大学的L5级别无人驾驶概念车CAS-Car等。

4. 机器翻译

机器翻译是计算语言学的一个分支，是利用计算机将一种自然语言转换为另一种自然语言的过程。机器翻译用到的技术主要是神经网络机器翻译技术，该技术当前在很多语言上的表现已经超越了人类的水平。

随着经济全球化进程的加快及互联网技术的发展，机器翻译在促进政治、经济、文化交流等方面的价值凸显，也给人们的生活带来了许多便利。例如，我们在阅读英文文献时，可以方便地通过有道翻译、百度翻译和Google翻译等网站将英文转换为中文，免去了查字典的麻烦，提高了学习和工作的效率。

5. 声纹识别

声纹识别的原理是把说话人的声纹信息录入数据库中，当说话人再次说话时，系统会采集这段声纹信息并自动与数据库中已有的声纹信息对比，从而识别出说话人的身份。

与传统的身份识别方法（如证件）相比，声纹识别具有抗遗忘、可远程的鉴权特点；在现有算法优化和随机密码的技术手段下，声纹也能有效防录音、防合成，因此安全性高、响应迅速且识别精准。同时，相对于人脸识别、虹膜识别等生物特征识别技术，声纹识别技术可通过电话信道、网络信道等方式采集用户的声纹特征，因此在远程身份确认上，声纹识别极具优势。

目前，声纹识别技术有声纹核身、声纹锁和黑名单声纹库等多项应用案例，可广泛应用于金融、安全防范、智能家居等领域。

6. 智能客服机器人

智能客服机器人是一种利用机器模拟人类行为的人工智能应用，它能够实现语音识别和自然语言理解，具有业务推理、话术应答等能力。

当客户访问网站并发出会话时，智能客服机器人会根据系统获取的访客地址、IP 地址和访问路径等，快速分析客户意图，回复客户的真实问题。同时，智能客服机器人拥有海量的行业背景知识库，能对客户咨询的常规问题进行标准回复，提高应答准确率。

智能客服机器人广泛应用于商业服务与营销场景，为客户解决问题、提供决策依据。同时，在应答过程中，智能客服机器人可以结合丰富的对话语料进行自适应训练，因此它在应答话术上将变得越来越精确。

随着智能客服机器人的发展，它已经可以解决很多企业细分场景下的问题，如电商企业面临的售前咨询问题。对于大多数电商企业来说，用户所咨询的售前问题主要围绕价格、优惠、货品来源渠道等主题，传统的人工客服每天都会对这几类重复性的问题进行回答，因此无法及时为遇到更复杂问题的客户群体提供服务。而智能客服机器人不仅可以针对用户的各类简单、重复性高的问题进行解答，还能为用户提供全天候的咨询应答、解决问题的服务，它的广泛应用大大降低了企业的人工成本。

除了以上这些应用场景，人工智能还有许多其他应用，例如智能外呼机器人、个性化推荐、医学图像处理、图像搜索等。

7.3.2 机器感知

在现实生活或生产中，扫地机器人能够自动清扫房间，无人驾驶汽车能根据周围环境的变化判断是否需要加速、减速、拐弯、制动，工业机器人能够准确抓取电子元器件并将它安装到电路板指定的位置上。所有这些功能的实现都离不开一项基本的人工智能技术——机器感知（machine cognition）。

机器感知是一连串复杂程序所组成的信息处理系统，信息通常由很多传感器进行采集，经过这些程序的处理，得到一些人们需要的结果。智能机器人的感知系统相当于人的五官和神经系统，是机器人获取外部环境信息、进行内部反馈控制的关键。

1. 机器感知系统的组成

人类具有视觉、嗅觉、味觉、听觉和触觉，智能机器人有类似的感知系统。图 7-19 是 Boston Dynamics 公司的 Atlas 人形机器人，其全身布满了各种传感器。机器人通过这些传感器采集信息，再通过不

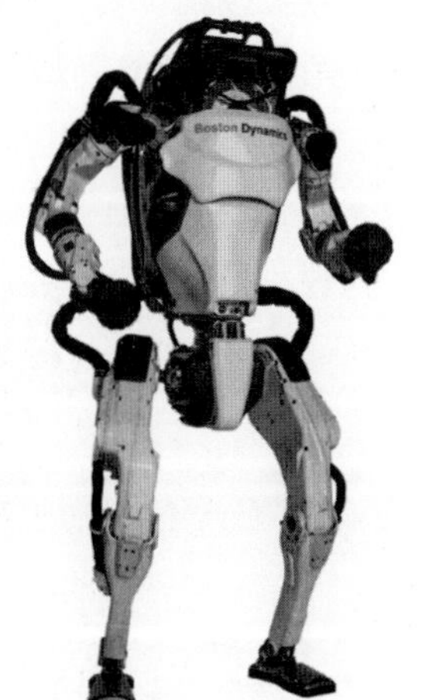

图 7-19 人形机器人

同的处理方式，将其送入主控器（机器人大脑），从而完成各种动作。

实际上，机器感知是对人体感知的高度模仿。传感器相当于人的各种感觉器官；电路或传输网络相当于人的神经网络；主控器相当于大脑，是完成各种动作的指挥中心。

2. 主要传感器

在机器感知领域，传感器的种类很多，有视觉传感器、语音传感器、味觉传感器、嗅觉传感器、触觉传觉器、姿态传感器和测距传感器等。

图 7-20 就是一款激光测距传感器，它可以根据光信号在两个反射面之间的往返传输时间来测算节点之间的距离。测距传感器在无人驾驶、夜视仪、安全防控和无人机等领域得到了相当广泛的应用。除了激光测距传感器，与距离测量相关的传感器还有超声波测距传感器、红外线测距传感器等。

图 7-20　激光测距传感器

7.3.3 机器学习

近年来，人工智能在语音识别、图像处理等诸多领域都取得了重要进展，在人脸识别、机器翻译等任务中的表现已经达到甚至超越了人类的水平，尤其是在举世瞩目的围棋“人机大战”中，AlphaGo 以绝对优势先后战胜了世界围棋冠军李世石，让人类领略到了人工智能技术的巨大潜力。可以说，人工智能技术所取得的成就在很大程度上得益于机器学习理论及其应用技术的进步。作为人工智能的核心研究领域之一，机器学习是人工智能发展到一定阶段的产物，其最初的研究动机是让计算机系统具有类似人类的学习能力，以便实现人工智能。

1. 机器学习的概念

简单地按照字面理解，机器学习是让机器能像人类一样具有学习能力。机器学习领域的奠基人之一汤姆 · 米切尔（Tom Mitchell）认为，机器学习是计算机科学和统计学的交叉，同时也是人工智能和数据科学的核心。机器学习和人类学习的比较如图 7-21 所示，通俗来说，二者都根据过往经验（历史数据）进行预测。先找到规律（创建模型），然后根据模型对新的数据加以处理，得到预测结果。

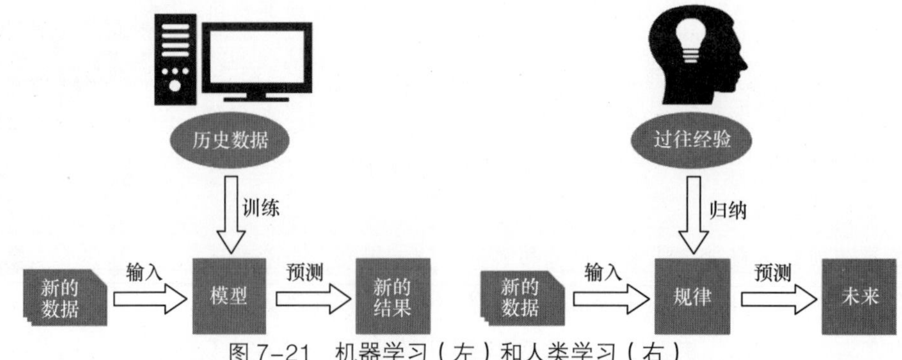

图 7-21　机器学习（左）和人类学习（右）

更进一步说，机器学习致力于研究如何通过计算的手段，利用历史数据来提高系统自身的性能，其根本任务是数据的智能分析与建模，进而从大量数据中挖掘出有用的信息。随着计算机、通信、传感器等信息技术的飞速发展和互联网应用的日益普及，人们能够以更加便捷、廉价的方式来获取和存储数据资源。数字化信息以指数级速度增长，但数据本身是静止的，它不能自动呈现出内在价值。机器学习的本质是寻找数据的规律性并从中挖掘出价值信息——它先对数据进行抽象表示，然后基于抽象表示进行建模，再根据模型“估计”（计算）出有价值的参数，以便从数据中挖掘出对人类有价值的信息。

2. 机器学习的发展

机器学习是人工智能领域较为年轻的分支，尤其是20世纪90年代以来，在统计学界和计算机学界的共同努力下，一批重要的学术成果相继涌现，机器学习进入了发展的黄金时期。机器学习的研究人员面向数据分析与处理，以无监督学习（unsupervised learning）、监督学习（supervised learning）和强化学习（reinforcement learning）等为主要的研究方向，提出并开发了一系列模型、方法和算法，如基于支持向量机（Support Vector Machine，SVM）的分类算法、高维空间中的稀疏化学习模型等。

机器学习发展的另一个重要节点是深度学习（deep learning）的出现。如果说迈克尔·I. 乔丹（Michael I. Jordan）等人奠定了统计机器学习的发展基石，那么多伦多大学的杰弗里·辛顿（又译为杰弗里·欣顿，Geoffrey Hinton）教授则使深度学习技术迎来了革命性的突破。至今已有多种深度学习框架，如深度神经网络、卷积神经网络和递归神经网络被应用在计算机视觉、语音识别、自然语言处理、音频识别与生物信息学等领域并取得了极好的效果。近年来，机器学习技术对工业界的重要影响多来自深度学习的发展，如无人驾驶、图像识别等。

3. 机器学习算法

算法是指在有限步骤内求解某一问题的一组含义明确的可以完全机械执行的规则，算法代表着用系统的方法描述解决问题的策略机制。简单地说，算法是解决问题的准确而完整的步骤。

机器学习算法可以分为监督学习、无监督学习和强化学习。

（1）监督学习

监督学习是机器学习算法中最重要的一类算法，占据了目前机器学习算法的绝大部分，可用于一个特定的数据集（训练数据集）具有某一属性（标签）但是其他数据没有标签或者需要预测标签的情况。监督学习就是在已知输入和输出的情况下，训练出一个将输入准确映射到输出的模型，当给模型输入新的值时就能预测出对应的输出。

（2）无监督学习

顾名思义，无监督学习就是不受监督的学习，可用于给定的没有标签的数据集（数据不是预分配好的），目的就是找出数据间的潜在关系。同监督学习相比，无监督学习具有很多明显的优势，其中最重要的一点是，不再需要大量的标注数据。设想有一批照片，其中包含不同颜色、形状的几何图形。但是机器学习模型只能看到一张张照片，这些照片没有任何标记，也就是说，计算机并不知道几何图形的颜色和形状。而通过将数据输入无监督学习的模型中，算法可以尝试理解照片中的内容，并将相似的物体聚集到一起。在理想情况下，机器学习模型可以将不同形状、不同颜色的几何图形聚集到不同的类别中，而特征提取和标记都是模型自己完成的。无监督学习更接近人类的学习方式。

（3）强化学习

强化学习位于前两者之间，每次预测都有一定形式的反馈，但是没有精确的标签或者错误信息。强化学习是以“试错”的方式进行学习的，通过与环境进行交互获得“奖赏”来指导行为，目标是使智能体获得最大的“奖赏”。

4. 深度学习

深度学习是机器学习的一种，是实现人工智能的重要路径。深度学习的概念源于人们对人工神经网络（Artificial Neural Network，ANN）的研究，含有多个隐藏层的多层感知器就是一种深度学习结构。深度学习通过组合低层特征形成抽象化的高层来表示属性类别或特征，以发现数据的分布式特征。人们研究深度学习的动机在于建立模拟人脑进行分析学习的神经网络，它模仿人脑的机制来解释数据，例如图像、声音和文本等。深度学习的实现离不开计算机强大的计算能力和大量的高质量数据。

目前，深度学习在搜索技术、数据挖掘、机器翻译、自然语言处理、多媒体学习、语音识别、信息推荐和个性化服务技术等领域都取得了很多成果。深度学习使机器能够模仿人类的视听和思维活动，解决了很多复杂的模式识别难题，使人工智能的相关技术取得了很大进步。相关的深度学习模型有卷积神经网络、深度信任网络、堆栈自编码网络等，深度学习是一个具有深入研究价值的重要领域。

案例 7-3　使用监督学习判断电影类型

电影院上映的电影有爱情片、动作片等。可以简单判断，如果一部电影中接吻镜头较多、打斗镜头较少，显然属于爱情片；反之，为动作片。表 7-1 列出了已经添加标签的训练数据集，其中包含了 6 部电影，以及每部电影的每类镜头数和类型。

表 7–1　训练数据集

电影名称	打斗镜头数	接吻镜头数	电影类型
California Man	3	104	爱情片
He's Not Really into Dudes	2	100	爱情片
Beautiful Woman	1	81	爱情片
Kevin Longblade	101	10	动作片
Robo Slayer 3000	99	5	动作片
Amped II	98	2	动作片

现在要根据训练数据集，对表 7-2 中的 3 部新电影所属的电影类型进行判断。

表 7-2 测试数据集

电影名称	打斗镜头数	接吻镜头数
电影 1	15	90
电影 2	54	57
电影 3	108	36

要完成本任务，可以采用 K 近邻算法，它是机器学习中较简单的算法，核心是采用不同特征值之间的距离来进行分类，通俗来说，就是通过距离待分类数据最近的 K 个点来判断该数据的类别。

步骤1 计算“电影 1”到 *California Man* 的距离，计算方法如下，结果约为 18.4。

$$距离=\sqrt{(15-3)^2+(90-104)^2}$$

步骤2 使用与步骤 1 相同的方法，分别计算其他电影与“电影 1”的距离，并按升序排列，结果如表 7-3 所示。可以找到 K 部距离较近的电影。假定 K=3，则 3 部最靠近的电影依次是 *He's Not Really into Dudes*、*Beautiful Woman* 和 *California Man*。K 近邻算法按照距离最近的 3 部电影的类型，决定未知电影的类型，而这 3 部电影都是爱情片，因此判定“电影 1”的类型是爱情片。

表 7-3 训练数据集与电影 1 的距离（相似度）

电影名称	电影类型	与电影 1 的距离
He's Not Really into Dudes	爱情片	16.4
Beautiful Woman	爱情片	16.6
California Man	爱情片	18.4
Kevin Longblade	动作片	117.5
Robo Slayer 3000	动作片	119.5
Amped ll	动作片	121.0

步骤3 使用与步骤 1、步骤 2 相同的方法，分别计算“电影 2”和“电影 3”到训练数据集的距离，结果如表 7-4 所示。对于“电影 2”，距离较短（见带底纹的数字）的 3 部电影中有两部是爱情片，因此“电影 2”属于爱情片；对于“电影 3”，距离较短的 3 部电影都是动作片，因此“电影 3”属于动作片。

表 7-4 测试数据集中每部电影与训练数据集中每部电影的距离

电影名称	电影类型	与电影 1 的距离	与电影 2 的距离	与电影 3 的距离
California Man	爱情片	18.4	69.4	125.1
He's Not Really into Dudes	爱情片	16.4	67.5	123.8
Beautiful Woman	爱情片	16.6	58.2	116.1
Kevin Longblade	动作片	117.5	66.5	26.9
Robo Slayer 3000	动作片	119.5	68.8	32.3
Amped ll	动作片	121.0	70.4	35.4

提示

在上面的案例中，用手动方式计算只是为了让读者能够更好地理解计算的过程和方法，如果数据更加复杂，计算过程将非常烦琐，在实际构建人工智能工作流程的时候，通常会使用编程语言来实现。当前流行的编程语言首选Python。除了简单直接外，Python还有优质的文档支持和丰富强大的人工智能库，这些都为人工智能提供了简单而强大的解决方案。上面的案例就可以使用Python的sklearn（全称 Scikit-Learn）库来轻松完成。sklearn是基于Python语言专门进行机器学习的库，适用于各类监督学习和无监督学习场景。

使用 Python 来实现上述案例的代码如下。

```
# 导入 sklearn 库和对应模块
from sklearn.neighbors import KneighborsClassifier
# 定义训练数据集
x_train=[[3, 104], [2, 100], [1, 81], [101, 10], [99, 5], [98, 2]]
y_train=[' 爱情片 ',' 爱情片 ',' 爱情片 ',' 动作片 ',' 动作片 ',' 动作片 ']
# 设置 K 值为 3
knn=KNeighborsClassifier(n_neighbors=3)
knn.fit(x_train,y_train)
# 定义测试数据集
x_test=[[15,90], [54,57], [108,36]]
# 计算分类
print(knn.predict(x_test))
```

运行代码得到的结果为“[' 爱情片 ' ' 爱情片 ' ' 动作片 ']”，与上面案例中得到的结果一致。

项目7.4 大语言模型和AIGC

近年来随着大语言模型的相关技术的成熟，人工智能生成内容（也称生成式人工智能，Artificial Intelligence Generated Content，AIGC）正在重新定义内容创作生态。当机器可以理解语言，艺术重新被定义，创意可以批量输出时，整个社会也将面临一次深刻的变革。

7.4.1 认识大语言模型

在过去的几年里，深度学习在各个领域取得了显著的发展，尤其是在自然语言处理领域。自然语言处理的目标是让计算机能够理解、生成和处理自然语言。为了实现这一目标，研究人员与工程师们不断地研究并开发出更先进的模型和技术。

1. 大语言模型

大语言模型（简称大模型）是一种机器学习模型，具备处理各种信息（如图像、文字、声音等）的能力，并可通过预训练来完成复杂的任务。在这里，“预训练”可以类比为学生学习知识的过程，机器也需要通过学习和训练来获取相关的知识和技能，以应对各种任务。

当前最知名的大模型之一就是由 OpenAI 公司开发的 GPT 模型，其全称是“Generative Pre-

Trained Transformer”，翻译为中文就是“生成式预训练 Transformer 模型”。其中，Generative 表示该模型可以生成自然语言；Pre-Trained 表示该模型在应用前已经通过大量的数据进行了预先训练，学习到了自然语言的一般规律和语义信息；Transformer 指的是该模型使用了 Transformer 架构进行建模。

目前除了 GPT 模型，Google 公司开发的 BERT 模型也是自然语言处理领域的重要大模型之一。我国在这一技术领域也紧跟世界前沿，如百度文心一言大模型、讯飞星火认知大模型等就是其中的杰出代表。

大模型在现实中有着丰富的应用，例如，当前火爆的 ChatGPT 就是 OpenAI 开发的一款基于大模型的人工智能聊天机器人应用，它通过大量的文本数据来学习如何回答各种问题，但与人类不同，它是通过模拟和分析来理解语言和文本的，而非具备意识、经验和情感。

2. 大模型的优势

大模型与以往的语言模型相比，具有以下独特的优势。

- 上下文理解能力：大模型具有更强的上下文理解能力，能够理解更复杂的语意和语境。这使得它能够产生更准确、更连贯的回答。
- 语言生成能力：大模型可以生成更自然、更流畅的回答，减少了生成输出时呈现的错误或令人困惑的问题。
- 更强的学习能力：大模型可以从大量的数据中学习，并利用学到的知识和模式来提供更精准的答案和预测。这使得它在解决复杂问题和应对新场景时表现更加出色。
- 可迁移性高：打模型可以将学习到的知识与掌握的能力迁移与应用在不同的任务和领域中。这意味着经过一次训练我们就可以将模型应用于多种任务，无须重新训练。

案例7-4 在文心一言中制作培训计划和绘图

在本案例中，我们需要使用百度的大模型应用文心一言，制作一份关于 WPS Office 的培训计划，并尝试绘画功能。

步骤1 打开百度首页，单击右上角的Ai图标。

目前文心一言已向全社会开放，用户可以登录文心一言官方网站并使用。

步骤2 进入文心一言界面，在下方文本框中输入问题：“假设你是一位老师，要进行一次关于 WPS Office 的培训，时间为 4 天，每天的培训时长为 8 小时，请草拟一个培训计划。”然后，按 Enter 键，可以看到文心一言已经按照要求草拟了一份培训计划，如图 7-22 所示。

步骤3 在文心一言的文本框中再次输入新的要求：“请对上面的培训计划进行修改，用表格的形式加以呈现。”然后，按 Enter 键，如图 7-23 所示，可以看到文心一言已经将之前的培训计划以表格形式重新呈现。

步骤4 在文心一言中，单击左侧的“灵感中心”选项，还可以看到更多使用人工智能技术的内容生成应用。例如，在“国画大师”应用中，提出要求：“请画一幅雪山的山水画。”我们可以得到类似图 7-24 的一幅国画。

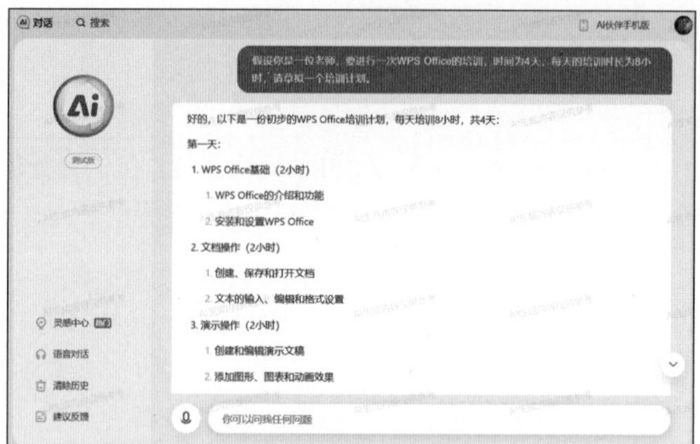

图 7-22　文心一言按照要求草拟的培训计划

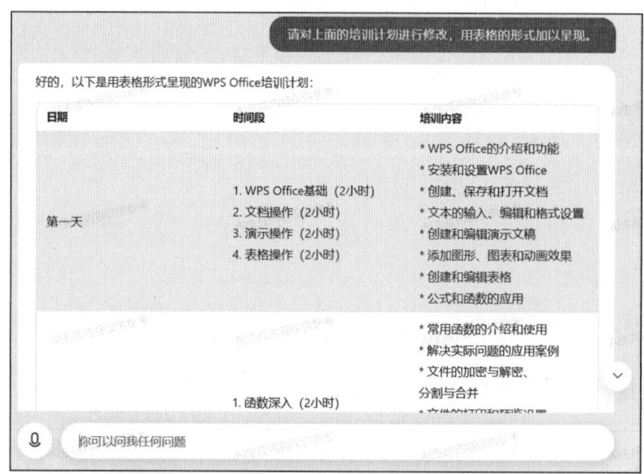

图 7-23　通过持续提问，改进生成内容

图 7-24　“国画大师”应用生成的效果

7.4.2 大模型与AIGC

AIGC 是指利用人工智能（AI）算法自动创作并生成内容，它接收人类下达的任务指令，凭借 AI 的理解能力、想象力和创作能力，根据指定的需求创作出各种内容，如文章、短篇小说、报告、音乐、图像甚至视频。AIGC 的出现开启了一个全新的创作世界，带来了无尽的可能性。

1. AIGC 的应用领域

AIGC 是大模型，特别是自然语言处理模型的一种重要应用。可以将 AIGC 视为一个广泛的领域，例如，ChatGPT 就是该领域中的一个杰出作品。

在 AIGC 领域中，还存在其他类型的应用，如图像生成、音频合成等，而随着技术的发展，其应用范围还在不断扩大。以下是一些常见的 AIGC 应用。

- 文字：可以与人类进行实时对话，生成各种风格的文字，如诗歌、故事、代码等。
- 图像：可以通过文字描述或通过图片生成各种类型的图像，辅助人类发挥想象力，进行绘画设计。AIGC 图像类应用可以简单分为图像自主生成工具和图像编辑工具两类。
- 视频：可以根据文字描述生成连贯的视频，如广告片、电影预告片、教学视频、音乐视频等。它也可以用作视频剪辑工具。
- 音频：可以生成逼真的音效，包括语音复制、语音合成、把文本转换为特定音频、音乐生成等。
- 游戏：可以辅助游戏的剧情设计、角色设计、配音和音乐设计、美术原画设计、游戏动画设计、三维建模等。
- 虚拟人：可以生成虚拟明星、虚拟恋人、虚拟助手、虚拟朋友等虚拟角色。这些虚拟人存在于非物理世界（如图片、视频、直播、一体服务机、虚拟现实）中，并具有多种人类特征。

2. 使用 AIGC 进行智能办公

以 Microsoft Office 和 WPS Office 为代表的商业生产力工具套件，是内容创作者不可或缺的工具。大模型的发展也深刻地影响和改变了应用这些工具进行创作的工作模式。

例如，微软公司宣布 Microsoft 365 将接入 OpenAI 的 GPT-4，当用户使用 Office 办公软件（Word、Excel、PowerPoint、Outlook、Teams 等）时，在侧边栏上可以“召唤”Copilot（直译为副驾驶），帮助用户完成很多任务。

Copilot 用于辅助用户在 Microsoft 365 应用和服务中生成文档、电子邮件、演示文稿等，由 GPT-4 技术驱动。作为一个聊天机器人，Copilot 让 Office 用户可以随时“召唤”它，实现在文档中生成文本、根据 Word 文档创建 PowerPoint 演示文稿，甚至使用 Excel 中的数据透视表等功能。

我国国产办公软件 WPS Office 在 2023 年也发布了融入大模型的 WPS AI 版，WPS AI 能够从内容创作、智慧助手和知识洞察 3 个方面为用户提供帮助。下面通过实际案例加以介绍。

案例7-5 使用WPS AI自动创建文档内容

◆ 素材文档：AI-02.docx、AI-03.xlsx。

◆ 结果文档：AI-02-R.docx、AI-03-R.xlsx、围棋知识介绍.pptx。

在本案例中，我们需使用 WPS AI 为文档续写内容，自动生成公式，完成计算并根据主题创建演示文稿。

步骤1 登录网址 https://ai.wps.cn，下载 WPS AI 并安装。目前 WPS AI 支持 Windows、iOS 和 Android 系统。此外，用户也可以直接在云端使用金山文档中的 AI 功能。

> **提示**
> 如果读者还没有WPS AI的使用资格，也可以直接从上述网址申请。

步骤2 在 WPS AI 中打开素材文档“AI-02.docx”，单击功能区中的“WPS AI”按钮，在右侧会出现相应的窗格，在下方文本框中单击，会弹出功能菜单，在其中可以选择对现有文档进行分析（如提取核心观点、文章大纲等），也可以选择起草新的文档（如工作证明、请假条等）。此处选择“核心观点”，如图 7-25 所示。在稍加等待之后，WPS AI 会自动对文档进行分析并总结出文章的核心观点。

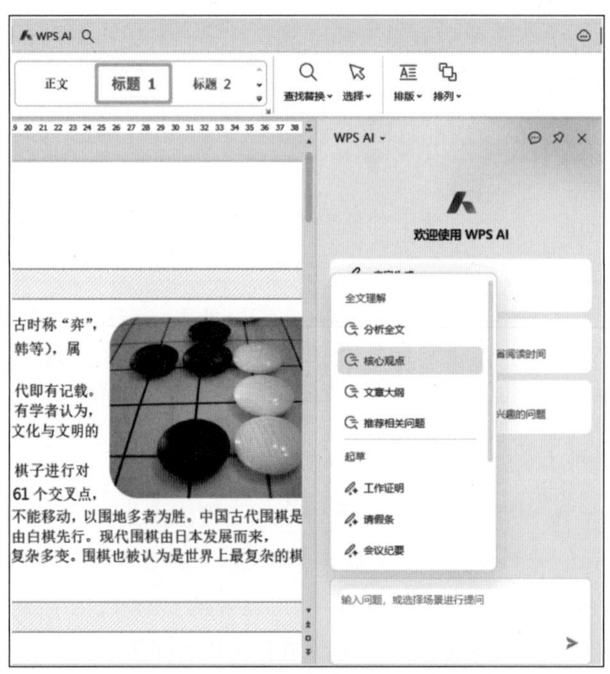

图 7-25 分析文档的核心观点

> **提示**
> 在文档的任意位置输入“@AI”，并按Enter键，也可以唤起AI功能。

步骤3 WPS AI 不仅可以对文档进行分析，还可以根据用户的要求生成内容。例如，要在文档后面添加关于围棋器具的介绍内容，首先将插入点光标定位到文档末尾，然后在右侧的“WPS AI”窗格下方的文本框中，输入“请在文档末尾添加内容，介绍围棋的有关器具”并按 Enter 键，在文档末尾会自动出现关于围棋器具介绍的内容，在右侧窗格中，可以选择对新生成内容的处理方式，这里选择“完成”，将内容实际添加到文档末尾，如图 7-26 所示。

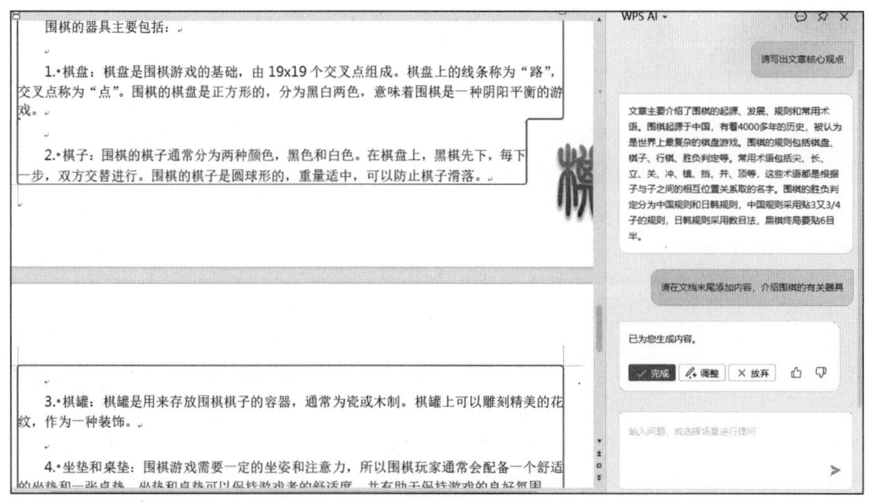

图 7-26　根据用户要求生成内容

步骤4 打开案例素材“AI-03.xlsx”，单击功能区中的“WPS AI”按钮，在右侧唤起 AI 功能。

步骤5 选中 H2 单元格，在“WPS AI”窗格下部的文本框中输入“请在 H2 单元格中输入公式，计算成都地区，李珊珊的总计数量 / 台”并按 Enter 键，就会获取 WPS AI 所建议的公式，如图 7-27 所示。此处公式完全正确，因此单击“插入到当前单元格”按钮，完成计算。

步骤6 在 WPS AI 中，创建一个新的演示文稿，单击功能区中的“WPS AI”按钮，在右侧出现“WPS AI”窗格。

步骤7 在“WPS AI”窗格下方的文本框中，输入“请以‘围棋知识介绍’为主题制作演示文稿，应该包含围棋起源，围棋术语，胜负规则等内容”并按 Enter 键，会生成图 7-28 所示的演示文稿大纲，单击“生成完整幻灯片”按钮。

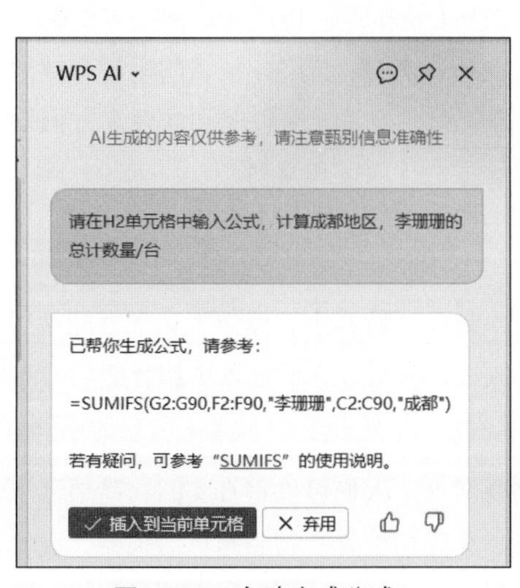

图 7-27　自动生成公式

图 7-28　根据要求生成演示文稿大纲

步骤8 WPS AI 会根据要求智能地创建演示文稿。图 7-29 所示是 WPS AI 生成的一份包含 15 张幻灯片的结构清晰的演示文稿。在右侧窗格中单击“完成”按钮，完成创建。

提示

根据用户提问的情况，WPS AI每次生成的内容并不完全相同，用户可以反复修改自己的提问，逐步获得最符合要求的内容。

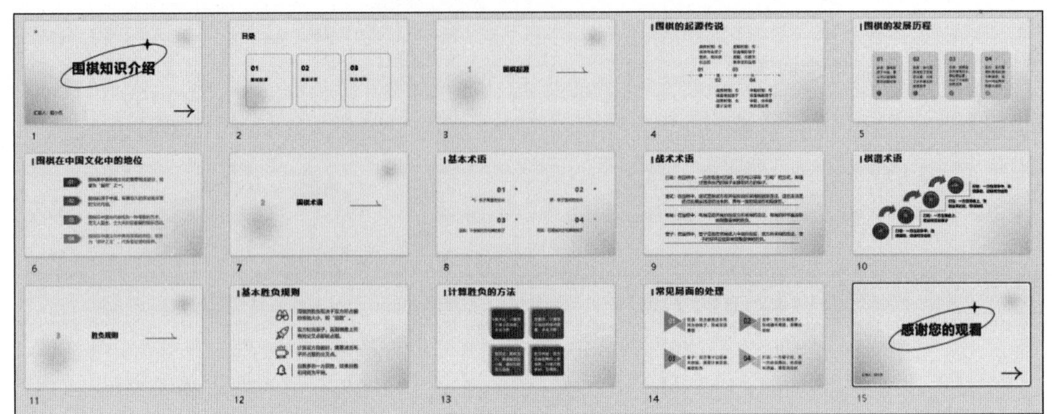

图 7-29 使用 WPS AI 自动生成的“围棋知识介绍”演示文稿

项目7.5 物联网和5G技术

在科技飞速发展的当下，物联网（Internet of Things，IoT）和 5G 技术已经成为各行各业的热门话题，并且逐渐走进人们的日常生活。物联网和 5G 技术相互促进，为人们的生活带来了丰富的科技体验。

物联网的发展对 5G 技术的推广起到了不可忽视的作用。随着物联网设备的逐渐普及，各种智能设备间的互连互通促进了 5G 技术的快速推广和应用。

反过来，5G 技术的进步也为物联网的发展带来了新机遇。传统物联网技术的数据传输和处理速度较慢，往往会存在数据丢失或数据交互延迟的问题。而 5G 技术的出现有效地解决了这一问题。凭借高速率和低时延特点，5G 技术在数据交互、云端存储和处理等方面均有显著优势。这也让物联网设备能够更加灵活地与其他设备进行连接和互动。

7.5.1 物联网与智能交通

在科技发达的今天，互联网技术的应用已经不是什么新鲜事。而作为当下智能家居开发和智慧城市建设的中坚力量，物联网将应用于各个领域，并引领人们进入更加智能化的时代。

1. 物联网和互联网

物联网就是一个“物物相连”的网络。在物联网上，人们可以将真实的物品通过电子标签连接到网上，并在物联网上查找出它们的详细信息和确切位置。物联网可对机器、设备、人员进行集中管理和控制，也可以对家居设备、汽车等进行遥控，还可以用于搜寻位置、防止物品被盗等。

物联网与互联网只有一字之差，它是在互联网的基础上延伸和扩展而来的网络，其核心还是互联网。不同的是，物联网能延伸和扩展到任何物品，并能在任意物品之间进行信息交换和通信。

因此，物联网是当下所有技术与互联网技术的结合，它能将信息更快、更准地收集、传递、处理并执行。世界上的万事万物，大到汽车、楼房、城市，小到一部手机、一块手表，甚至一把钥匙，只要在里面嵌入一块芯片，这个物品就可以和你“对话”，就可以和其他物品“交流”。此时你会发现，应用了物联网技术之后，万物都会实现可寻、可控、可连。

在物联网中，物品之间无须人工干预就可以随意进行“交流”，其实质是利用射频识别技术，通过计算机实现物品的自动识别及信息的共享。射频识别技术能够让物品“开口说话”，它通过无线数据通信网络，把存储在物品标签中的有互用性的信息自动采集到中央信息系统，实现物品的识别，进而通过开放性的计算机网络实现信息交换和共享，实现对物品的“透明”管理。

2. 物联网的基本框架

类似于仿生学，物联网让每个物品都具有“感知能力”，就像人有味觉、嗅觉、听觉一样。物联网模仿的是人类的思维能力和执行能力。而这些能力的实现都需要通过感知、网络和应用方面的多项技术。物联网的基本框架可分为感知层、网络层和应用层三大层次。物联网的基本框架如图 7-30 所示。

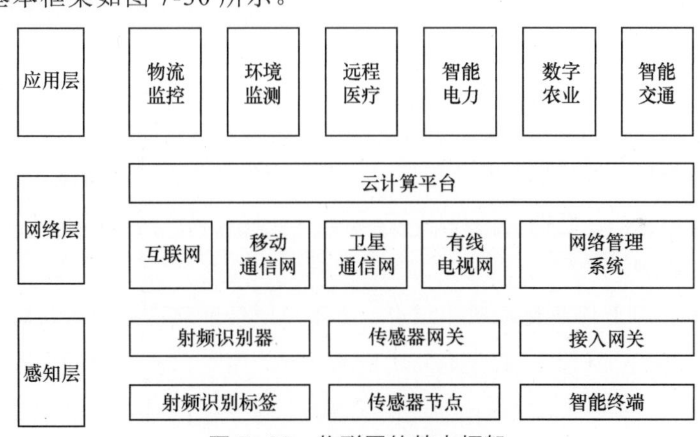

图 7-30 物联网的基本框架

（1）感知层

感知层是物联网的底层，用于实现物联网全面感知的核心能力，主要解决生物世界和物理世界的数据获取与连接问题。

物联网采用了各种感知技术。物联网上有大量的传感器，不同类型的传感器所捕获的信息内容和信息格式不同，所以每个传感器都是一个信息源。传感器获得的数据具有实时性，它按一定的频率周期性地采集环境信息，不断更新数据。

物联网运用的射频识别器、全球定位系统、红外感应器等传感设备，就像人的五官，可以识别和获取各类物品的数据信息。物联网通过这些传感设备，让物品也有了“感受和知觉”，从而可以实现对物品的智能化控制。物联网的感知层通常包括二氧化碳浓度传感器、温湿度传感器、二维码标签、电子标签、条形码、读写器和摄像头等感知终端。

（2）网络层

广泛覆盖的移动通信网络是实现物联网的基础设施。物联网的网络层主要解决感知层所获取的数据的长距离传输问题。它是物联网的中间层，是物联网基本框架三大层次中标准化程度最高、产业化能力最强、最成熟的部分。它由各种私有网络、互联网、有线电视网、卫星通信网、移动通信网、网络管理系统和云计算平台等组成，相当于人的神经中枢和大脑，负责传递和处理感知层所获取的信息。

网络层主要通过 Internet 和其他各种网络的结合，对接收到的各种数据进行传输，并实现数据的交互共享和有效处理，关键在于对物联网应用特征进行优化和改进，形成协同感知的网络。

网络层的目的是实现两个端系统之间的数据透明传输。其具体功能包括寻址、路由选择，以及连接的建立、保持和终止等。它提供的服务使应用层不需要了解网络中的数据传输和交换技术。

网络层的产生是物联网发展的结果。在联机系统和线路交换的环境中，通信技术实实在在地改变着人们的生活和工作方式。如果说传感器是物联网的“感觉器官”，则通信技术是物联网传输数据的“神经”，用于实现数据的可靠传输。通信技术，特别是无线通信技术的发展，为物联网感知层所产生的数据提供了可靠的传输通道。

（3）应用层

应用层提供丰富的基于物联网的应用，是物联网和用户（包括人、组织和其他系统）的接口。它与行业需求结合，实现物联网的智能应用，也是物联网发展的根本目标。

物联网的行业特性主要体现在其应用领域。目前绿色农业、工业监控、公共安全、城市管理、远程医疗、智能家居、智能交通和环境监测等行业均有物联网应用的尝试，某些行业已经积累了一些成功的案例。

将物联网技术与行业信息化需求相结合，实现广泛智能化应用的解决方案，关键在于行业融合、信息资源的开发利用、低成本高质量的解决方案、信息安全的保障和有效商业模式的开发。

感知层收集到大量多样化的数据，需要进行相应的处理才能进行智能决策。海量的数据存储与处理需要更加先进的计算技术。近些年，随着不同计算技术的发展与融合所形成的云计算技术，被认为物联网发展中最强大的技术支持。云计算技术为物联网海量数据的存储提供了平台，其中的数据挖掘技术、数据库技术为海量数据的处理与分析提供了可能。

应用层的标准体系主要包括应用层架构标准、云计算技术标准、软件和算法标准、行业或公众应用类标准和相关安全体系标准。

应用层架构是面向对象的服务架构，包括面向服务架构（Service-Oriented Architecture，SOA）、业务流程之间的通信协议、面向上层业务应用的流程管理、元数据标准和 SOA 安全架构标准。

云计算技术标准重点包括开放云计算接口、云计算互操作、云计算开放式虚拟化架构（资源管理与控制)、云计算安全架构等。

软件和算法标准包括数据存储、数据挖掘、海量智能信息处理和呈现等。

安全体系标准的重点有安全体系架构、安全协议、用户和应用隐私保护、虚拟化和匿名化、面向服务的自适应安全技术标准等。

3. 物联网的体系组成

物联网是在互联网基础上架构的关于各种物理产品信息服务的总和，如图 7-31 所示，它主要由三大系统组成：一是运营支撑系统，即关联应用服务软件、门户、管道、终端等方面的管理；二是传感网络系统，即通过现有的互联网、通信网络等实现数据的传输与计算；三是业务应用系统，即输入 / 输出控制终端。

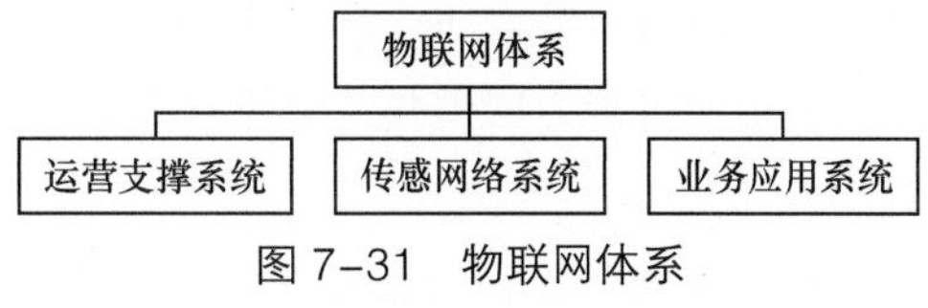

图 7-31 物联网体系

（1）运营支撑系统

在不同行业应用物联网，需要解决网络管理、设备管理、计费管理、用户管理等基本运营管理问题，这就需要一个运营系统来支撑。

物联网的运营支撑系统是为行业服务的基础平台。在此基础上建立的行业平台有智能工业平台、智能农业平台、智能物流平台等。

物联网运营支撑系统中的每个行业系统可以在基础平台的基础上建立多个行业平台。物联网运营支撑系统对大企业、小企业进入物联网行业都有促进作用。从物联网的运营支撑系统的基础服务特性可以看出，最适合提供此服务的是运营商。

物联网运营支撑系统主要依靠信息物品技术。为了保证最终用户的应用服务质量，我们必须关联应用服务软件、门户、管道、终端等方面的管理，融合不同架构和不同技术，完成对最终用户有价值的端到端管理。

物联网运营支撑和传统运营支撑不同。管理者对物联网支撑管理中涉及的因素和对象的掌控程度是不同的，有些是管理者所拥有的，有些是可管理的，有些是可影响的，有些是可观察的，有些则是完全无法接入和获取的。为了全程掌控支撑管理，对于这些具有不同特征的因素和对象，必须采取不同的策略。

物联网强调“物”的连接和通信。对于终端来说，这种通信涉及传感与执行两个重要方面，而将这两个方面关联起来，就是闭环的控制。从这方面来看，在物联网环境下，闭环的控制有很多形态。例如：有些闭环是前端自成系统，只是通过网络发送系统的状态信息，接收配置信息；有些通过后台服务形成闭环，需要对广泛互联所获取的信息综合处理后进行闭环控制；有些则是不同形态的结合等。所有这些和以往的人机、人人之间的通信是大不相同的，物联网的运营支撑和服务、管理有很多新的因素需要考虑。

（2）传感网络系统

物联网的传感网络系统是将各类信息通过信息基础承载网络传输到远程终端的应用服务层。它主要包括各类通信网络，如互联网、移动通信网、小型局域网等。网络层所需要的关键技术包括长距离有线和无线通信技术、网络技术等。

通过不断升级，物联网的传感网络系统可以满足未来不同的传输需求，特别是当三网融合（电信网、计算机网和有线电视网三大网络通过技术改造，能够提供包括语音、数据、图像等综合多媒体的通信业务）后，有线电视网也能承担物联网网络层的功能，有利于物联网应用的加快推进。

（3）业务应用系统

在物联网体系中，业务应用系统由通信业务能力层、物联网业务能力层、物联网业务接入层和物联网业务管理域 4 个功能模块构成。它提供通信业务能力、物联网业务能力、业务路由分发、应用接入管理和业务运营管理等核心功能。

通信业务能力层由各类通信业务平台构成，具有无线应用协议、短信、彩信、语音和位置等功能。

物联网业务能力层通过物联网业务接入层，为应用提供物联网业务能力的调用，包括终端管理、感知层管理、物联网信息汇聚中心、应用开发环境等能力平台。物联网信息汇聚中心收集和存储来自不同地域、不同行业、不同学科的海量数据和信息，并利用数据挖掘和分析处理技术，为客户提供新的信息增值服务。应用开发环境为开发者提供从终端到应用系统的开发、测试和执行环境，并将物联网通信协议、通信能力和物联网业务能力封装成应用程序接口（Application Program Interface，API）、组件（构件）和应用开发模板。

物联网业务管理域只负责物联网业务管理和运营支撑功能，原机器对机器（Machine-to-Machine，M2M）管理平台承担的业务处理功能和终端管理业务能力被分别划拨到物联网业务接入层和物联网业务能力层。

物联网业务管理域的功能主要包括业务能力管理、应用接入管理、用户管理、订购关系管理、鉴权管理、增强通道管理、计费结算、业务统计和门户管理等功能。

增强通道管理由核心网、接入网和物联网业务接入层配合完成，包括用户业务特性管理和通信故障管理等功能。为了实现对物联网业务的承载，接入网和核心网也需要进行配合优化，提供适合物联网应用的通信能力。增强通道管理通过识别物联网通信业务特征，进行移动性管理、网络拥塞控制、信令拥塞控制、群组通信管理等功能的补充和优化，并提供终端到终端服务质量（Quality of Service，QoS）管理和故障管理等增强通道功能。

4. 物联网技术在智能交通领域的应用

建设智能交通的目的是使人、车、路密切配合，达到和谐统一，发挥协同效应，这样便能有力保障交通安全、提高交通运输效率、改善交通运输环境和提高能源利用效率。下面介绍智能交通的一些典型应用场景。

（1）电子不停车收费系统

电子不停车收费（Electronic Toll Collection，ETC）系统是一种全自动电子收费系统，如图 7-32 所示。ETC 系统是目前世界上最先进的路桥收费系统，通过安装在车辆风窗玻璃上的车载电子标签与在收费站 ETC 车道上的微波天线之间的微波专用短程通信，利用计算机联网技术与银行进行后台结算处理，从而使车辆在通过路桥收费站时无须停车就能交纳路桥费。

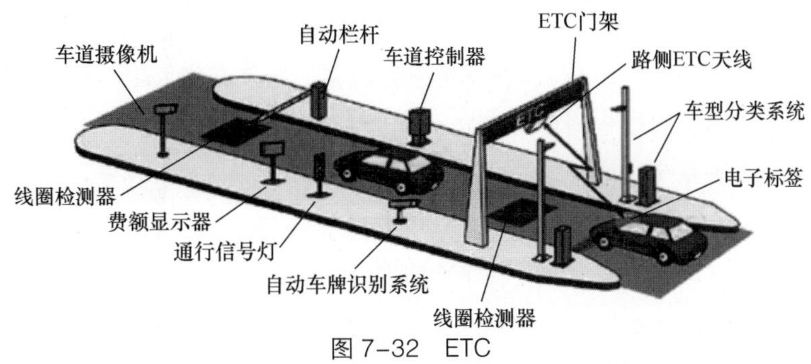

图 7-32 ETC

ETC 是智能交通系统的主要应用对象之一，也是解决公路收费站拥堵问题和节能减排的重要手段，是当前国际上大力开发并重点推广的全自动电子收费系统。

因为通行能力得到大幅度提高，所以收费站的规模可以缩小，这样就节约了基建费用和管理费用，同时也可以大大降低收费口的噪声，减少废气排放。另外，对于城市来说，ETC 不仅是一项先进的收费技术，还是一种通过经济杠杆进行交通流调节的切实有效的交通管理手段。对于交通繁忙的大桥、隧道，采用 ETC 可以避免月票制度和人工收费的众多缺点，有效提高这些市政设施的资金回收能力。

（2）无人配送开启物流新时代

无人配送为物流行业中“最后一公里”的配送提供了新型解决方案。物流的“最后一公里”并不是实际上的一公里，而是指从物流分拣中心到客户手中这段较短的距离。这段距离是物流的末端环节，也是配送过程中直接和客户面对面接触的唯一环节，不仅是电商企业成败的关键，也是关乎电商消费者体验感的关键，很大程度上决定着服务的质量。美团、京东、阿里等国内互联网企业纷纷进军无人配送领域，布局有关研发，目前已经迭代开发了多款车型，在北京、上海、深圳等城市的多个地区进行试点运营。

以美团新一代自研无人配送车“魔袋 20”为例，如图 7-33 所示，截至 2021 年 9 月，美团无人配送车配送服务已覆盖北京顺义 20 多个小区，配送订单数累计达 10 万，初步具备了无人配送规模化运营能力。

图 7-33 美团“魔袋 20”无人配送车

“魔袋 20”基于 L4 级自动驾驶，产品尺寸为 2.45m×1.01m×1.9m（含传感器高度），装载量达 150kg，容积近 540L；配送速度最高为 45km/h，但为了保障安全，速度基本控制在 20km/h；能源供应为纯电力，配上特殊的电池管理系统，续航达 120km，可支撑一天的配送任务。

“魔袋 20”的感知设备非常丰富，拥有 3 个激光雷达、19 个摄像头、两个毫米波雷达和 9 个超声波雷达，可以实时感知 0.05 ～ 150m 内 360° 的环境。

日常使用过程中，“魔袋 20”建立了五重安全保障体系。

第一重保障是车辆通过自身能力完成 L4 级自动驾驶动作。

第二重保障是后台安全员监控。车辆通过网络传输传感器数据，后台安全员可以在不到100ms的时间内接收到车辆的360°摄像头的实时数据，如果遇到危险，可以通过远程指令及时刹停。从后台安全员下达指令到车辆接收指令，耗时大约20ms。

第三重保障是小脑系统。如果自动驾驶系统的传感器漏掉了部分场景，并且威胁到行驶安全，小脑系统的主动安全模块就会介入，并及时刹停。

第四重保障是被动安全。如果前三重保障都没有生效，那么第四重保障就是让路面行人、骑行者所受伤害降到最低。即便车辆受损，也要尽量减少对人和其他车辆的伤害。其中，如果车前保险杠检测到碰撞，就会主动刹停车辆，同时车辆采用更多流线型设计，发生碰撞后能将伤害降到最低。

第五重保障是近场安全员急停。目前，美团无人配送车在实际使用中需要安全员跟随行驶，如果遇紧急情况，安全员可以使用操控手柄让车辆紧急刹停。

通过上述措施，无人配送车已经能够有效地适应复杂的道路场景和城市物流配送工作。

7.5.2 5G与工业互联网

5G已经成为当前移动通信领域最热门的研究内容之一，全球各国的标准化组织、电信运营商、设备商都在5G研究中投入大量的人力和财力。早年欧盟就启动了METIS[Mobile and Wireless Communications Enablers for the Twenty-twenty（2020）Information Society，面向2020年信息社会的移动及无线通信系统]项目，之后又启动了5G-PPP（5G-Public Private Partnership，公私合作研究组织）项目；韩国和中国分别成立了5G技术论坛和IMT-2020（5G）推进组等。目前，世界各国已就5G的发展愿景、应用需求、候选频段、关键技术指标及候选技术达成广泛共识，并正式启动商用。

1. 5G的概念

4G技术的出现使移动通信带宽和能力有了质的飞跃。与之前的1G、2G、3G、4G相比，5G不仅具有更高的传输速率、更高的带宽、更强的通话能力，还能融合多个业务、多种技术，为用户带来更智能化的生活，从而打造以用户为核心的信息生态系统。因此，5G时代是一个能够随时随地实现万物互联的时代。

正如下一代移动通信网络联盟（Next Generation Mobile Networks Alliance，NGMN）给出的定义：5G是一个端到端的生态系统，它将打造一个全移动和全连接的社会。5G连接的是生态、客户、商业模式，能够为用户带来前所未有的客户体验，可以实现生态的可持续发展。

然而，实现万物互联互通，更好地融入物联网领域，关键还在于5G的网速，其理论峰值传输速率可达100Gbit/s，对5G的基站峰值要求不低于20Gbit/s。一部超高清画质的电影用5G下载1s就可以完成。与4G相比，5G还呈现出低时延、高可靠、低功耗的特点。

5G网络未来支持的设备远远不止4G时代的智能手机。届时，智能手表、健身腕带、智能家居设备等都将突破原来的瓶颈，取得新的发展。

我国在5G方面的发展处于领先地位。华为公司早在2009年就已经开始研究5G技术，在5G核心技术研究、标准制定、产品研发等方面均取得了重要成果。当前，我国5G技术全面进入普及和商业化阶段。广州、武汉、杭州、上海、苏州成为中国移动首批5G试点城市。中国联通率先在北京、天津、上海、深圳、杭州、南京、雄安新区进行5G试验。中国电信在成都、深圳、上海、苏州、兰州、雄安新区开通5G试点。

5G时代，人与人之间的沟通更加高效，同时医疗、文化、艺术、科技等领域的信息传递也可在瞬间完成。5G将为人类带来更智慧、更美好的生活，信息随心而至、万物触手可及将不再是神话。

2. 5G技术的特点

5G技术具有以下几个特点。

（1）高速率

在3G时代，下载一张2MB的图片需要较长时间；在4G时代，同样一张图片，能实现"秒下载"。VR的出现让人眼前一亮，但是由于用户在体验时，往往感觉速度很慢、效果差，看一会儿就会头晕目眩，因此VR的商用并没有产生很好的效果。VR要求的传输速率4G难以达到。5G解决的首要问题就是网络传输速率问题。5G让网络传输速率得到极大提高，基站峰值速率要求不低于20Gbit/s，传输速率不再是使用VR的瓶颈，能给用户带来较好的体验与感受，使VR能够得到广泛推广和使用。

（2）泛在网

泛在网是指在社会中的每个角落都有网络。例如，以往高山或峡谷网络覆盖不全面。如果5G网络能够实现全面覆盖，就可以大量部署传感器，对整个高山或峡谷的环境、地貌变化、地震等进行监测，为人们带来有价值的数据，有助于人们进行环境改善、地貌研究、地震预警等。

再例如，地下车库的网络信号往往较差，这虽然对普通汽车影响较小，但对无人驾驶汽车来说，将会带来很大的麻烦。因为无人驾驶汽车在工作一天之后，需要自己停到地下车库的车位上，自己插上充电头。如果没有网络，无人驾驶汽车就犹如"瘫痪"一般，找不到车位，也充不了电。因此，像地下停车场这样的地方，就非常需要网络覆盖。

可见，网络广泛覆盖非常有必要。只有这样才能更方便地开展更加丰富的业务，在更多复杂的场景中实现智能化。泛在网包含两方面的含义：一是广泛覆盖，二是纵深覆盖。高山或峡谷网络的覆盖属于广泛覆盖，地下车库的网络覆盖属于纵深覆盖。

很多时候，泛在网比高速率更重要，如果网络覆盖面积小，那么即使传输速率很高，也不能给更多的用户带来更好的服务体验，因此泛在网是5G给广大用户带来更好体验的基础。

（3）低功耗

功耗是很多用户关注的话题，低功耗产品能减少用户的充电次数，让用户在使用该产品时，不用为总要充电而烦恼。

以当前人们使用的智能手机为例，大多数智能手机需要每天充电一次，甚至多次，给用户带来不便，尤其在户外的时候。如果能将功耗降下来，让大部分物联网产品实现一周充一次电，甚至一个月充一次电，就能极大地改善用户的体验，很好地促进物联网产品的快速普及。

5G网络中的两个重要技术——eMTC（enhanced Machine-Type Communication，增强型机

器类型通信）和 NB-IoT（Narrow Band-Internet of Things，窄带物联网），能很好地降低功耗，使 5G 具有低功耗的特点。

（4）低时延

相关试验研究发现：人与人之间的信息交流，时延在 140ms 内是可以接受的。但在无人驾驶汽车或工业自动化等领域，这个时延是绝对不可以的，因为这么长的时延往往会给无人驾驶汽车内的用户或整个工业生产车间带来人身安全问题和财产损失。

在行驶时，无人驾驶汽车需要将中央控制中心和汽车进行互联，车与车之间也要进行互联。当高速行驶的无人驾驶汽车需要制动时，制动信号必须瞬间传送到汽车，以使汽车快速做出反应。但 100ms 的时间足以让车开出几米的距离。所以，在最短的时间内进行汽车制动和车控反应，是对无人驾驶汽车提出的关键要求。

在工业自动化车间中，如果想要让一个机械臂的操作实现高精度，保证工作的高效和精准性，就必须保证极短的时延，在最短的时间内快速做出反应，否则很难达到产品的精度要求。

无论是无人驾驶汽车还是工业自动化，都是在高速运行中工作的。在高速运行过程中要保证信息传递和做出反应的即时性，这对时延提出了极高的要求。

5G 对时延的要求控制在 1 ～ 10ms，甚至更短，这种要求是十分严苛的，但也是有必要的。3G 网络的时延约为 100ms，4G 网络的时延为 20 ～ 80ms。

3. 在工业 4.0 时代，5G 技术在拓宽工业互联网过程中的作用

下面介绍在工业 4.0 时代，5G 技术在将传统工厂转换为数字化、网络化的智能工厂的过程中所发挥的作用。

（1）用 5G 技术弥补传统自动化生产线的不足

一直以来，自动化在某种程度上始终是工厂的一部分，而且高水平的自动化也并非新生事物。在工业 3.0 时代，流水线作业的主要特点是，物料通过流水线传送，操作工人在工位上不动，不断地简单重复一个固定的动作。这可以避免操作工人在车间内来回走动、更换工具等劳动环节，从而显著地提升工作效率。

但是，自动化流水线也有其弊端：不能灵活地生产，不能满足个性化定制需求，而且重复性低、相对复杂、感知能力要求强的操作更适合人工来做。更好地满足个性化需求、提高生产线的柔性是制造业长期追求的目标。

5G 网络进入工厂，在降低机器与机器之间连接线缆成本的同时，利用高可靠性网络的连续覆盖，使机器人在移动过程中的活动区域不受限，可按需到达各个地点，实现在各种场景中进行不间断工作和工作内容的平滑切换。

在工业 4.0 时代，在生产线、生产设备中配备的传感器能够实时抓取数据，然后经过无线通信连接互联网，传输数据，对生产本身进行实时监控。设备传感和控制层的数据与企业信息系统融合，形成信息物理系统（Cyber Physical System，CPS），将大数据传到云计算数据中心进行存储、分析，形成决策并反过来指导设备运转。设备的智能化直接决定了工业 4.0 所要求的智能生产水平。

生产效率是制造企业首先考虑的问题。在具体生产流程方面，工业4.0对企业的意义在于，能够使各种生产资源（包括生产设备、工人、业务管理系统和生产设施）形成一个闭环网络，进而通过物联网和系统服务应用，实现贯穿整个系统的价值链网络的横向、纵向连接和端对端的数字化集成，从而提高生产效率，最终实现智能工厂。通过智能工厂制造系统在分散价值链网络上的横向连接，就可以在产品开发、生产、销售、物流及服务的过程中，借助软件和网络的监测、交流沟通，根据最新情况，灵活、实时地调整生产工艺，而不再完全遵照几个月或者几年前的计划。

（2）5G 技术与智能工厂

在工业 4.0 中，“智能工厂”一词表示通过互联互通的信息技术和运营技术，实现工厂车间的决策、洞察与供应链和整个企业其他部分的融合。理想中的智能工厂是一个柔性系统，能够自行优化整个网络的表现，自行适应，并实时或近实时地学习新的环境条件，自动运行整个生产流程，可实现高度可靠的运转，最大限度地减少人工干预，使生产制造各环节的时间变得更短，解决方案更快、更优，生产制造效率得以大幅度提高。

智能工厂并不只是简单的自动化，它能够在工厂车间内自动运作，不断向实现物体、数据和服务等无缝连接的互联网（物联网、数据网和服务互联网）方向发展。

在今天，5G 技术控制的工业机器人已经从玻璃柜里走到了玻璃柜外，不分日夜地在车间中自由穿梭，进行设备的巡检和修理、送料、质检或者高难度的生产动作。机器人可以帮助基层、中层管理人员，通过信息计算和精确判断，进行生产协调和生产决策。机器人已成为人的高级助手，可替代人完成人难以完成的工作，人和机器人在工厂中得以共生。图 7-34 所示为基于 5G 技术的工业 4.0 时代的智能工厂。

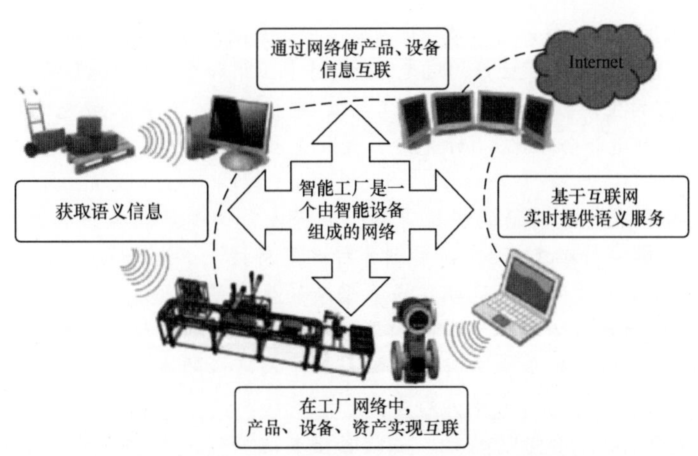

图 7-34　基于 5G 技术的工业 4.0 时代的智能工厂

5G 网络是智能工厂最重要的特征，同时也是其最大的价值所在。智能工厂必须确保基本流程与物料的互联互通，以生成实时决策所需的各项数据。在真正意义的智能工厂中，传感器遍布工厂的设备和生产线，因此系统可不断从新兴与传统渠道，例如可编程逻辑控制器（Programmable Logic Controller，PLC）、数控机床、加工中心、传感器和自动引导小车等抓取数据，确保数据持续更新，并反映当前情况。智能工厂通过整合来自企业资源计划（ERP）、制造执行系统（Manufacturing Execution System，MES）和产品生命周期管理（Product Lifercycle Management，PLM）系统的数据，并使用卷积神经网络（Convolutional Neural Network，CNN）、自然语言处理（NLP）和机器学习（Machine Learning，ML）等技术进行大数据的处理与分析，可全面掌控供应链上下游流程，从而提高供应网络的整体效率，如图 7-35 所示。

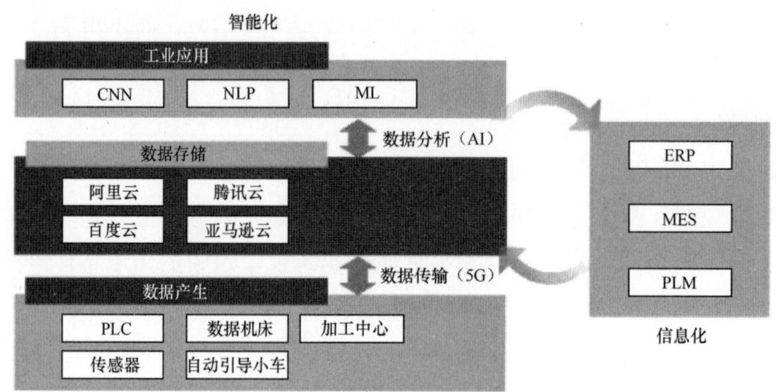

图 7–35　智能工厂的数据处理流程

经过优化的智能工厂可实现高度可靠的运转，最大限度地减少人工干预。智能工厂具备自动化工作流程，可同步了解资产状况，同时优化追踪系统与进度计划，能源消耗亦更加合理，可有效提高产量、质量，增加运行时间，并降低成本、避免浪费。

拓展阅读

从卫星上拍摄的照片中，我们可以清晰地看到，中国东南沿海城市的夜晚灯光璀璨，其中不仅有市民夜生活的灯光，也有工厂连夜生产的灯光。而处于长三角和粤港澳大湾区之间的福建省的部分工厂，已实现无人无灯的生产，被称为“灯塔工厂”，也被誉为“世界上最先进的工厂”。它们是具有榜样意义的数字化制造和全球化 4.0 示范者，代表着当今全球制造业领域智能制造和数字化的最高水平。

“黑科技”产品代表了最前沿的科技产品，也代表着这类产品未来的大趋势。在位于南安市的九牧集团 5G 零碳“灯塔工厂”，能看到各种“黑科技”卫浴产品。

工厂里没有传统制造业的灯火通明、人声嘈杂的生产景象：注塑全过程由机器人完成；满载生产物料的无人自动导引运输车在车间内灵活穿梭；精巧的机械手代替手拿喷枪的工人为陶瓷马桶施釉，既避免了喷釉死角，又避免了喷釉对工人造成的身体伤害。这里的工业机器人每天 24 小时不停歇工作，全年 365 天不开灯生产。

该工厂每年可产 450 万套智能马桶，品质合格率达 99%，生产效率提升 67%，物流运输效率提升 45%，每年可达成碳减排 1.8 万吨，每年节水超一个杭州西湖的水量，成为全球卫浴行业数智化的绿色示范样本。

单元8

信息素养与安全防护

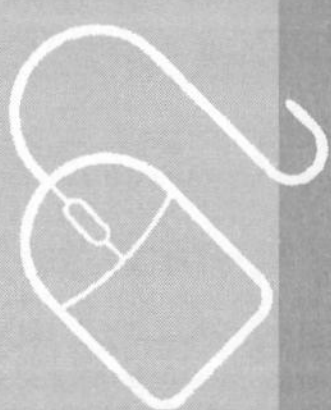

当前，全球经济数字化转型不断加速，数字技术深刻改变着人类的生活、生产、学习方式，推动世界政治格局、经济格局、科技格局、文化格局、安全格局的深度变革，全民信息素养日益成为国际竞争力和软实力的关键指标。

在促进社会经济发展、推动社会进步的过程中，信息技术也引发了新的信息安全的挑战和危机，如隐私泄露、网络诈骗、恶意攻击等，这不仅危害个人安全，甚至危及国家安全。加强公民信息素养教育，提升公民信息素养，增强个体在信息社会中的适应力与创造力，对个人发展、国力增强、社会变革有着十分重要的意义。

知识目标

- 了解信息素养的概念和相关知识；
- 了解信息安全的概念和相关知识，掌握在 Windows 10 中进行病毒扫描和防火墙设置的方法；
- 了解人工智能带来的安全与伦理问题。

素养目标

- 思考如何把信息素养的提升与自己的专业学习、日常生活联系起来；
- 思考生活中还有哪些人工智能在带来便利的同时也带来挑战的案例。

项目8.1 信息素养

信息素养（information literacy）是指适应信息化需要具备的信息意识、信息知识、信息能力和信息道德，是对传统文化素养的延伸和拓展。

8.1.1 信息素养的要素

信息素养包括关于信息和信息技术的基础知识、基本技能，运用信息技术进行学习、合作、交流、解决问题的能力，以及信息意识和社会伦理道德修养。具体而言，信息素养主要包括以下 4 个要素。

1. 信息意识

信息意识是指人对信息的敏感程度，是人们对自然界和社会的各种现象、行为、理论等的观点，并从信息角度进行理解、感受和评价。通俗地讲，在面对不懂的内容时，知道用什么方法去寻找答案，这就是信息意识。现代社会处处蕴藏着信息，利用好现有的信息资料，主动解决工作和生活中的问题，这是信息技术教育中最重要的一点。

2. 信息知识

信息知识既是信息科学技术的理论基础，也是学习信息技术的基本要求。只有掌握了信息知识，才能更好地理解与应用它。

3. 信息能力

信息能力包括信息系统的基本操作能力，如对信息的采集、传输、加工处理和应用的能力，以及对信息系统与信息进行评价的能力等。信息能力是信息素养各要素中的核心，也是信息时代人们的重要生存能力。

4. 信息道德

信息道德是指培养人们具备正确的信息伦理道德修养，让人们学会对信息进行判断和选择，自觉地选择对学习、生活有用的内容，抵制不健康的内容，不组织和参与非法活动，不利用计算机网络从事危害他人信息系统和网络安全、侵犯他人合法权益的活动。

在信息素养的 4 个要素中，信息意识是先导，可提高人们对信息的敏感度、对信息的持久注意力和对信息价值的判断力；信息知识是基础，可深化人们对信息的认知，让人们更好地掌握信息源及信息工具；信息能力是核心，可引导人们在纷繁无序的信息海洋中筛选出所需的信息，并合理运用到创新中；信息道德是保证，可规范人们在获取、利用、加工和传播信息过程中的行为，主动维护信息领域的正常秩序，不危害社会或侵犯他人的合法权益。

8.1.2 信息素养的表现

信息素养主要表现为以下 8 个方面的能力。

- 运用信息工具的能力：能熟练使用各种信息工具，特别是网络传播工具。
- 获取信息的能力：能熟练地运用阅读、访问、讨论、参观、实验、检索等获取信息的方法，有效地收集各种学习资料与信息。
- 处理信息的能力：能对收集的信息进行归纳、分类、存储记忆、鉴别、遴选、分析综合、抽象概括和表达等。
- 生成信息的能力：在信息收集的基础上，能准确地概述、综合、改造和表达所需要的信息，使之简洁明了并富有个性特色。
- 创造信息的能力：在信息收集的基础上，迸发出创造思维的火花，产生新信息的生长点，从而创造新信息，达到收集信息的终极目的。
- 发挥信息效益的能力：善于运用接收的信息解决问题，让信息发挥最大的社会效益和经济效益。
- 信息协作能力：使信息和信息工具作为跨越时空的、“零距离”的交往和合作中介，同外界建立多种和谐的合作关系。
- 信息免疫能力：浩瀚的信息资源往往良莠不齐，因此需要人们有甄别能力，以及自控、自律和自我调节的能力，从而自觉抵御和消除垃圾信息及有害信息的干扰，完善合乎时代的信息伦理素养。

项目8.2 信息安全

在信息技术广泛应用的同时，信息安全问题也日益突出。中国互联网络信息中心（China Internet Network Information Center，CNNIC）的研究表明，虽然多年来我国不断加强信息安全的治理工作，但信息安全问题仍然比较严重，信息安全事件的情境日益复杂和多样化。

目前，信息安全所引起的直接经济损失已达很大规模，发生信息安全事件的初始因素已从此前的好奇心理升级为明显的逐利性，经济利益链条已然形成，信息安全事件中所涉及的信息类型、危害类型越来越多，且日益深入涉及网民的隐私，潜在后果更严重。

8.2.1 信息安全的概念与属性

1. 信息安全的概念

国际标准化组织对信息安全的定义是："在技术上和管理上为数据处理系统建立的安全保护，保护计算机硬件、软件和数据不因偶然的和恶意的原因而遭到破坏、更改和泄露。"

信息安全是一个广泛和抽象的概念。所谓信息安全就是关注信息本身的安全，无论是否应用计算机作为信息处理的手段。信息安全的任务是保护信息财产，以防止偶然的或未经授权者恶意泄露、修改和破坏，从而导致信息的不可靠或无法处理等。这可以使得人们在最大限度地利用信息的同时不招致损失或使损失最小。

信息安全之所以引起人们的普遍关注，是因为信息安全问题已经涉及人们日常生活的各个方面。以网上交易为例，传统的商务运作模式经历了漫长的社会实践，在社会的意识、道德、素质、政策、法规和技术等方面都已经非常完善。然而，对于电子商务来说，则不然，比如作为交易人，无论从事何种形式的电子商务，都必须清楚以下事实：你的交易方是谁？信息在传输过程中是否会被篡改（即信息的完整性）？信息在传输过程中是否会被外人看到（即信息的保密性）？网上支付后，对方是否会不认账（即不可抵赖性）？因此，无论是商家、银行还是个人，对电子交易安全的担忧都是必然的。

2. 信息安全的属性

信息安全具有以下属性。

- 完整性（integrity）：信息在存储或传输的过程中保持未经授权不能改变的特性，即对抗主动攻击，保证数据的一致性，防止数据被非法用户修改和破坏。对信息安全发动攻击的最终目的是破坏信息的完整性。
- 保密性（confidentiality）：信息不被泄露给未经授权者的特性，即对抗被动攻击，以保证机密信息不会被泄露给非法用户。
- 不可否认性（non-repudiation）：也称为不可抵赖性，即所有参与者都不可能否认或抵赖曾经完成的操作和承诺。发送方不能否认已发送的信息，接收方也不能否认已收到的信息。

- 可用性（availability）：信息可被授权者访问并按需求使用的特性，即保证合法用户对信息和资源的使用不会被不合理地拒绝。对可用性的攻击就是阻断信息的合理使用，例如破坏系统的正常运行。
- 可控性（controllability）：对信息的传播及其内容具有控制能力的特性。授权机构可以随时控制信息的机密性，能够对信息实施安全监控。

8.2.2 信息安全的主要技术

目前，实现信息安全的主要技术包括信息加密技术、数字签名技术、数据完整性保护技术、身份认证技术、访问控制技术、网络安全技术、反病毒技术等。

1. 信息加密技术

信息加密是指使有用的信息变为看上去无用的乱码，使攻击者无法读懂信息的内容，从而保护信息。信息加密是保障信息安全最基本、最核心的技术措施和理论基础，它也是现代密码学的主要组成部分。信息加密过程由加密算法来具体实施，它能以很小的代价提供强大的安全保护。在多数情况下，信息加密是保证信息机密性的唯一方法。据不完全统计，到目前为止，已经公开发表的各种加密算法多达数百种。如果按照收发双方的密钥是否相同，可以将这些加密算法分为对称密码算法和公钥密码算法。在实际应用中，人们通常将对称密码算法和公钥密码算法结合使用，如利用数据加密标准（Data Encryption Standard，DES）或者国际数据加密算法（International Data Encrytion Algorithm，IDEA）加密信息，采用 RSA（一种公钥密码算法）传递会话密钥。根据每次加密所处理的数据位数，可以将加密算法分为序列密码和分组密码。前者每次只加密 1 位，后者则先对信息序列分组，每次处理一组。

2. 数字签名技术

数字签名是保障信息来源的可靠性、防止发送者抵赖的一种有效技术手段。目前常见的数字签名包括不可否认数字签名和群签名等。

实现数字签名的基本流程如下。

① 签名过程：利用签名者的私有信息作为密钥，或对数据单元进行加密，或产生该数据单元的密码校验值。

② 验证过程：利用公开的规程和信息来确定签名是不是利用该签名者的私有信息产生的。

数字签名是指在数据单元上附加数据，或对数据单元进行密码变换。通过这一附加数据或密码变换，数据单元的接收者可以证实数据单元的来源和完整性，同时对数据进行保护。

验证过程利用了公之于众的规程和信息，但不能推出签名者的私有信息，即数字签名与日常的手写签名的效果一样，可以为仲裁者提供发送者对信息签名的证据，而且能使接收者确认信息是否来自合法方。

3. 数据完整性保护技术

数据完整性保护用于防止非法篡改，利用密码理论的完整性保护能够很好地对付非法篡改。完整性的另一用途是提供不可抵赖服务，当信息源的完整性可以被验证且无法模仿时，信息接收者就可以认定信息的发送者。

4. 身份认证技术

身份识别是信息安全的基本机制，通信双方应互相认证对方的身份，以保证赋予正确的操作权限和对数据的存取控制。网络也必须认证用户的身份，以保证合法的用户进行正确的操作和审计。

目前，常见的身份认证实现方式包括以下 3 种。

- 只有该用户了解的信息，如密码、密钥。
- 用户携带的物品，如智能卡和令牌卡。
- 该用户具有的独一无二的特征或能力，如指纹、声音、视网膜或签字等。

5. 访问控制技术

访问控制的目的是防止对信息资源的非授权访问和非授权使用。它允许用户对其常用的信息库进行一定权限的访问，限制随意删除、修改或复制信息文件的行为。访问控制技术还可以使系统管理员跟踪用户在网络中的活动，及时发现并抵御“黑客”的入侵。

访问控制采用最小特权原则，即在给用户分配权限时，根据每个用户的任务特点使其获得完成自身任务的最低权限，不给用户赋予其任务范围之外的任何权限。权限控制和存取控制是主机系统必备的安全手段，系统根据正确的认证，赋予某用户适当的操作权限，使其不能进行越权的操作。该机制一般采用角色管理办法，针对不同的用户，系统需要定义不同角色，然后赋予他们不同的执行权限。Kerberos 存取控制就是访问控制技术的一个代表，它由数据库、验证服务器和票据授权服务器 3 部分组成。其中，数据库包括用户名称、密码和授权存取的区域；验证服务器验证要存取的用户是否有此资格；票据授权服务器在验证之后发放票据，允许用户进行存取。

6. 网络安全技术

实现网络安全的技术种类繁多且相互联系。这些网络安全技术虽然没有完整统一的理论基础，但是在不同场合下，为了不同的目的，许多网络安全技术确实能够发挥较好的功能，实现一定的安全目标。

当前主要的网络安全技术包括以下几种。

- 防火墙技术。它是一种既允许接入外部网络又能够识别和抵抗非授权访问的安全技术。防火墙在网络中扮演“交通警察”的角色，指挥网上信息合理有序地安全流动，同时也处理网上的各类“交通事故”。防火墙可分为外部防火墙和内部防火墙。前者在内部网络和外部网络之间建立起一个保护层，从而防止“黑客”的侵袭，其方法是监听和限制所有进出通信，挡住外来非法信息并控制敏感信息泄露；后者将内部网络分隔成多个局域网，从而减少外部攻击造成的损失。

- VPN 技术。VPN 即虚拟专用网（Virtual Private Network），被定义为通过一个公用网络（通常是 Internet）建立一个临时的、安全的连接，是一条穿过混乱的公用网络的安全、稳定的隧道。VPN 是对企业内部网络的扩展。VPN 的基本原理是，在公共通信网络上为需要进行保密通信的双方建立虚拟的专用通信通道，并且所有传输数据均经过加密后再在网络中进行传输，这样做可以有效地保证机密数据传输的安全性。在 VPN 中，任意两个结点之间的连接并没有传统专用网所需的端到端的物理链路，虚拟的专用网络由某种公共网络资源动态组成。
- 入侵检测技术。它用于扫描当前网络的活动，监视和记录网络流量，根据已定义的规则过滤从主机网卡到网线上的流量，提供实时报警。大多数入侵检测系统可以提供关于网络流量的非常详尽的分析。
- 网络隔离技术。这主要是指对两个或两个以上可路由的网络协议（如 TCP/IP）通过不可路由的协议（如 IPX/SPX、NetBEUI 等）进行数据交换，从而达到隔离的目的。由于主要采用不同的协议，因此网络隔离通常也被称为协议隔离。网络隔离技术的目标是确保把有害的攻击隔离在可信网络之外，在保证可信网络内部信息不外泄的前提下，完成网络间数据的安全交换。网络隔离技术是在原有安全技术的基础上发展起来的，它弥补了原有安全技术的不足，突出了自己的优势。
- 安全协议。整个网络系统的安全强度实际上取决于所使用的安全协议的安全性。安全协议的设计和改进有两种方式：一是对现有网络协议（如 TCP/IP）进行修改和补充；二是在网络应用层和传输层之间增加安全子层，如安全套接层（Secure Socket Layer，SSL）协议、超文本传输安全协议（Hypertext Transfer Protocol Secure，HTTPS）。依据安全协议可实现身份鉴别、密钥分配、数据加密、防止信息重传和不可否认等安全机制。

7. 反病毒技术

由于计算机病毒具有传播性、破坏性、隐蔽性、潜伏性等特性，因此必须认真加以应对。实际上，计算机病毒研究已经成为计算机安全学中一个极具挑战性的课题。作为普通的计算机用户，我们虽然没有必要全面研究病毒及其防范措施，但是养成“卫生”的计算机使用习惯，并掌握杀毒工具软件的使用方法是完全有必要的。

8.2.3 Windows 10中的安全防护设置

Windows 10 提供了针对网络攻击和恶意程序的多重防范和保护功能，包括 Windows 防火墙和 Windows Defender。本节介绍这些安全防护功能的设置和使用方法。

1. Windows Defender

与之前的版本相比，Windows 10 中的 Windows Defender 可以提供更加全面的安全防护措施，包括对计算机病毒、蠕虫、木马、间谍软件等多种试图入侵操作系统、文件、电子邮件的恶意程序进行监控和处理，最大限度地阻止恶意程序所带来的安全威胁。

Windows Defender 主要防范的威胁如下。

- 病毒。病毒是指能够自我复制而感染其他程序或文件，并能自动执行来扰乱计算机的正常功能和使用、破坏计算机中的文件和数据的一组指令或程序代码。自我复制与自动执行是病毒需要满足的两个基本的条件。自我复制是指病毒将其自身嵌入文件中，然后开始进行复制以感染其他文件。自动执行是指病毒将其代码保存在正常程序的执行路径中，当运行正常程序时就会自动激活病毒代码。病毒在发作之前可能会在计算机中潜伏数天甚至数月，而用户通常不会发现病毒的存在。病毒通常只会在其宿主计算机中进行自我复制以感染该计算机中的文件。但通过交换磁盘和光盘、发送电子邮件附件、访问共享数据、从网络下载文件等方式，病毒将会从一台计算机传播到另一台计算机。
- 蠕虫。蠕虫是一种通过网络进行大范围传播的恶意程序，在传播性与隐蔽性方面与病毒类似，但是蠕虫也有其自身的一些特点。蠕虫通常以电子邮件附件或者受感染的网页上的广告或链接的形式，穿透网页浏览器和操作系统的安全漏洞来进行传播。病毒主要针对计算机中的文件，而蠕虫主要针对网络中的计算机。一旦计算机感染蠕虫，蠕虫就会开始从一台计算机传播到另一台计算机，在短时间内蔓延至整个网络。由于蠕虫会消耗计算机内存和网络带宽，因此大规模的蠕虫将会导致计算机崩溃和网络瘫痪，这种危害比病毒更甚。
- 木马。木马的全称是特洛伊木马，其名称来源于希腊神话故事。木马与病毒的最主要区别是，木马不会像病毒那样通过自我复制来感染其他程序或文件，而是将自身伪装起来，使自己看上去像一个正常程序而骗取用户信任。当用户下载或运行本身为木马的伪程序或文件时，木马就会开始它的破坏活动。木马能够在触发时盗取用户的信息或破坏计算机中的数据，比如盗取用户网上银行的账号和密码。病毒以破坏信息为主，木马则以盗取信息为主。一旦用户的重要信息被盗取，将会导致严重的损失。
- 间谍软件。间谍软件是指在用户不知情的情况下，自动在计算机中安装的用于获取用户在网络上的个人信息和行为的恶意程序。间谍软件通常以精准推荐或其他商业目的为主，比如秘密监视、收集用户浏览网页和网上购买商品的行为，从而分析用户的个人喜好和兴趣，以便向用户展示或发送相关产品的广告信息。有的间谍软件可以在用户不小心单击广告窗或下载免费软件时安装到用户的计算机；有的间谍软件也会在用户安装软件时自动安装到用户的计算机中；有的间谍软件可能会在正常程序安装界面的隐蔽位置提供可选项，但由于用户没在意而将其安装到了计算机中。

2. 防火墙

防火墙是用户计算机与 Internet、用户计算机与本地网络、两个不同的本地网络，以及本地网络与 Internet 等之间的一道安全屏障。对于大多数情况而言，防火墙主要用于保护用户计算机或本地网络不受来自 Internet 中的黑客或恶意软件的入侵。防火墙以内是用户所在的本地网络及用户计算机，其中包含了本地组织与用户的个人数据和私密信息，防火墙以外是来自全世界范围的、带有不同目的连接到 Internet 的计算机，这意味着 Internet 中的某些计算机是不安全的，它们可能带有攻击和破坏其他计算机的企图。

防火墙分为软件防火墙和硬件防火墙两种类型，Windows 10 中内置的 Windows 防火墙属于软件防火墙，而有线或无线路由器中带有的防火墙则属于硬件防火墙。无论哪种类型的防火墙，都可以防止黑客和恶意软件通过本地网络或 Internet 非法进入用户计算机。防火墙基于安全策略进行工作。安全策略包含由用户定义的一组规则。防火墙会根据用户制定的规则对来自本地网络或 Internet 中的信息进行检查，所有不符合规则的信息都将被阻止在防火墙之外，这样就可以很好地保护用户计算机的安全。

防火墙会在恶意软件进入计算机之前将其拦截，Windows Defender 则针对已经进入计算机的恶意程序进行扫描和查杀。通过防火墙可以减少或屏蔽大多数通过网络进入计算机的恶意软件。

下面通过实际案例介绍 Windows Defender 和防火墙的常用设置方法。

案例8-1 设置Windows Defender和防火墙

在本案例中，用户需要对 Windows 10 进行病毒扫描，并设置防火墙。

步骤1 开启 Windows 安全中心。单击“开始”按钮，选择“设置”，在“设置”窗口中，单击“更新和安全”，在左侧选择“Windows 安全中心”。在“Window 安全中心”中集合了“病毒和威胁防护”“账户保护”“防火墙和网络保护”等，如图 8-1 所示。

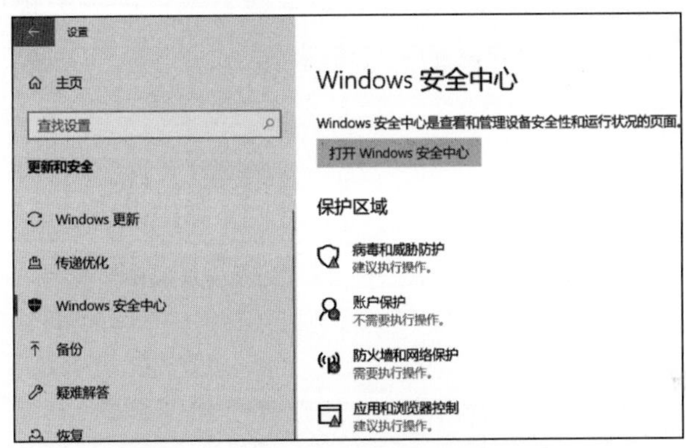

图 8-1 开启“Windows 安全中心”

步骤2 设置病毒扫描模式。选择“病毒和威胁防护”，会显示病毒扫描历史、文件扫描历史等。病毒文件扫描方式有 4 种，默认为“快速扫描”，单击“扫描选项”会显示更多扫描方式。这里选择“快速扫描”。

提示

不同扫描方式如下。

- 快速扫描：只扫描系统关键文件和启动项，扫描速度是最快的。
- 完全扫描：扫描计算机内的所有文件和正在运行的程序，扫描速度是最慢的。
- 自定义扫描：可以自定义要扫描的文件或文件夹，扫描速度取决于自定义扫描文件的数量。
- Windows Defender脱机版扫描：某些顽固病毒无法在系统正常运行的情况下删除，使用此扫描模式会重启计算机并进入Windows RE环境下进行病毒扫描。在正常方式无法查杀病毒软件的情况下推荐使用该扫描方式。

步骤3 设置病毒和威胁防护相关选项。单击“管理设置”，会显示病毒防护的有关选项，可以选择关闭或开启，此处将防护全部打开，如图 8-2 所示。

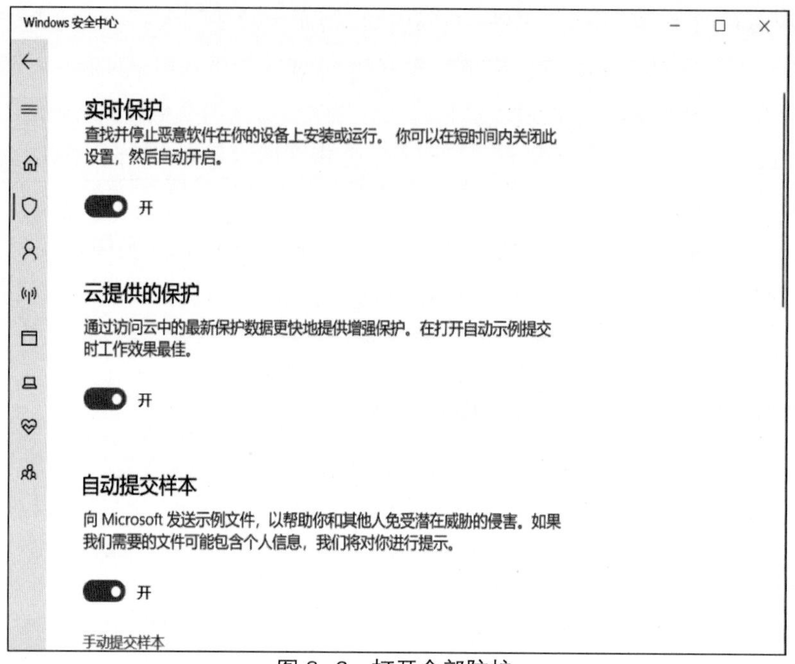

图 8-2　打开全部防护

提示

在“Windows安全中心”窗口下方，单击“排除项”处的“添加或删除排除项”链接，显示“排除项”，单击“添加排除项”按钮，可以看到，排除选项分为“文件”“文件夹”“文件类型”“进程”4种，如图8-3所示。如果对计算机某些位置（例如某个文件夹）的安全情况有所了解，就可以选择“文件夹”选项，在扫描时排除这些位置，以加快扫描速度。如果计算机上有大量的视频文件或图片，可以选择“文件”或“文件类型”选项，排除此类文件。Windows Defender在扫描时也会扫描当前操作系统正在运行的进程，可以选择“进程”选项排除某些安全的进程来提高扫描速度。排除的进程只能是.exe、.com、.scr程序创建的进程，手动输入进程的名称即可。

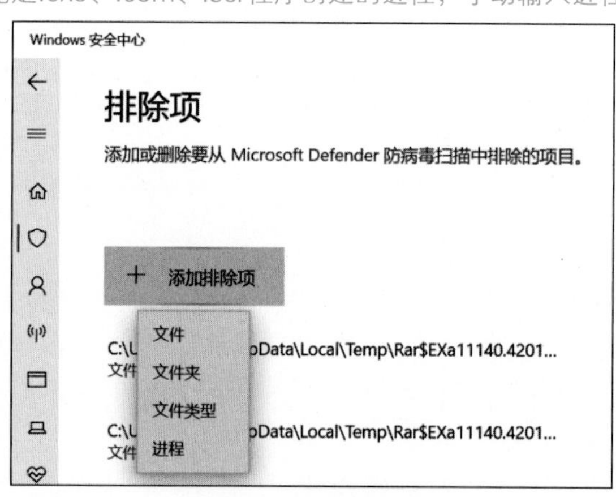

图 8-3　添加排除项

步骤4 扫描并处理病毒。单击“快速扫描”，开始扫描病毒。如果发现威胁，会出现提示，此时用户可以选择要进行的操作，如图 8-4 所示，可以直接删除病毒文件；如果尚不能确认其风险，也可以将文件暂时进行隔离；如果确认文件是安全的，则可以选择“允许在设备上”，从而避免将其删除。

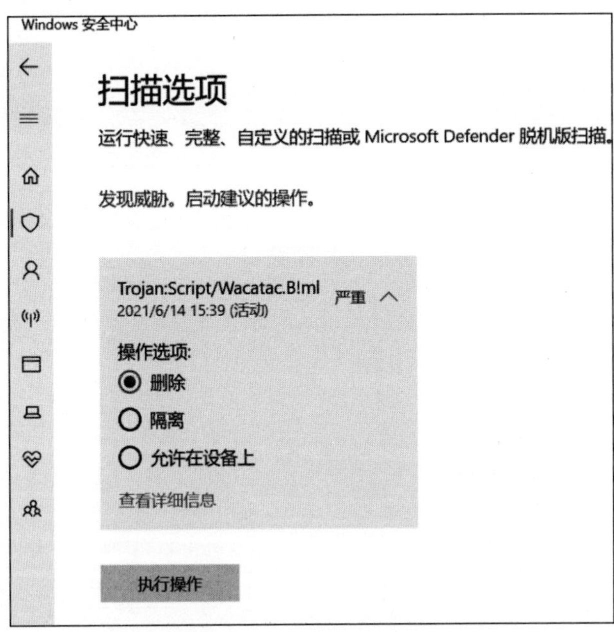

图 8-4 扫描和处理威胁

步骤5 为不同网络位置设置 Windows 防火墙。在“Windows 安全中心”中单击“防火墙和网络保护”，就可以看到不同类型的网络位置。单击某个网络位置（如“公用网络”）类型链接，在对应的窗口中可以关闭或者重新开启此类型下的防火墙。这里仅将“公用网络”的防火墙打开。

提示

不同的网络类型如下。

- 公用网络：默认情况下，第一次连接到Internet时，操作系统会将任何新的网络连接设置为公用网络。使用公用网络时，操作系统会阻止某些应用程序和服务运行，这样有助于保护计算机免受未经授权的访问。如果计算机的网络连接是公用网络，并且Windows防火墙处于启用状态，则某些应用程序或服务可能会要求用户允许它们通过防火墙进行通信，以便可以正常工作。例如，网络连接采用公用网络并安装了迅雷，当第一次运行迅雷时，Windows防火墙会出现安全警报提示框。提示框中会显示所运行的应用程序信息，包括文件名、发布者、路径。如果它是可信任的应用程序，单击“允许访问”就可以使该应用程序不受限制地进行网络通信。
- 专用网络：适合于家庭计算机或工作网络环境。基于Windows 10安全性的需求，所有的网络连接都默认设置为公用网络。用户可以将特定应用程序或服务设置为专用网络。专用网络防火墙通常比公用网络防火墙允许的网络活动更多。
- 域网络：此网络类型只有检测到域控制器时才应用。此类型下的防火墙规则最严格，而且这种类型的网络由网络管理员控制，因此用户无法选择或更改。

步骤6 设置允许应用程序通过 Windows 防火墙。在 Windows 防火墙中，可以设置特定应用程序通过 Windows 防火墙进行通信。选择“防火墙和网络保护”，在“Windows 安全中心”窗口下方，单击“允许应用通过防火墙”，在打开的界面中单击“更改设置”按钮，可设置应用程序在不同网络类型中是否可以通过防火墙进行通信。如果应用程序列表中没有所要修改的应用程序，可以单击“允许其他应用”按钮，手动添加应用程序，如图 8-5 所示。

提示

应用程序的通信许可规则可用于区分网络类型，并支持独立配置，互不影响，这对经常更换网络环境的用户来说非常有用。

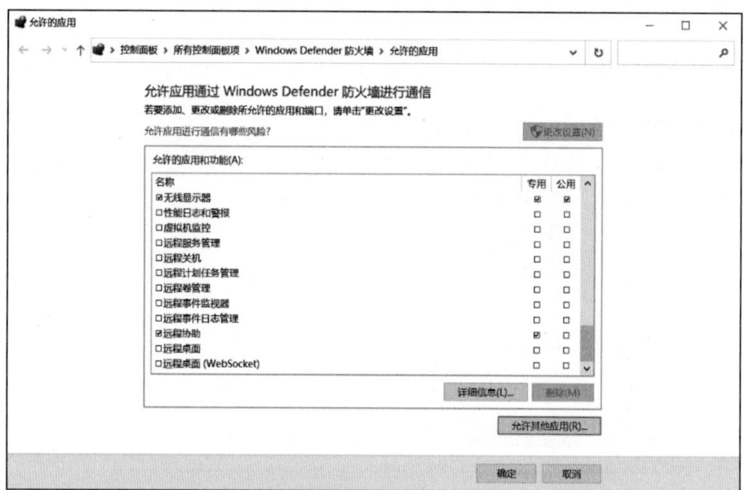

图 8-5　允许应用程序通过 Windows 防火墙进行通信

项目8.3　人工智能的安全与伦理

在科技发展史上，科学技术的每一次进步和变革都会不可避免地带来“双刃剑”效应。人工智能技术也是如此，它逐步渗透到工业制造、家居、教育、医疗、物流等行业中，并正以惊人的速度改变着我们的生活方式。虽然目前人工智能尚处于发展阶段，但是这项技术可能带来的安全、伦理、隐私等一系列问题早已引起了人们的关注。

8.3.1　人工智能时代带来的挑战

以人工智能为代表的新一代信息技术在给人们带来极大便利的同时，给人类社会带来的伦理问题和安全问题也引起了人们的广泛关注。

1. 人工智能深刻影响着人类的就业安全

人工智能革命对人类就业的冲击，同历史上任何一次技术革命相比，范围更广、层次更深、影响更大。我们必须面对的事实是，人工智能将会在许多领域、许多岗位上替代人类。中国工程院院士邬贺铨表示，49% 的劳动人口可能会被人工智能所取代。人工智能不但可以替代体力劳动者进行劳动，而且大量依靠脑力劳动的岗位也会被其取代，这将给人类就业问题带来极大的挑战。

2. 数据泄露和信息泛滥导致对隐私权的侵犯

建立在大数据和深度学习基础上的人工智能技术，需要海量数据来训练算法，这带来了数据盗用、信息泄露和个人隐私被侵犯的风险。从人们的数据轨迹中可以获取许多个人信息，这些信息如果被非法利用，将会造成对隐私权的侵犯。此外，用于商业目的的无人机的广泛使用、无处不在的监控系统，在方便人们生活、保障安全的同时，其跟踪、收集、存储特定信息的功能也对公民隐私权构成极大威胁。

3. 数据质量、算法歧视带来偏见和非中立性

在大数据时代，数据质量、算法歧视与人为因素往往会导致偏见和非中立性，如性别歧视、种族歧视和“有色眼镜”效应。事实上，数据和算法导致的歧视往往具有更大的隐蔽性，更难以被发现和消除。例如，凭借算法对个人信息的分析，银行就可以拒绝提供贷款，买票时的优先级被降低，购物时只能看到低廉的产品。

8.3.2 如何构建友好的人工智能

在人工智能受到高度关注的当下，人们需要冷静思考“人工智能究竟应该向何处去”的问题。在人类社会深度科技化的历史浪潮中，阻止人工智能的快速发展几乎是不可能的，而更为现实的做法是，为人工智能规划合理的发展方向，构建友好的人工智能。

1. 政府层面：社会管理制度的发展进步

在大科学时代，政府管理对科技的发展发挥着举足轻重的作用。为了构建友好的人工智能，从政府层面来看，需要重视以下几方面的工作。

- 加大人工智能对社会的影响的研究。尽管许多学者强调人工智能将对人类社会产生深远影响，而且部分影响已经出现，但人工智能对人类产生全面性的影响，可能还需要一段时间，人们还有进行相应准备的余地。政府需要加大对人工智能研究的投入力度，组织不同领域的学者联合攻关，从而为政府的科学决策提供强有力的理论支撑。
- 努力实现人工智能时代社会的公平正义。人工智能会提高社会生产率，降低商品成本，使社会大众均可享受智能社会带来的种种益处。但是，与其他高新技术一样，人工智能具有高投入、高收益等特征。人工智能研发的高投入决定了大型企业占据主导地位。如何避免人工智能可能产生的社会不公现象是人们普遍关心的问题。
- 加强对人工智能科技的监管与调控，积极鼓励友好人工智能研究。政府需要与科技专家合作，共同制定友好人工智能的选择标准与监控机制，加大对友好人工智能研究成果的奖励力度，使科研人员的注意力集中到友好人工智能方面。同时，政府需要对人工智能的应用限度做出明确的规定，就像对克隆技术的应用限制一样。

2. 技术层面：技术本身的安全性、公正性

技术本身的安全性、公正性是实现友好人工智能的关键内在因素。只有从技术层面实现人们对友好人工智能的预期，尽量减少或避免出现负面效应，才能使公众真正接受人工智能。

首先是人工智能技术的安全性、可控性与稳健性。有人开玩笑地说：“如果人工智能对我们产生了威胁，就把电源拔掉。”这种说法表面上看是可行的，但细究起来并非如此。与此类似的问题是，如果人们认为互联网对自己构成了威胁而想要去关掉它，那么它的开关在哪里？

在智能时代，人工智能必然与互联网结合起来，而人们根本无法关掉它们。为了防止现实世界中的人工智能系统的设计缺陷导致意料之外的、有害的行为发生，也就是预防人工智能系统的意外事故，目前技术专家至少可以从以下几方面努力：避免由于错误的目标函数产生的问题，避免因成本过高而不能经常性评估的目标函数，避免在机器学习过程中出现不良行为。

其次是人工智能算法的公正性与透明性。人工智能主要通过算法进行推理与决策，因此人工智能系统的公正性与透明性主要体现为算法的公正性与透明性。目前，人工智能系统通过深度学习等手段得出某种结论的具体过程在很大程度上人们不得而知，人工智能的决策过程在相当程度上是一种看不见的“黑箱”。人们很难理解人工智能系统如何看待这个世界，人工智能系统也很难向人们进行解释。为了使人工智能系统得到人们的信任，就需要了解人工智能究竟在做什么，就像许多学者强调的那样，需要打开“黑箱”，在一定程度上实现人工智能的透明性，由此才能对人工智能系统产生的问题更好地进行治理。具体可以从以下几方面着手：在一定程度上实现对深度学习过程的监控，解决深度学习的可解释性问题，这方面的工作已经得到了一些科学家的重视；因为深度学习依赖于大量的训练数据，所以训练数据的来源、内容需要公开，保证训练数据的全面性、多样性；如果人工智能系统得到的结果受到质疑，则需要人类工作人员介入，不能完全依赖人工智能系统；在一定程度上保证人工智能从业人员的性别、种族、学术背景等方面的多样性。

3. 公众层面：公众观念的调整与前瞻性准备

作为公众，需要积极应对人工智能对就业的影响。需要思考的最紧要问题可能是在人工智能等科技的影响下，哪些职业可能会消失，哪些职业会有较好的发展前景，从而提前做好相应准备。

将来对低技能、高重复性岗位的从业者的需求量会大量减少，人们需要转向更具创造性和对技能水平要求更高的工作，如健康护理、教育、法律、艺术、管理和科技等行业。

虽然人工智能科技的发展日新月异，但是人类与人工智能也在很大程度上存在互补性。在常规的重复性工作方面，人类已经没有明显优势，但在语言表达、情感、艺术、创造性、适应性和灵活性等方面，人类还略胜一筹，这种优势在短期内还难以被人工智能超越。

在校学生和工作时间不长的年轻人需要根据人工智能科技的现状与发展趋势，有针对性地掌握一些与人工智能互补的技能，以使自己在智能社会中处于相对有利的位置。

8.3.3 人工智能换脸技术的伦理争议

新兴技术拓展了新的领域与应用，伦理规范等却保持相对稳定性。当伦理规范未能与时俱进时，技术与伦理之间便会产生鸿沟，引发一定的争议。下面集中讨论人工智能换脸技术的伦理争议。

1. 认识人工智能换脸技术

人工智能换脸技术是一项基于人工智能的图像处理技术，能够把一个人的面部特征和表情动作替换到另一个人的脸上，实现换脸效果。具体来说，这个过程包括以下几个步骤。

① 人脸关键点检测：通过人脸关键点检测技术，获取源图像和目标图像中面部各个关键

点的坐标信息。

② 表情分析：对源图像和目标图像中的面部特征进行表情分析，提取出面部表情的特征向量。

③ 特征匹配：通过特征匹配算法，将源图像和目标图像的面部表情特征向量进行匹配，并计算它们之间的相似度。

④ 表情融合：根据匹配结果，将源图像的面部表情特征与目标图像的面部表情特征进行融合，实现表情同步效果。

在整个过程中，深度学习算法是关键。通过大量的数据训练和优化，模型可以学习到面部表情变化的规律和特征，并能够快速、准确地判断面部关键点的位置和表情状态。同时，面部识别技术也能够帮助模型更好地区分不同的面部特征，提高表情同步的准确度和逼真度。

2. 人工智能换脸视频的伦理争议

基于人工智能技术的换脸视频在传播中产生的伦理争议主要有以下 3 个方面。

- 损害真实性。作为视听新媒体的形态之一，由于视频记录了人或物完整的动态变化，与图片相比有着更高的可信度，常被作为可靠真实的媒体信源或法律证据。但换脸视频往往以假乱真，影响了信息的真实性。媒体和法律界人士认为，换脸视频增加了人们获取真实信息的难度，提升了信息来源筛选和证据判断的难度。如果公众对被换脸前的内容不熟悉，很容易认为换脸后的虚假内容是真实的，从而造成谣言传播、误解产生、冲突加剧等现象。所以，保障公众对视频制作者所做的技术操作、被换脸前后内容的具体情况进行了解的权利，应成为换脸视频制作与传播的底线。
- 威胁个人安全。目前流行的换脸视频多来源于人们熟悉的影视素材，并且娱乐性较强，因而对大众没有威胁。但当技术发展到可以被普通个人掌握时，一旦被人非法利用，许多让人担忧的状况就会出现。另外，制作换脸视频需要提前收集被换脸人的照片、视频等信息，其中包含个人生活、工作的数据、图片等，大量而广泛的数据收集势必会造成对个人隐私安全的威胁。可以说，人工智能技术带来的安全风险主要在于人们的滥用。
- 危害公共利益。技术的开发和应用应当有利于维护公共利益。为了私人利益，为了获取关注度或片面追求经济利益而滥用换脸技术制作并传播虚假视频、侵权视频等，都可能破坏社会秩序与稳定，危害社会的公共利益。

3. 规范人工智能换脸技术的措施

规范技术应当“以道驭术”，强调“技术所产生的宏观社会效果，力求限制和消除不当的技术应用带来的消极影响”。要使换脸技术被更多人合理、合法地使用，需要在广泛借鉴的基础上进行制度性的设计。在此过程中，政府、科学团体、社会组织、企业和公众应各司其职、各尽其能，以适当、合理的角色参与治理，努力构建一个由多元主体共同参与的全方位治理模式。具体措施如下。

① 出台相关法律法规。对于人工智能换脸技术带来的新问题，制定法律应当是最有效的应对措施。相关部门不仅要牢牢把握人工智能技术的发展方向，使其在最大限度上造福人民，也应为人工智能产业制定安全标准和必要的规范，降低其带来的安全隐患。

② 开发识别与破解技术。因为人工智能换脸技术所生产的视频是虚假视频，所以为了甄别此类视频、保障人们了解视频原本内容的权利，减少其带来的负面影响，开发识别与破解技术是直接的应对方式。

③ 制定切实可行的伦理规范。目前已有的科技领域或人工智能领域的伦理规范的制定主体，主要有政府部门、科学家团队、高科技企业、协会等，并且这些伦理规范中的大部分是较为宏观的指导性原则，应当在人工智能的不同技术领域，结合特定技术的特点和伦理难题设计出切实可行的规范，并鼓励公众参与其中。

④ 构建科学的技术监督与评估机制。传统技术评估是一种“技术 - 经济”范式，即优先考虑某项技术发展投入的成本，以及预期能够获得的收益。这样的评估机制是不健全的，应重构评估办法，改进相关政策，在评估中加入伦理要素。例如，成立相关技术伦理委员会，建立研究技术风险的专家队伍，讨论、评估和监督新技术的研发与使用等。

⑤ 强调技术研发者与应用者的自律。所谓责任伦理，实际上是一种以“尽己之责”作为基本道德准则的伦理。其判定道德主体善恶的根本标准，在于道德主体在一定的道德情境中是否尽了自己应尽的责任。人工智能技术开发者和应用者理应承担相应的社会责任与伦理责任，把运用科技成果增进人类的福祉作为追求的目标。

人工智能技术是一把“双刃剑”，正确使用可以服务于人类社会，创造更美好的生活，提供更丰富的精神食粮；但如果被不法分子所利用，将带来消极的影响，阻碍经济发展，影响人们的正常生活。基于人工智能的换脸视频具有伦理争议，只有进行制度性的约束，才能最大限度地消除其弊端，发挥其积极作用，让人们在享受科技所带来的便利的同时，不用过度担心安全问题。总体来说，完善的制度、进步的伦理观是人工智能的发展进程中不可或缺的影响因素，人工智能快速稳定的发展需要制度与伦理的引领和规范，而制度与伦理也能够促进人工智能技术的健康发展。